过渡金属脱硝催化剂的制备及性能研究

李智芳　崔金星◎著

黑龙江大学出版社
HEILONGJIANG UNIVERSITY PRESS
哈尔滨

图书在版编目（CIP）数据

过渡金属脱硝催化剂的制备及性能研究 / 李智芳，
崔金星著. -- 哈尔滨：黑龙江大学出版社，2023.5
ISBN 978-7-5686-0915-9

Ⅰ．①过… Ⅱ．①李… ②崔… Ⅲ．①过渡元素催化
剂 Ⅳ．① TE624.9

中国国家版本馆 CIP 数据核字（2023）第 007712 号

过渡金属脱硝催化剂的制备及性能研究
GUODU JINSHU TUOXIAO CUIHUAJI DE ZHIBEI JI XINGNENG YANJIU
李智芳　崔金星　著

责任编辑　李　卉
出版发行　黑龙江大学出版社
地　　址　哈尔滨市南岗区学府三道街 36 号
印　　刷　三河市铭诚印务有限公司
开　　本　720 毫米 ×1000 毫米　1/16
印　　张　15.75
字　　数　250 千
版　　次　2023 年 5 月第 1 版
印　　次　2023 年 5 月第 1 次印刷
书　　号　ISBN 978-7-5686-0915-9
定　　价　58.00 元

本书如有印装错误请与本社联系更换，联系电话：0451-86608666。

前　　言

氮氧化物(NO_x)是大气的主要污染物之一,而 NH_3 选择性催化还原技术(NH_3-SCR)是有效的脱硝技术之一,但目前脱硝催化剂存在脱硝效率低,稳定性、抗硫性和抗水性较差的问题。针对上述难题,本书基于分子筛和石墨烯具有比表面积高、水热稳定性好、硅含量高和酸性丰富等优良特性,以其作为载体负载过渡金属活性中心制备脱硝催化剂,并探讨了催化剂对 NH_3-SCR 性能的影响,建立了催化剂结构与性能之间的关系,阐明了脱硝机理。本书的主要内容如下:

第 1 章先简单介绍了 NO_x 的来源、危害以及控制技术,其次结合相关文献和近年来笔者的研究探讨了几种脱硝催化剂的 NH_3-SCR 性能。第 2 章介绍了不同催化剂的制备、表征与计算。第 3 章研究了不同负载量的 Ce 和 Mo 共掺杂 ZSM-5 催化剂脱硝性能的影响。第 4 章和第 5 章研究了以石墨烯为壳包覆 Cu、Co 纳米粒子(Cu@ N-Gr 和 Co@ N-Gr)核-壳复合材料的制备及其对 NH_3-SCR 的催化性能。同时研究了 Fe 的引入对 $CeVO_4/TiO_2$-石墨烯催化剂 NH_3-SCR 性能的促进作用。此外研究了所合成催化剂的抗 H_2O 性能和抗 SO_2 性能。第 6 章通过水热法成功制备了 Al 改性的 FDU-12 分子筛(Al-FDU-12),并通过浸渍法制备了 Cu/Al-FDU-12 和 Cu-Ce/Al-FDU-12 脱硝催化剂,研究了不同负载量对 NH_3-SCR 性能的影响。第 7 章和第 8 章采用离子交换法制备了不同含量 La 掺杂的 Ce-Cu/ZSM-5 和 Cu-Ce/TNU-9 催化剂,研究了不同 La 负载量对脱硝性能的影响,同时进行了抗硫性和抗水性测试。此外,对 CC-L2/Z5 在 NH_3-SCR 反应中的催化机理进行了测试。第 9 章探讨了不同载体(MCM-49 和 MCM-22)对 La 掺杂在 Ce-Cu 改性的 MWW 型沸石催化剂 NH_3-SCR 活性的影响。此外还对其抗硫性进行了测试。

本书第 1 章、第 2 章、第 5 章、第 6 章、第 7 章由李智芳撰写,共 14.3 万字;第 3 章、第 4 章、第 8 章、第 9 章及其他部分由崔金星撰写,共 10.7 万字。

由于作者水平有限,书中难免有错误之处,恳请读者提出批评和建议。

目　　录

第1章　绪论 ……………………………………………………… 1

1.1　氮氧化物的来源及危害 …………………………………… 1

1.2　NO_x 控制技术 ……………………………………………… 1

1.3　金属氧化物脱硝催化剂 …………………………………… 4

1.4　碳基材料脱硝催化剂 ……………………………………… 26

1.5　分子筛脱硝催化剂 ………………………………………… 33

第2章　催化剂的制备、表征与计算 …………………………… 85

2.1　主要原料及试剂 …………………………………………… 85

2.2　实验仪器 …………………………………………………… 86

2.3　催化剂表征 ………………………………………………… 87

2.4　催化剂性能评价 …………………………………………… 90

第3章　不同制备方法对 Ce 和 Mo 共掺杂 ZSM-5 催化剂

脱硝性能的影响 …………………………………………… 92

3.1　引言 ………………………………………………………… 92

3.2　实验部分 …………………………………………………… 93

3.3　结果与讨论 ………………………………………………… 94

3.4　本章小结 …………………………………………………… 111

第4章 N 掺杂石墨烯包覆 Cu、Co 纳米粒子催化剂在 NH_3-SCR 中的性能研究 ┈┈┈┈┈┈┈┈┈┈┈┈┈┈┈┈┈┈ 113

　　4.1　引言 ┈┈┈┈┈┈┈┈┈┈┈┈┈┈┈┈┈┈┈┈┈┈┈┈┈ 113

　　4.2　实验部分 ┈┈┈┈┈┈┈┈┈┈┈┈┈┈┈┈┈┈┈┈┈┈ 114

　　4.3　结果与讨论 ┈┈┈┈┈┈┈┈┈┈┈┈┈┈┈┈┈┈┈┈ 115

　　4.4　本章小结 ┈┈┈┈┈┈┈┈┈┈┈┈┈┈┈┈┈┈┈┈┈┈ 133

第5章 宽温 $Fe_xCe_{1-x}VO_4$ 改性 TiO_2-石墨烯催化剂的制备及脱硝性能研究 ┈┈┈┈┈┈┈┈┈┈┈┈┈┈┈┈┈┈ 134

　　5.1　引言 ┈┈┈┈┈┈┈┈┈┈┈┈┈┈┈┈┈┈┈┈┈┈┈┈┈ 134

　　5.2　实验部分 ┈┈┈┈┈┈┈┈┈┈┈┈┈┈┈┈┈┈┈┈┈┈ 135

　　5.3　结果与讨论 ┈┈┈┈┈┈┈┈┈┈┈┈┈┈┈┈┈┈┈┈ 137

　　5.4　本章小结 ┈┈┈┈┈┈┈┈┈┈┈┈┈┈┈┈┈┈┈┈┈┈ 153

第6章 Ce-Cu/Al-FDU-12 催化剂的制备及脱硝性能研究 ┈┈┈┈┈┈┈ 154

　　6.1　引言 ┈┈┈┈┈┈┈┈┈┈┈┈┈┈┈┈┈┈┈┈┈┈┈┈┈ 154

　　6.2　实验部分 ┈┈┈┈┈┈┈┈┈┈┈┈┈┈┈┈┈┈┈┈┈┈ 155

　　6.3　结果与讨论 ┈┈┈┈┈┈┈┈┈┈┈┈┈┈┈┈┈┈┈┈ 156

　　6.4　本章小结 ┈┈┈┈┈┈┈┈┈┈┈┈┈┈┈┈┈┈┈┈┈┈ 165

第7章 La 改性 Ce-Cu/ZSM-5 催化剂的制备、表征及脱硝性能研究 ┈┈┈┈┈┈┈┈┈┈┈┈┈┈┈┈┈┈┈┈┈┈┈┈┈┈┈┈┈┈┈┈ 166

　　7.1　引言 ┈┈┈┈┈┈┈┈┈┈┈┈┈┈┈┈┈┈┈┈┈┈┈┈┈ 166

　　7.2　实验部分 ┈┈┈┈┈┈┈┈┈┈┈┈┈┈┈┈┈┈┈┈┈┈ 167

　　7.3　结果与讨论 ┈┈┈┈┈┈┈┈┈┈┈┈┈┈┈┈┈┈┈┈ 168

　　7.4　本章小结 ┈┈┈┈┈┈┈┈┈┈┈┈┈┈┈┈┈┈┈┈┈┈ 188

第8章 La 和 Ce 改性 Cu/TNU-9 宽温催化剂的脱硝性能研究 ┈┈┈┈┈ 190

　　8.1　引言 ┈┈┈┈┈┈┈┈┈┈┈┈┈┈┈┈┈┈┈┈┈┈┈┈┈ 190

8.2 实验部分 ·· 191

8.3 结果与讨论 ·· 192

8.4 本章小结 ·· 212

第9章 不同载体 MCM-49 和 MCM-22 对 NH$_3$-SCR 性能的影响 ······ 214

9.1 引言 ·· 214

9.2 实验部分 ·· 215

9.3 结果与讨论 ·· 215

9.4 本章小结 ·· 231

结论 ··· 233

参考文献 ·· 235

第1章 绪论

1.1 氮氧化物的来源及危害

大气污染是环境污染的主要类型之一,其中 NO_x 的危害尤为严重。一方面, NO_x 来自天然污染源,如生物死亡、植物及废弃物的燃烧、火山的喷发、生物衰变产生的硝酸盐和地震等。另一方面,人类的生产活动也是生成大量 NO_x 的主要因素,如工业锅炉、钢铁冶炼、现代化交通运输工具(汽车、飞机、船舶等)等排放的废气等。

1.2 NO_x 控制技术

目前, NO_x 控制技术主要有吸附法、等离子体法、氧化法和还原法等。吸附法是指通过可回收吸附剂材料(活性炭、泥炭、硅胶、杂多酸、分子筛等)中的微孔结构吸附 NO_x 。吸附法操作简单、工艺可控,能有效捕获有毒废气且吸附剂可回收利用,但是吸附法通常需要一定的活化能,吸附容量有限,吸附剂再生频繁,所需吸附剂材料体积较大,投资较高,这极大地限制了吸附法在 NO_x 控制方面的应用。

等离子体法能在短时间内迅速将 NO_x 转化,可分为等离子体直接分解 NO_x 、等离子体改性催化剂催化 NO_x 和等离子体辅助催化剂催化转化 NO_x 等方法。然而,等离子体法控制 NO_x 的工艺存在能耗高、供电寿命短、性能有待提高等问题,此外,等离子体设备价格昂贵、系统运行维护成本高、设备结构复杂,因此该技术没有得到广泛应用。

目前,氧化法控制 NO_x 技术相对成熟,它不仅可以通过某种手段控制催化剂的形貌,还可以研究影响催化剂活性的因素。该方法是将不溶于水的 NO 在氧化剂作用下氧化为可溶于溶液的 NO_2 和 N_2O_3,进而将其稀释,从而达到控制 NO_x 的目的。根据氧化技术的类型氧化法可分为气相氧化、液相氧化和催化氧化。氧化法是湿法脱氮技术领域较为成熟的方法,其工艺路线简单、操作方便、脱硝效果突出。然而,氧化法存在原料昂贵、设备易腐蚀等问题。

人们发现在燃烧前和燃烧过程中控制 NO_x 存在着一定的局限性,因此燃烧后烟气中 NO_x 控制技术的研究引起了人们的广泛关注。目前,在还原剂的作用下催化还原燃烧后烟气中 NO_x 的技术主要包括选择性非催化还原(SNCR)和选择性催化还原(SCR)。SNCR 技术原理是在无催化剂参与反应的条件下,将氨基还原剂(氨或尿素)喷入高温炉(850~1100 ℃)烟气中,NO_x 经雾化还原为 N_2 和 H_2O 等无害产物。SNCR 虽工艺简单,投资较小,但其脱硝效率较低(30%~80%),仅适用于 NO_x 含量较低的气氛。此外,反应过程中通常需要较高的工作温度窗口且无催化剂加快反应进程,这使部分氨基还原剂未能完全参与反应,从而发生氨氧化的副反应,降低了脱硝效率。SCR 的核心是在催化剂的作用下,通过引入 CO、H_2、NH_3 等还原剂将 NO_x 选择性催化还原为 N_2 和 H_2O,NH_3-SCR 应用最为广泛且效果显著。NH_3-SCR 工艺主要包括以下反应:

$$4NO + 4NH_3 + O_2 \longrightarrow 4N_2 + 6H_2O \tag{1-1}$$

$$2NO_2 + 4NH_3 + O_2 \longrightarrow 3N_2 + 6H_2O \tag{1-2}$$

$$4NH_3 + 2NO + 2NO_2 \longrightarrow 4N_2 + 6H_2O \tag{1-3}$$

$$6NO + 4NH_3 \longrightarrow 5N_2 + 6H_2O \tag{1-4}$$

$$6NO_2 + 8NH_3 \longrightarrow 7N_2 + 12H_2O \tag{1-5}$$

由于反应(1-3)在 200 ℃ 以上的反应效率比反应(1-1)快 10 倍,于是,反应(1-3)常被定义为"快速 SCR"反应,反应(1-1)则被定义为"标准 SCR"反应。在实际反应中,排放的废气中过量的 O_2 与 NH_3 会反应生成 NO 或 N_2O 等,极大地降低 NH_3 的有效利用率,不仅产生二次污染,还降低了脱硝活性和 N_2 选择性。主要发生的副反应如下:

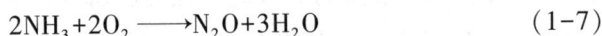

$$4NH_3+3O_2 \longrightarrow 2N_2+6H_2O \qquad (1-6)$$

$$2NH_3+2O_2 \longrightarrow N_2O+3H_2O \qquad (1-7)$$

$$4NH_3+5O_2 \longrightarrow 4NO+6H_2O \qquad (1-8)$$

除了上述反应外,还有一些副反应发生,这些副反应同样抑制脱硝活性。实际上烟气中含有少量的 SO_2 和 H_2O,也会与 NH_3 发生反应,不仅消耗一部分 NH_3,导致有效 NH_3 减少,同时,SO_2+H_2O 与 NH_3 反应会在样品表面生成硫酸盐,堵塞活性中心,导致活性位减少,催化性能下降。反应式如下:

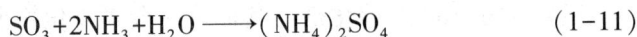

$$2SO_2+O_2 \longrightarrow 2SO_3 \qquad (1-9)$$

$$SO_3+NH_3+H_2O \longrightarrow NH_4HSO_4 \qquad (1-10)$$

$$SO_3+2NH_3+H_2O \longrightarrow (NH_4)_2SO_4 \qquad (1-11)$$

$$SO_3+H_2O \longrightarrow H_2SO_4 \qquad (1-12)$$

因此,在 NH_3-SCR 脱硝工艺中设计开发高效稳定的催化剂是关键,同时对反应机理的研究有利于 NH_3-SCR 催化剂的构筑。不同的催化剂体系具有不同的氧化还原能力和酸性,它们生成的 NH_x/NO_x 活性中间产物主要影响反应路径和反应效率。通常 SCR 反应机理有:Langmuir-Hinshelwood 机理(L-H 机理,即吸附的 NH_x 与吸附的亚硝酸盐/硝酸盐反应)和 Eley-Rideal 机理(E-R 机理,即吸附的 NH_x 直接与 NO 反应生成 NH_x-NO_x,然后 NH_x-NO_x 分解成 N_2 和 H_2O)。

1.3　金属氧化物脱硝催化剂

NH₃-SCR 催化剂研究最早以贵金属催化剂为主,一般以 Pt、Pd、Rh 或者 Ag 等贵金属制备 NH₃-SCR 催化剂。贵金属催化剂在催化反应过程中表现出反应活性高、选择性较高、具有较强的热稳定性和抗硫性等特点。但是贵金属催化剂的缺点是催化反应活性温度窗口较窄,低温窗口脱硝能力差,高温窗口 NH₃ 氧化现象较为严重,价格昂贵。

钒基、锰基、铜基和铈基等金属氧化物催化剂的成本比贵金属催化剂低很多。V_2O_5 表面呈酸性,较易与碱性的氨还原剂相结合,有利于 NH₃-SCR 反应的进行。钒基氧化物催化剂是研究最多、应用最广泛的一种催化剂。活性组分是影响钒基氧化物催化剂性能的主要因素,可分为单一的钒氧化物(VO_x)和多金属氧化物。单一的钒氧化物催化活性较低且工作温度窗口较窄,此外,由于另一种金属可以通过调节多金属氧化物催化剂中的电子和结构效应来改变钒氧化物催化剂的催化性能,如 Fe-V-O、Ti-V-O 和 V-Ce-O 等双金属氧化物催化剂在 200~400 ℃温度范围内 NO_x 转化率可保持在80%以上。同时,V 有生物毒性。因此,研究者们把重点转移到非钒基金属氧化物催化剂,如锰基、铜基、铈基金属氧化物催化剂等。

锰氧化物(MnO_x)摧化剂与其他单一金属氧化物摧化剂相比具有明显的优势,如低温脱硝活性高且环保、成本低、储量丰富等。然而,脱硝活性和 N_2 选择性在实际应用中还需要进一步提高。但当谈到 SO_2 的耐受性时,很少有锰基催化剂满足实际使用的需要,这大大阻碍了催化剂的工业化使用。因此,提高锰基金属氧化物催化剂的 SO_2 耐受性成为迫切需要研究的课题。在以往的研究中,人们已经发现 SO_2 的引入使猛基金属氧化物催化剂的失活主要源于两个方面:(1)SO_2 可以被氧化成 SO_3 再与 NH₃ 和 H_2O 进一步反应,在表面形成(NH_4)₂SO_4 和 NH_4HSO_4 覆盖在催化剂表面,导致催化剂失活;(2)SO_2 可以直接与 MnO_x 发生反应形成 $MnSO_4$,导致严重的不可逆活性损失。目前针对这些问题有两种解决策略:(1)引入添加剂,促进(NH_4)₂SO_4 和 NH_4HSO_4 分解或添加保护组分抑制 MnO_x 与 SO_2 的反应;

（2）制备核壳结构的纳米材料,壳体通常作为内部活动的保护层。在这些研究中,添加剂的引入是提高抗硫性最有效的方法。也有文献报道通过共沉淀法制备的 5Mn-Zr-Ti 混合氧化物催化剂在 160 ℃ 以上时催化活性高于 87%,在 100~300 ℃ N_2 选择性高于 92%。NH_3-SCR 性能在 180 ℃ 和 200 ℃ 下保持 15 h 仍相当稳定。Mn 的加入可以提供更多表面不稳定氧从而提高催化剂的催化活性,同时 Mn、Zr 和 Ti 之间的协同效应抑制了 N_2O 的生成。NO_x 主要由吸附的 NH_3 与双齿硝酸盐和单齿亚硝酸盐反应还原。因此,NH_3 的形成被抑制,从而由 NH_3 与双齿硝酸盐反应生成 N_2O 被抑制。此外,$(NH_4)_2SO_4$ 的沉积和 Mn 活性位点硫酸化导致催化剂失活。Hu 和 Huang 等人制备了一种开放结构的介孔三维 $Mn_xCo_{3-x}O_4$ 纳米材料(图 1.1),并研究了其在 NH_3-SCR 中的优异低温催化性能(图 1.2),这是由于其具有较高的比表面积、较强的吸附能力、丰富的酸性位点、丰富的氧空位和金属与金属之间的相互作用。

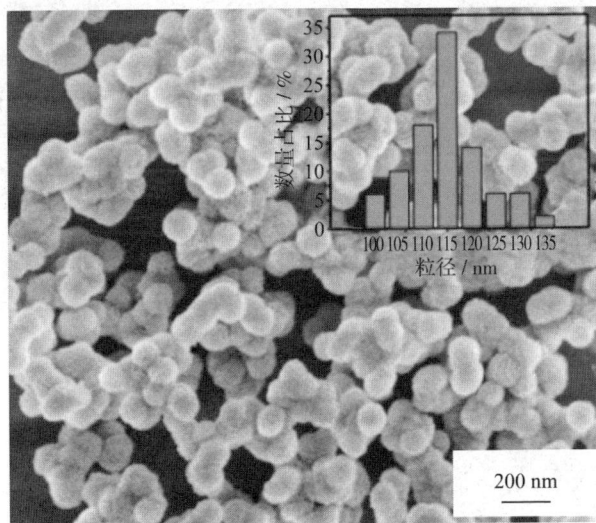

（a）

（b）

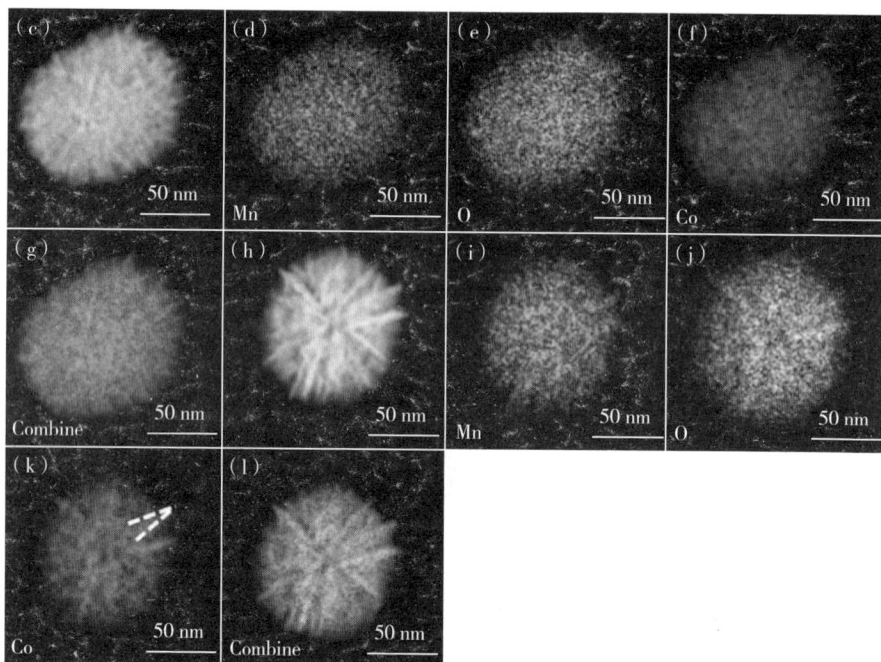

图 1.1　C-MnCo(1∶3)的结构表征

（a）SEM 图（插图为纳米粒子统计图）；（b）TEM 图；

（c）~（g）C-MnCo(1∶3)能谱图；（h）~（l）C-MnCo(1∶3)能谱图

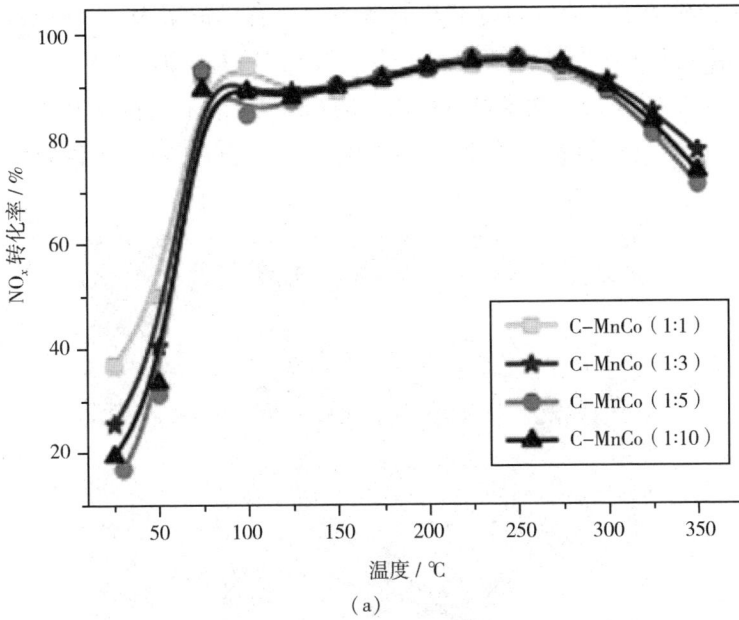

（a）

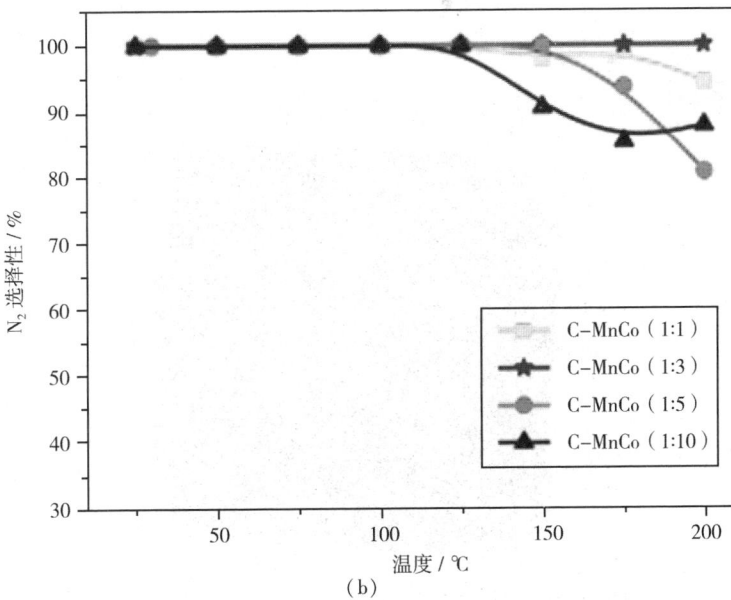

（b）

图 1.2　不同 $Mn_xCo_{3-x}O_4$ 纳米微球/颗粒的 NH_3-SCR 催化活性（a）和 N_2 选择性（b）

　　张登松课题组通过自组装法制备了金属有机框架 $Mn_3[Co(CN)_6]_2 \cdot nH_2O$ 衍生的具有尖晶石结构的中空多级孔 $Mn_xCo_{3-x}O_4$ 纳米笼(图 1.3)。与传统的 $Mn_xCo_{3-x}O_4$ 纳米材料相比，$Mn_xCo_{3-x}O_4$ 纳米笼在低温区具有更高的催化活性、更高的 N_2 选择性、更宽的操作温度窗口，以及更强的稳定性和抗硫性。

500 nm

(a)

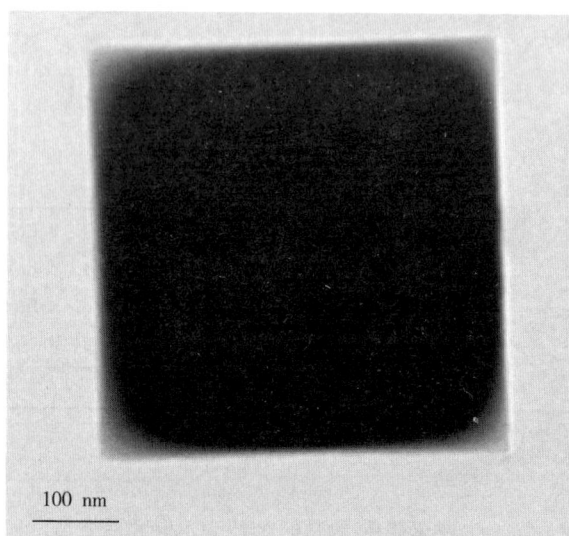

100 nm

(b)

（c）

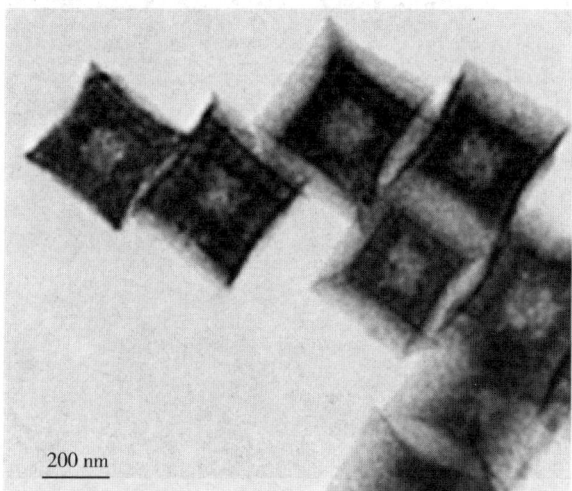

（d）

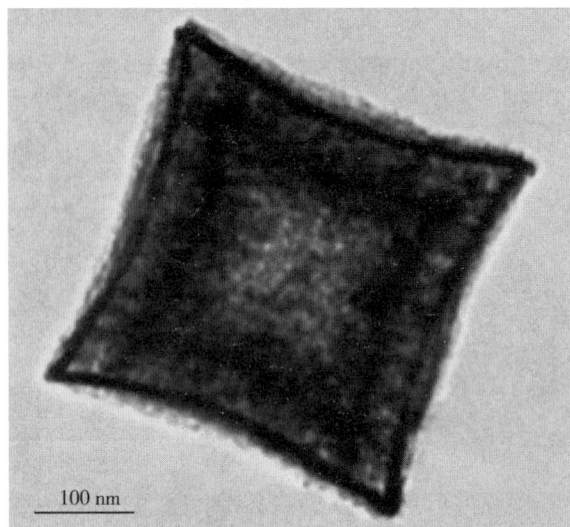

（e）

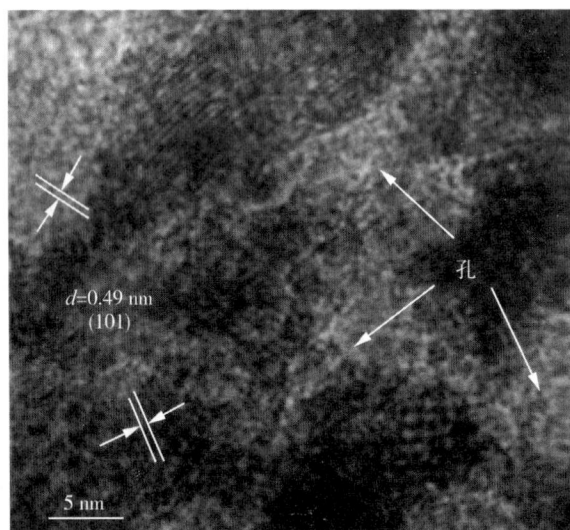

（f）

图 1.3 $Mn_3[Co(CN)_6]_2 \cdot nH_2O$ 纳米立方体前驱体的

（a）~（c）SEM 图和（d）~（f）TEM 图

中空多级孔结构的材料能提供更高的比表面积和更多的吸附活性位点、活化反应气体,从而提高催化活性(图1.4)。此外,锰氧化物与钴氧化物的均一分布和较强的相互作用不仅提高了催化循环,而且抑制了硫酸锰的形成,从而增强了催化循环稳定性和抗硫性。

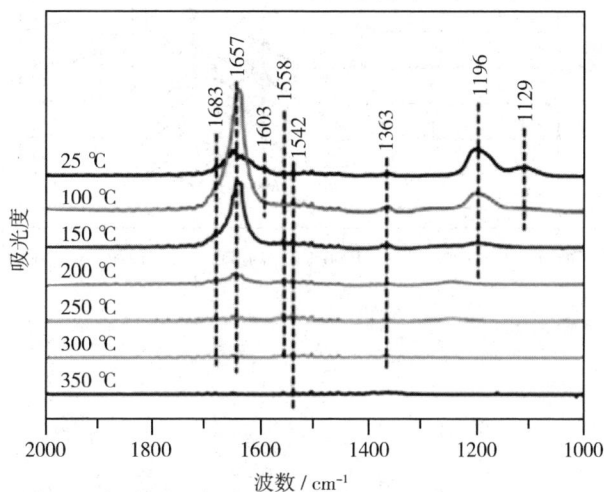

（a）

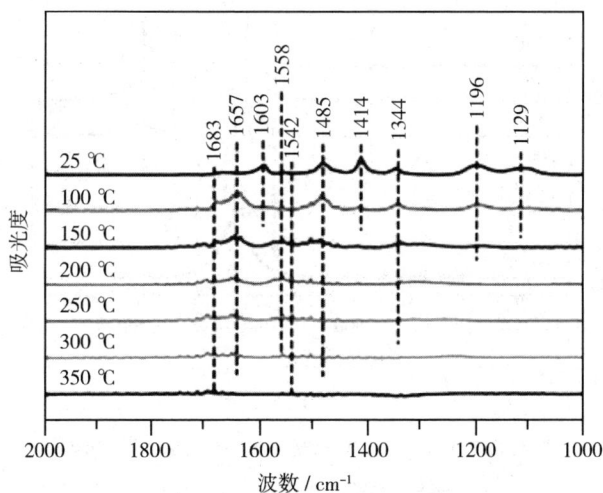

（b）

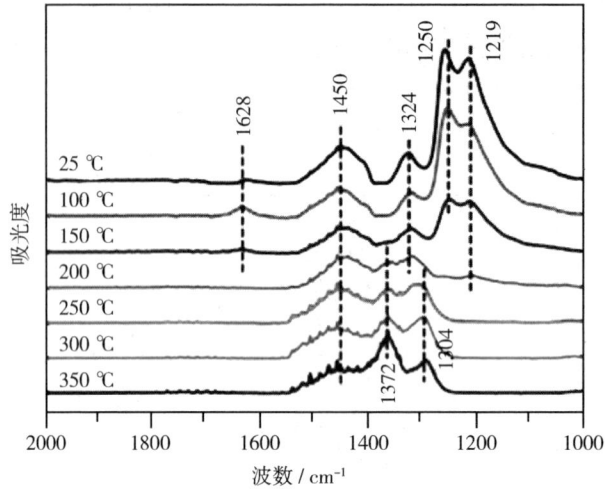

（c）

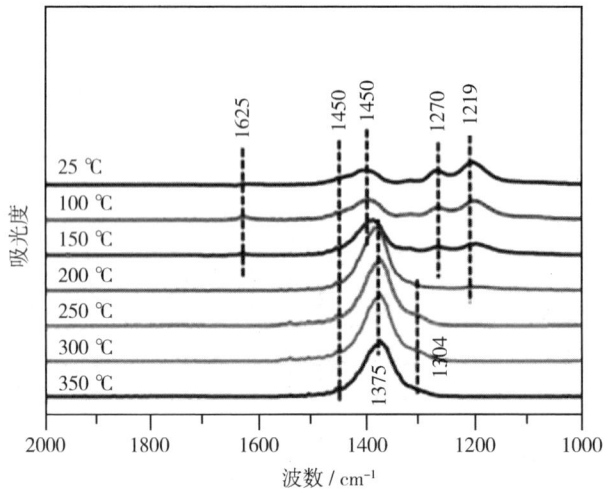

（d）

图 1.4　（a）NH$_3$ 吸附在 Mn$_x$Co$_{3-x}$O$_4$ 纳米笼、（b）NH$_3$ 吸附在 Mn$_x$Co$_{3-x}$O$_4$ 纳米粒子、

（c）NO+O$_2$ 吸附在 Mn$_x$Co$_{3-x}$O$_4$ 纳米笼、

（d）NO+O$_2$ 吸附在 Mn$_x$Co$_{3-x}$O$_4$ 纳米粒子不同温度下的 FT-IR

有研究发现,丰富的表面 Mn^{4+}/Mn^{3+} 物种和较高的表面氧含量能够明显提高低温 NH_3-SCR 性能。还有研究发现,Mn 与 Fe 的相互作用也有利于提高催化剂的活性和 N_2 的选择性,甚至添加 FeO_x 可以降低硫酸盐的生成速度,在 SO_2 存在下促进 NO 的转化。然而锰基催化剂在 SO_2 和 H_2O 存在下稳定性依然存在问题。与无负载的催化剂相比,负载的锰基催化剂具有优异的催化性能。载体具有较高的比表面积和合适的表面性能有利于提高活性组分的分散性并改变它们的存在价态。

TiO_2 作为催化剂载体,与活性组分之间有很强的相互作用且在高温下具有良好的抗硫性,但 TiO_2 较低的比表面积易被硫酸化。Chen 等人报道了通过 Fe 掺杂还原法改性 TiO_2 调节其孔结构。当 Fe 与 Ti 物质的量比为 0.05 时,Fe-Mn/TiO_2(0.05Fe) 在 170~250 ℃ 表现出良好的催化性能,NO 转化率和 N_2 选择性几乎接近 100%。即使在 SO_2 和 H_2O 存在下,催化剂的催化活性仍达到 95% 以上。这说明在 TiO_2 载体表面 Fe 的改性可以提高催化剂的比表面积并提高表面高价态 Mn 的比例,促进了更多晶格氧缺陷的产生并修饰和保护了 TiO_2,从而使催化剂具有良好的 NH_3-SCR 性能和低温抗硫性及抗水性。Zhang 和 Dong 等人采用燃烧法合成了负载型 $CeMnO_x$,然后通过浸渍法制备了 Ti/$CeMnO_x$ 催化剂。相比于 $CeMnO_x$,Ti/$CeMnO_x$ 催化剂在 NH_3 选择性催化还原 NO 中表现出更高的 N_2 选择性(图 1.5)。他们还讨论了副产物 N_2O 和 NO_2 的生成。负载的 TiO_2 降低了 $CeMnO_x$ 的氧化还原能力,提高了其对 NH_3 的吸附能力从而抑制了 NO/NH_3 的氧化,促进了其在更高温度 Eley-Rideal(E-R)反应路径的进行(图 1.6)。因此 TiO_2 对 $CeMnO_x$ 的 N_2 选择性具有促进作用。

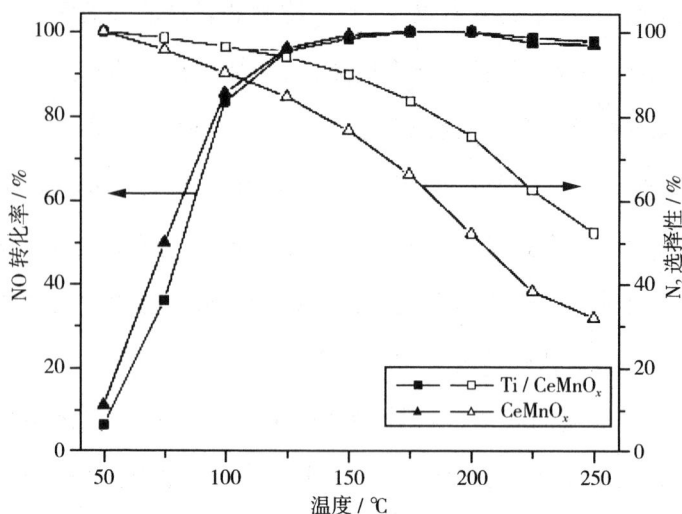

图 1.5 CeMnO$_x$ 和 Ti/CeMnO$_x$ 的催化活性

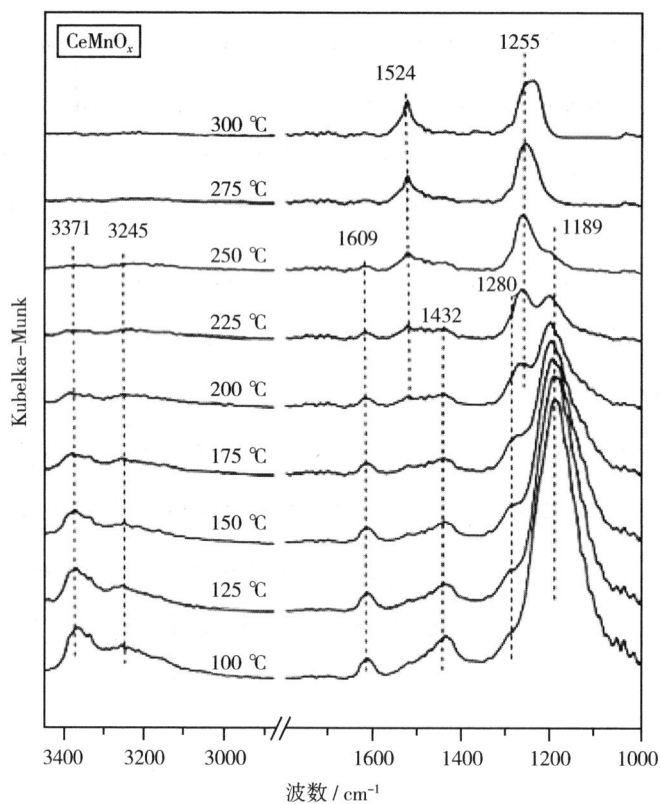

（a）

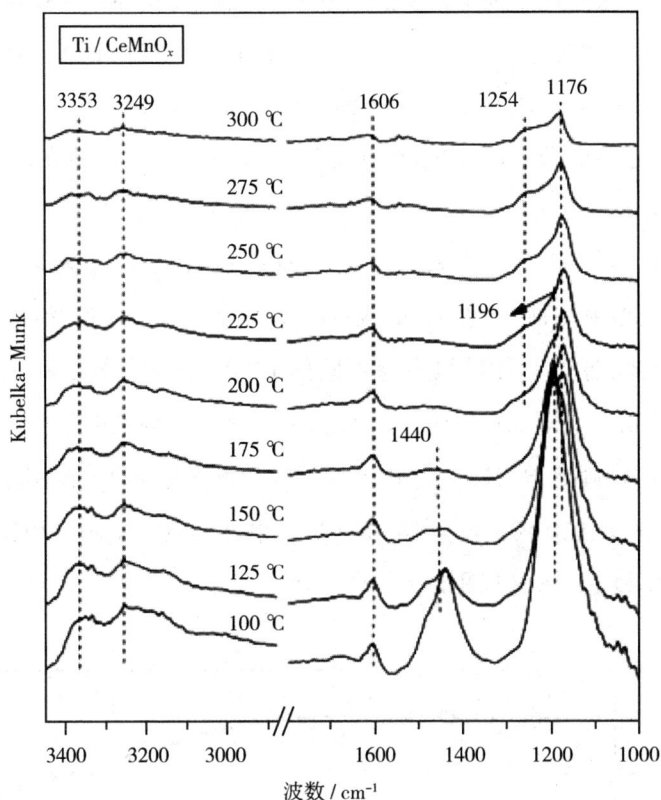

（b）

图 1.6　（a）$CeMnO_x$ 和 $Ti/CeMnO_x$ 在不同温度下的 NH_3+NO+O_2 的 FT-IR，

（b）样品在 100 ℃ 提前吸附 NH_3+NO+O_2 1 h 且在不同温度记录相应数据

　　有研究将 La 掺杂到 TiO_2 中形成 Ti—O—La 键，可以使 TiO_2 具有较强的锐钛矿晶体稳定性。在 V_2O_5/La_2O_3-TiO_2 催化剂中 V 与 La 之间的相互作用阻止了锐钛矿转变为金红石，从而增强了催化剂的热稳定性。La 改性可以提高 CeO_2/Al_2O_3 催化剂的表面酸性，有利于低温 SCR。

　　NH_3 在 MnO_2 表面上还原 NO 的机理被很多实验和密度泛函理论（DFT）广泛研究。根据 FT-IR 数据，NH_3 吸附在 Lewis 酸位点后观察到 NH_2 与 NO 反应生成 N_2 和 H_2O。根据这个初步的机理采用 DFT 在分子层面水平来探究单个 Mn 原子掺杂到 Ce(111) 上的 NH_3-SCR 机理。研究表明，NH_3 更倾向于吸附在 Mn 上是由于其具有更低的 LUMO 能级。假设 NH_2NO_x 是一种重要的中间体，在金属位点分解成 N_2 和 H_2O。通过 X 射线近边吸收(XANES)也检测到了金属-NH_2，表明在以 NH_3 为还原剂的 SCR 的关键反应包括在金属位点吸附 NO 和 NH_3。尽管报道的反应路径不同，但达成共识的是在金属位点 NH_3 的吸附是关键反应。MnO_2 具有多种晶体结构，如 α-MnO_2、β-MnO_2、γ-MnO_2 和 δ-MnO_2，其中不同的 Mn 原子晶体结构具有不同的 LUMO 能级。Wei 和 Sun 等人通过 DFT 研究了不同 Mn 晶体结构的活性。他们发现，在低温 SCR 反应中 α-MnO_2 活性高于 β-MnO_2。此外，Ce 掺杂的 α-MnO_2[$MnCe_{(0.3)}O_x$] 催化剂在温度为 120 ℃(空速 160000 h^{-1})和 170 ℃(空速 500000 h^{-1})时 NO 转化率接近 100%(图 1.7)。

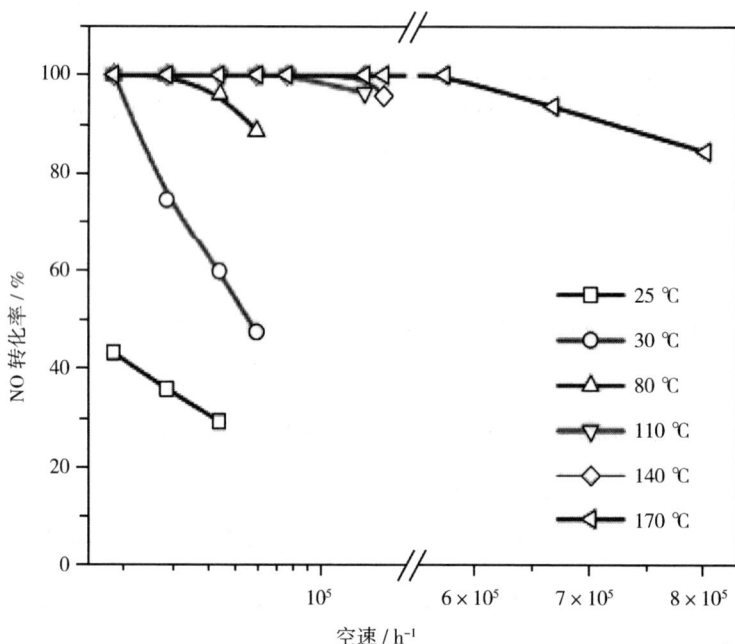

图 1.7 α-MnO_2[$MnCe_{(0.3)}O_x$]催化剂在不同温度及空速下对 NO 转化率的影响

也有文献报道通过 DFT 建立了 $CuMn_2O_4$ 催化剂上活性位点类型与 NH_3-SCR 的关系,提出了包括基元步骤在内的骨架反应方案,了解到 $CuMn_2O_4$ 催化剂在 NH_3-SCR 过程中 NO 生成了 N_2、NO_2 和 N_2O。2 重配位表面 Cu 原子在 NH_3-SCR 中起着至关重要的作用,因为它是 NH_3 和 NO 吸附的活性位点。NH_3 脱氢反应生成的 NH_2 是关键反应中间体。NH_2 易与吸附的 NO 反应生成 N_2 和 H_2O,活化能为 6.87 kJ·mol^{-1}。

李俊华课题组研究了硫酸化 MnO_x-CeO_2 催化剂在低温(< 300 ℃) NH_3-SCR 中的性能并阐明了硫酸化的作用及效果。Sn、Mn、Ce 的物质的量比为 1∶4∶5 的催化剂 Sn(0.1)-Mn(0.4)-Ce(0.5)-O 的 NH_3-SCR 活性提高幅度最大且在 110~230 ℃时 NO_x 转化率接近 100%(图 1.8)。Sn 改性显著增加了氧空位,促使 NO 氧化为 NO_2。低温 NH_3-SCR 活性与 NH_3 吸附的表面酸性有关,Sn 改性也可以提高表面酸性。此外,与 MnO_x-CeO_2 催化剂相比,Sn 改性的 MnO_x-CeO_2 催化剂显著提高了抗硫性及抗水性。

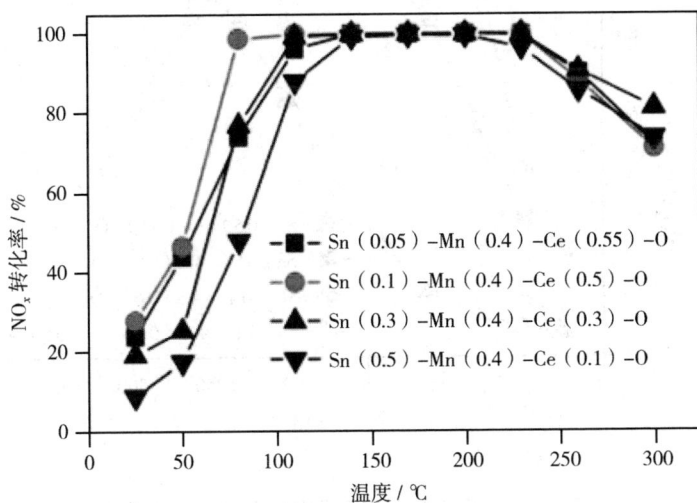

(a)

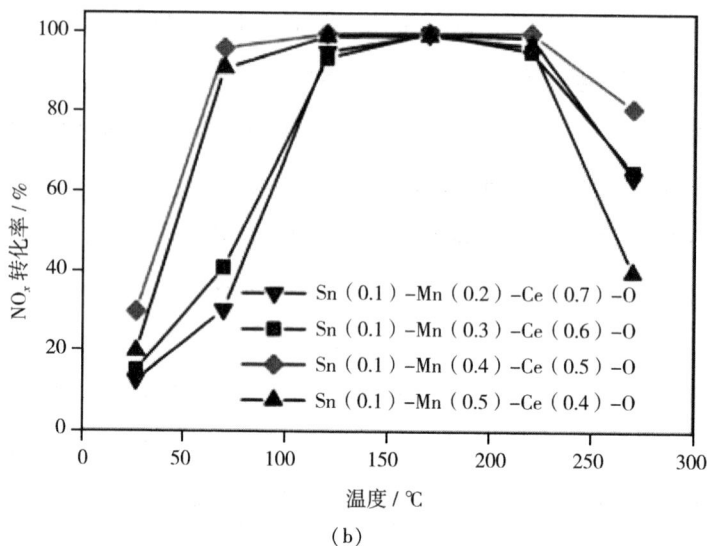

（b）

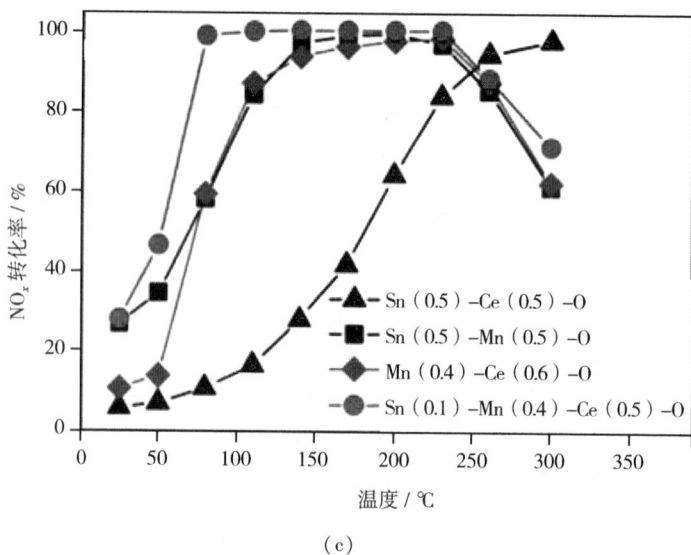

（c）

图 1.8　不同催化剂在不同温度下的 NO_x 转化率

（a）Sn；（b）Mn；（c）不同含量 Sn 修饰的 Mn-Ce-O 催化剂

在 SO$_2$ 和 H$_2$O 存在下, Sn 改性的 MnO$_x$–CeO$_2$ 催化剂 Sn(0.1)–Mn(0.4)–Ce(0.5)–O 在反应温度为 110 ℃ 和 220 ℃ 时 NO$_x$ 转化率分别为 62% 和 94%, 而 MnO$_x$–CeO$_2$ 催化剂 Mn(0.4)–Ce(0.6)–O 的 NO$_x$ 转化率仅为 18% 和 56%(图 1.9)。硫酸化 Sn 改性的 MnO$_x$–CeO$_2$ 催化剂在温度高于 200 ℃ 时 NH$_3$–SCR 中可能形成了硫酸铈(Ⅲ), 从而增加了 Lewis 酸位点促使 NO 氧化为 NO$_2$。

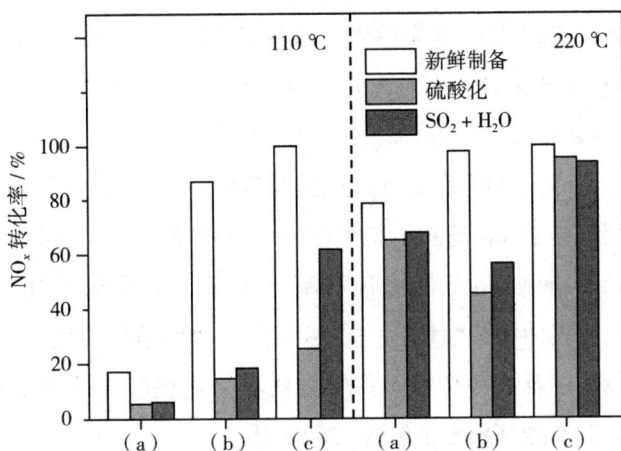

图 1.9　SO$_2$+ H$_2$O 存在下和催化剂硫酸化对 NO$_x$ 转化率的影响

(a)Sn(0.5)–Ce(0.5)–O;(b)Mn(0.4)–Ce(0.6)–O;

(c)Sn(0.1)–Mn(0.4)–Ce(0.5)–O

也有文献采用柠檬酸法制备了低温 NH$_3$–SCR 的 Cr–Mn 混合氧化物催化剂。Mn(3)Cr(2)O$_x$(物质的量比)催化剂具有良好的催化性能, 即在 100~225 ℃ 下 NO$_x$ 转化率接近 100%, 在温度窗口为 100~200 ℃ 下 N$_2$ 选择性达 70% 以上。这是由于具有微孔–介孔复合多级孔结构的 CrMn$_2$O$_4$ 尖晶石具有较高的比表面积、较多的活性位点(Mn^{3+} 和 Mn^{4+})和有效的电子转移(Cr^{5+}+2Mn^{3+}⟷Cr^{3+}+2Mn^{4+})。此外 CrMn$_2$O$_4$ 尖晶石在反应温度为 200 ℃ 时的 NH$_3$–SCR 反应路径主要遵循典型的 E–R 机理:

$$NH_{3(gas)} = NH_{3(ads)} \tag{1-13}$$

$$NH_{3(ads)} + M^{n+} = O \cdot NH_{2(ads)} + M^{(n-1)+} - OH \tag{1-14}$$

$$NH_{2(ads)}+M^{n+}\!\!=\!\!\!=\!\!O\cdot NH_{(ads)}+M^{(n-1)+}\!-OH \qquad (1-15)$$

$$NH_{2(ads)}+NO_{(gas)}\!\!=\!\!\!=\!\!N_2+H_2O \qquad (1-16)$$

$$NH_{(ads)}+NO_{(gas)}\!\!=\!\!\!=\!\!N_2O+H^+ \qquad (1-17)$$

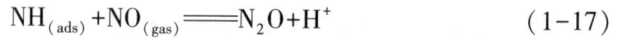

SO_2 可以完全抑制 NO 的吸附,削弱了配位 NH_3 在 Lewis 酸位点的吸附从而促进了 NH_4^+ 对 Bronsted 酸位点的吸附。金属硫酸化可能是 SO_2 存在下使 NH_3-SCR 活性降低的主要原因。硫酸铬(Ⅲ)的形成对保护 Mn 活性位点不被硫酸化起着重要作用。此外,HSO_3^- 和 SO_4^{2-} 转化为 $H\cdots SO_4^{2-}$ 为 NH_4^+ 提供新的 Bronsted 酸位点,从而提高 NH_3-SCR 活性。

虽然 Mn 基催化剂具有较好的低温脱硝活性,但是在实际应用中面临一定的抗性问题。(1)Mn 基催化剂在有 SO_2 时呈现了不同程度的不可逆失活现象。(2)H_2O 导致 Mn 基催化剂失活。(3)碱金属降低了 Mn 氧化物的氧化还原能力、比表面积和酸性位点。尽管研究者们通过金属掺杂、改进合成方法、调变载体以及制备特殊形貌等方法在一定程度上改善了锰基催化剂的失活情况,但不能从根本上解决实际问题。

目前,由于 Cu 的氧化还原能力仅次于 Mn,所以 Cu 基催化剂被认为能够更好地替代 Mn 基催化剂。单一的 CuO 样品低温脱硝性能良好,但工作温度窗口较窄同时高温下 N_2 选择性较低。因此,Cu 基催化剂多以双金属或多金属氧化物的形式应用于脱硝反应中。Cu 基催化剂的活性和选择性主要受制备方法和助剂改性的影响,这对控制 CuO 的结构特征和分散状态起着决定性的作用。

朱宇军课题组通过溶胶-凝胶法制备了一系列 $Ce_{0.1}TiO_x$、$Cu_{0.1}O_x$ 和 $Cu_m Ce_{0.1-m}TiO_x$($m=0.01$、0.02 和 0.03)催化剂。在这些 $Cu_m Ce_{0.1-m}TiO_x$ 催化剂中,$Cu_{0.01}Ce_{0.09}TiO_x$ 在 170~425 ℃ 的 NH_3-SCR 中表现出较好的催化活性(NO 转化率>90%)、较高的 N_2 选择性和较好的抗硫性及抗水性。Cu 的富集环境和更多 Ce^{3+} 以及吸附氧(O_α)的形成,有利于 NO 氧化成 NO_2,从而提高了低温活性。$Cu_{0.01}Ce_{0.09}TiO_x$ 在反应温度为 150 ℃ 的 NH_3-SCR 过程中 L-H 机理是占主要的。Chen 和 Weng 等人也通过溶胶-凝胶法制备了三元氧化物 CuO-CeO_2-TiO_2 催化剂,并研究了其在低温 NH_3-SCR 反应中的应

用。CuO-CeO$_2$-TiO$_2$ 催化剂在 150~250 ℃ 的低温范围内表现出良好的 NH$_3$-SCR 活性(图 1.10)。Cu^{2+}生成的 Lewis 酸位点是 NH$_3$ 活化的主要活性位点,对低温 NH$_3$-SCR 活性影响较大。CeO$_2$ 的引入提高了 CuO 的还原性,增强了 CuO 粒子与基体之间的相互作用。Cu 氧化物、Ce 氧化物和 Ti 氧化物的相互作用提高了金属氧化物的分散程度(图 1.11),从而提高了活性氧含量和催化剂的酸度。

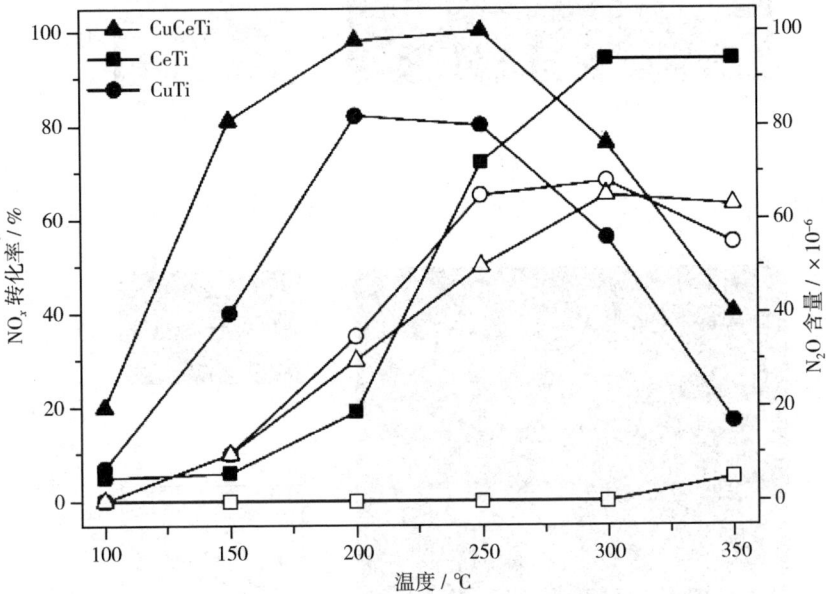

图 1.10　不同温度下催化剂的 NH$_3$-SCR 活性和 N$_2$O 含量,
实心符号代表 NO$_x$ 转化率、空心符号代表 N$_2$O 含量

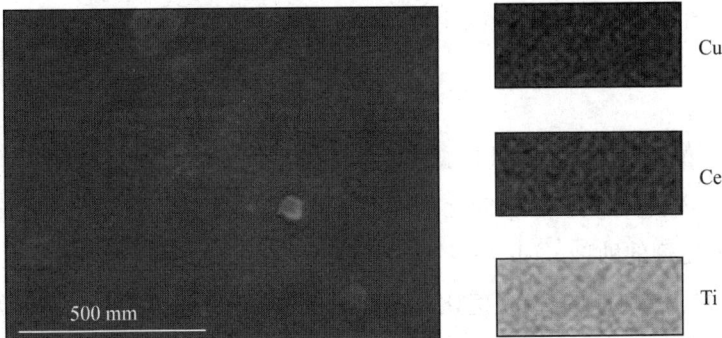

CuCeTi

(a)

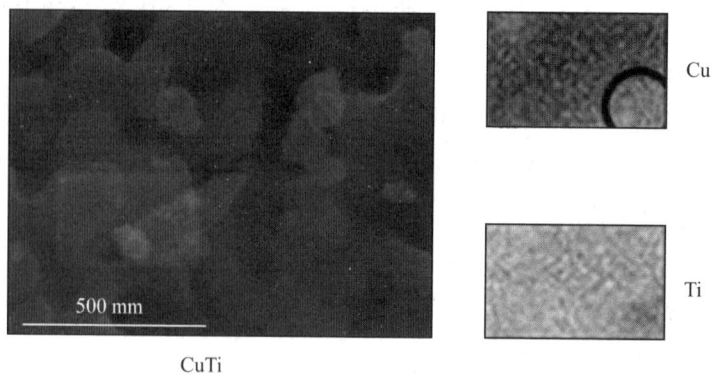

CuTi

（b）

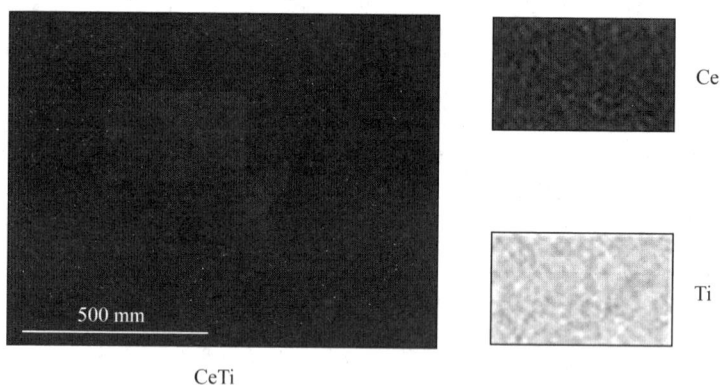

CeTi

（c）

图 1.11 （a）CuCeTi、（b）CuTi、（c）CeTi 的 SEM 和 EDS 元素分布图

　　据报道，Cu-Nb 二元氧化物催化剂在 180~330 ℃温度范围内可实现 100%的 NO 转化率。CuO_x 催化剂因其 Cu^{2+}/Cu^+ 的变价常作为其他金属基氧化物催化剂的助剂。Nb、Ce 的掺杂可增加催化剂表面酸性和对 NO 的吸附容量，并调节 Cu^+ 的分布，优化 CuO_x 催化剂的氧化还原能力从而获得优异的低温活性。Cu 基催化剂的主要问题是工作温度窗口窄。因此，改善 Cu 基催化剂的工作温度窗口是一个非常重要的研究方向。

CeO$_2$ 的表面酸性相对较弱,导致单一的 CeO$_2$ 催化剂活性较差。因此可通过酸预处理、硫酸化、酸性助剂改性、调节催化剂的结构形貌以及构建多元氧化物催化剂改善 CeO$_2$ 基催化剂的氧化还原性能和酸性,进而提升 NH$_3$-SCR 性能。此外,CeO$_2$ 基催化剂易被硫酸化,可通过抑制 Ce$_2$(SO$_4$)$_3$/Ce(SO$_4$)$_2$ 的形成和促进 NH$_4$HSO$_4$/(NH$_4$)$_2$SO$_4$ 的分解,添加功能性助剂创建额外的牺牲位点来降低 SO$_2$ 的吸附/氧化,进而增强催化剂的抗硫性。

Tan 和 Gao 等人制备了一种 CeO$_2$-SiO$_2$ 混合氧化物催化剂(CeSi$_2$),其表现出优异的抗硫性(含 5×10^{-4} 的 SO$_2$ 和 5% 的 H$_2$O)(图 1.12)。Ce 和 Si(Ce-O-Si)之间强烈的相互作用和表面羟基不但为 CeSi$_2$ 上的基团提供了丰富的表面酸位点,而且显著抑制了 SO$_2$ 的吸附作用。CeSi$_2$ 的 NH$_3$-SCR 性能由 E-R 机理增强,活性酸位点与气态 NO 能直接反应吸附氨(图 1.13)。

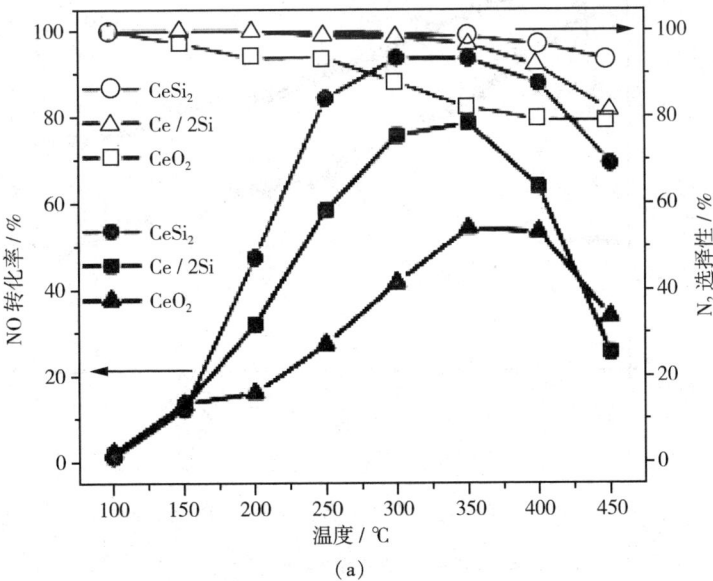

(a)

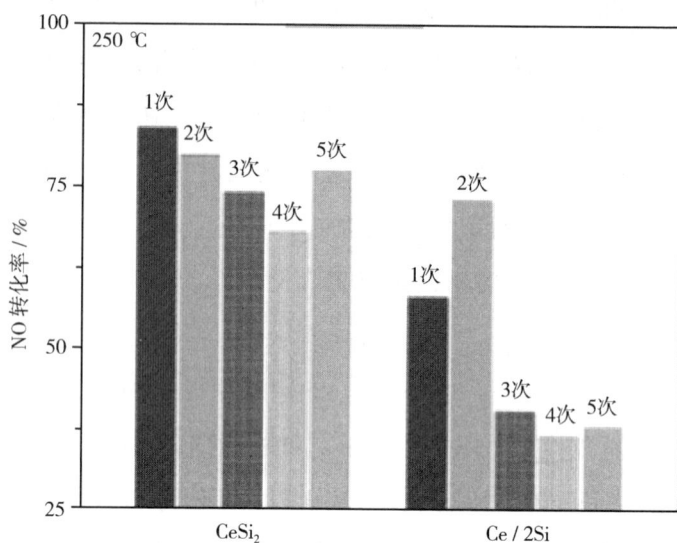

（b）

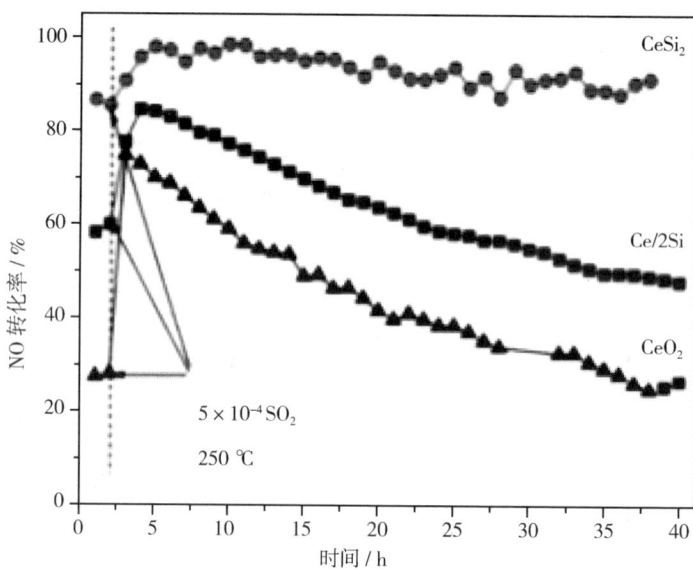

（c）

图 1.12 （a）CeO_2、Ce/2Si 和 $CeSi_2$ 在不同反应温度下的 NO 转化率和 N_2 选择性；

（b）$CeSi_2$ 和 Ce/2Si 在 250 ℃循环使用的 NO 转化率；

（c）反应温度为 250 ℃时引入 $5×10^{-4} SO_2$ 时不同催化剂的 NO 转化率

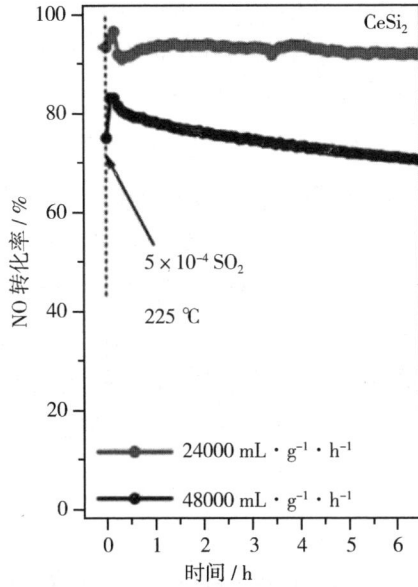

（a）

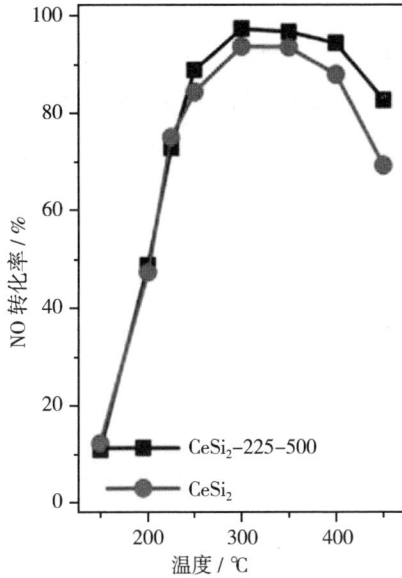

（b）

图 1.13 （a）CeSi$_2$ 在反应温度为 225 ℃、5×10^{-4} SO$_2$ 存在下

不同质量空速下的 NO 转化率；（b）新制备的 CeSi$_2$ 和使用后的 Ce/2Si

在反应温度为 225 ℃、5×10^{-4} SO$_2$ 存在下的抗硫性实验

在 NH_3-SCR 中 NH_3 主要以 NH_4^+ 和配位 NH_3 的形式吸附在催化剂载体上,吸附的单齿硝酸盐可以与载体上相邻的两个 NH_4^+ 反应,形成中间物种,然后与气态或弱吸附的 NO 进一步反应生成 N_2。负载型金属氧化物催化剂的活性和稳定性取决于活性组分之间的电子转移速率、组分的分散性以及金属载体间的相互作用。适当的催化剂载体不仅为活性组分的高度分散提供了高比表面积,促进组分之间的电子转移,还抑制了活性组分间的团聚现象。因此,在过去几十年中, Al_2O_3、TiO_2 和其他金属氧化物材料被广泛用作金属氧化物催化剂的载体。催化剂的制备方法对活性中心的结构、分散性以及活性组分之间的相互作用有很大影响。因此,选取适当的金属氧化物催化剂的载体和探索更有效的制备方法以提高催化剂的 NH_3-SCR 活性和抗毒害性势在必行。

1.4　碳基材料脱硝催化剂

活性炭(AC)、活性碳纤维(ACF)、碳纳米管(CNT)和石墨烯等材料因其比表面积高、孔隙率高而成为广泛使用的脱硝催化剂载体。因其价格低廉且具有多孔结构被广泛用作 NH_3-SCR 催化剂的载体。V_2O_5/AC、CeMn/AC 催化剂在 150 ℃和 160 ℃时 NO_x 转化率分别为 44% 和 60%。然而,AC 催化剂在 SO_2 存在的情况下容易失活,相较于 CeMn/AC 催化剂,经 V_2O_5 掺杂后的 CeMn/AC 催化剂表现出较好的低温活性和抗硫性,这得益于 V_2O_5 的掺杂增加了催化剂表面酸性和化学吸附氧容量,VO_x 团簇可以阻止部分 SO_2 对 Mn-Ce 活性中心的硫酸化。ACF 的纤维状结构和较高的比表面积促进了 Mn_2O_3 颗粒在微孔中的高度分散,使活性中心与反应气体充分接触,所以 MnO_x-ACF 催化剂比 MnO_x-AC 和 MnO_x-γ-Al_2O_3 具有更高的活性。CNT 与 AC 或 ACF 相比,具有更强的热稳定性,内部通道的空间限制可提升催化剂的氧化还原性能。研究发现,CNT 对 NO_x 和 NH_3 具有较强的吸附能力,并且可直接分解 NO。此外,CNT 表面特殊的电子结构可加速氧循环,促进 NO 分子的吸附,进而提高催化活性。尽管 CNT 可促进 NH_4HSO_4 的分解,但 SO_2 对负载型 CNT 催化剂的毒害作用仍较为明显,构建核壳结构是提高抗硫性的有效途径。张登松课题组通过两步法制备了核-壳结构脱硝催化剂介孔 TiO$_2$ 层包裹 CNT 负载的 MnO$_x$ 和 CeO$_x$ 纳米材料 meso-TiO$_2$@
MnCe/CNT(图 1.14),该催化剂与未包覆的催化剂(MnCe/CNT)相比在
NH$_3$-SCR 中具有更高的催化活性和更宽的工作温度窗口并表现出更强的稳
定性和良好的抗硫性(图 1.15)。为了提高 CNT 负载催化剂的低温催化活性,
他们还制备了 Fe$_2$O$_3$@MnO$_2$@CNT 多壳层结构的催化剂,研究发现 Fe 和 Mn
之间存在着强烈的相互作用,多壳层结构的形成增强了活性氧物种、可还原物
质与反应物间的吸附,从而提高了 NH$_3$-SCR 低温活性。此外,Fe$_2$O$_3$ 壳层可以
有效抑制表面硫酸盐物种的形成,从而使多壳层催化剂具有理想的抗硫性。

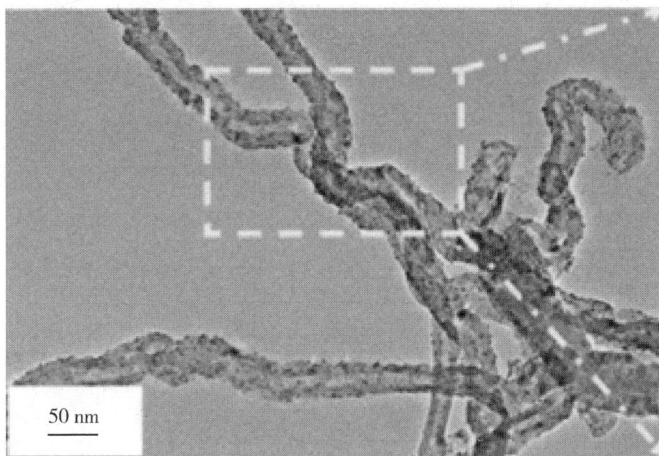

(a)

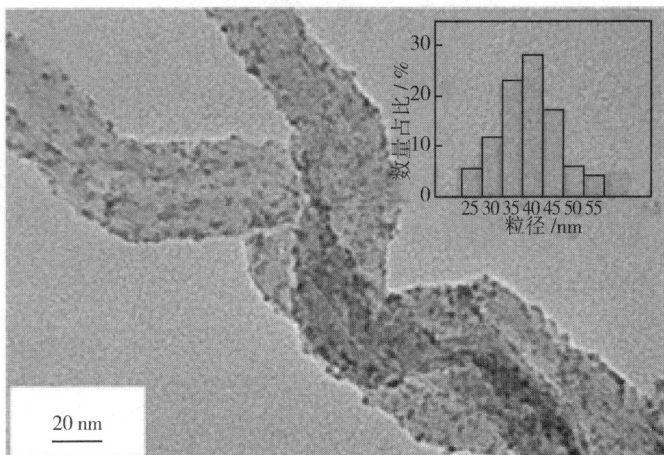

(b)

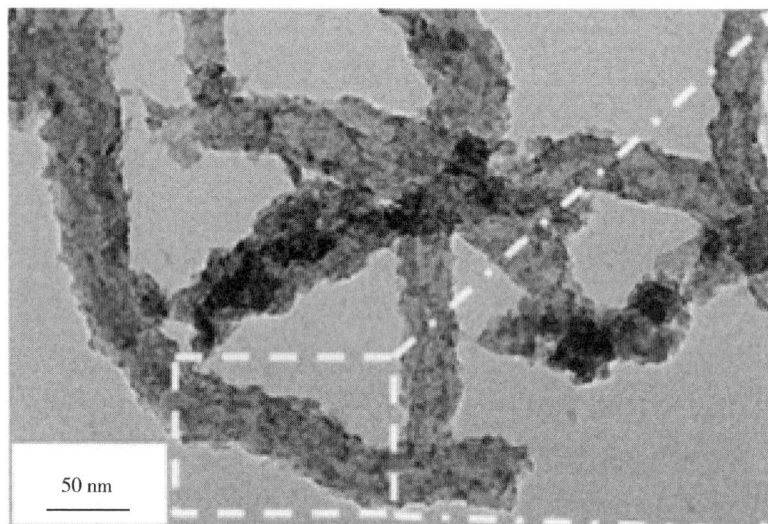

50 nm

（c）

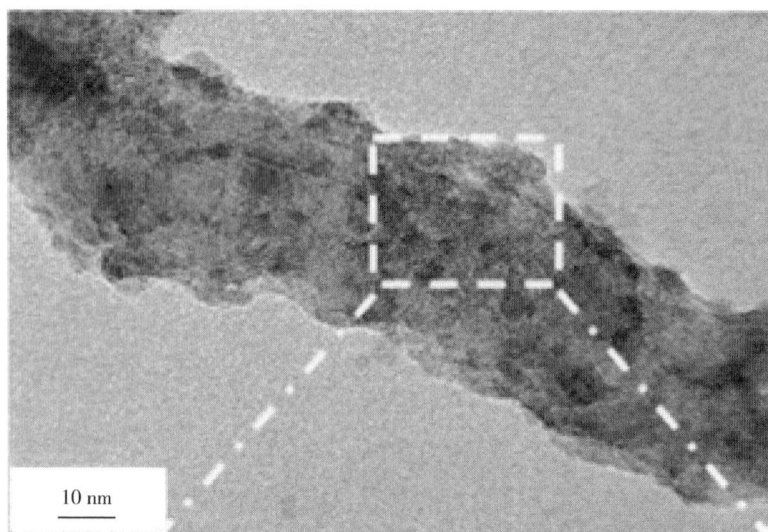

10 nm

（d）

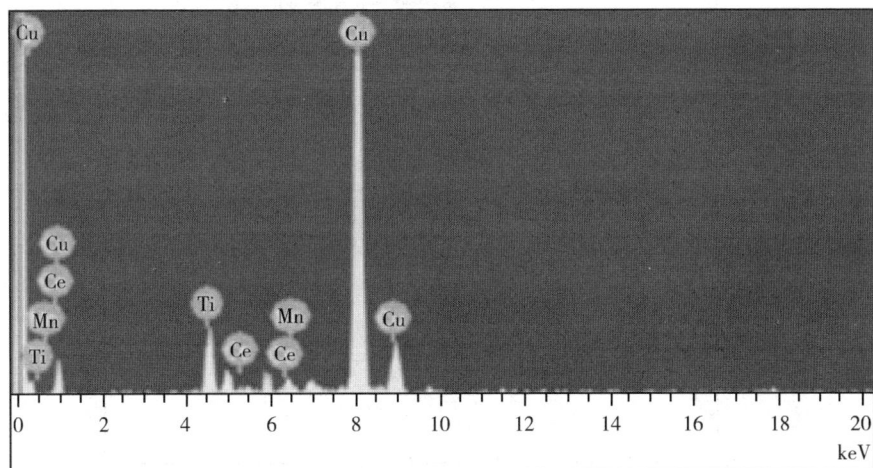

（e）

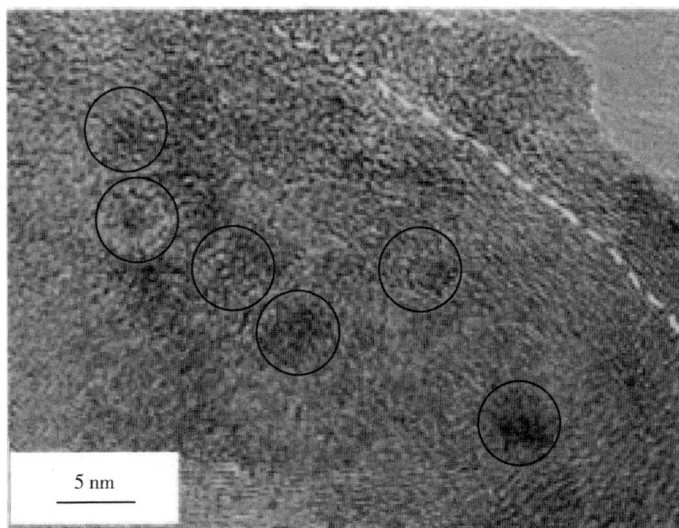

（f）

图 1.14　（a）和（b）MnCe/CNT 的 TEM 图和尺寸分布图（插图）；
（c）和（d）meso-TiO$_2$@ MnCe/CNT 的 TEM 图以及（e）EDX 谱图和（f）HRTEM 图

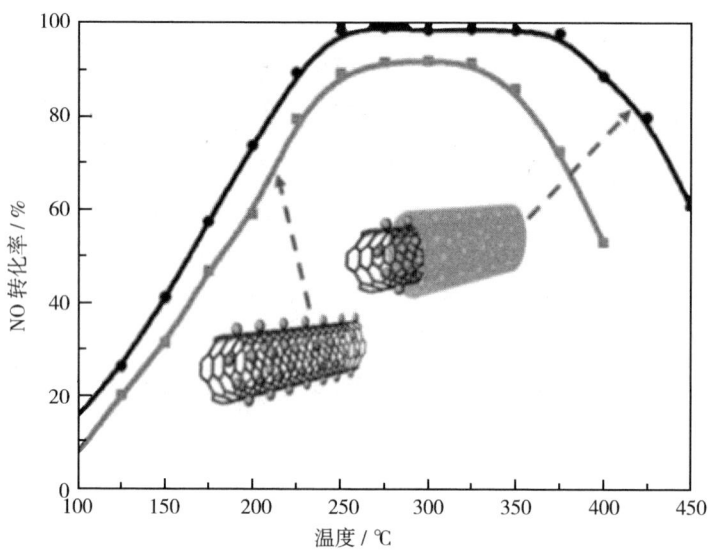

（a）

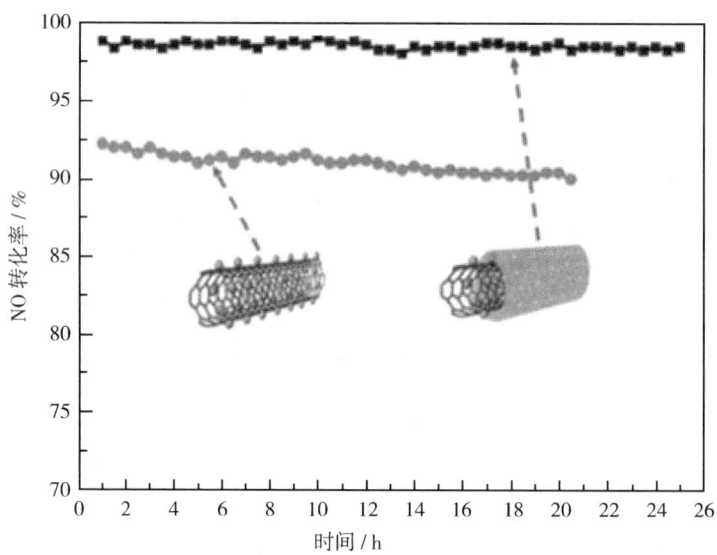

（b）

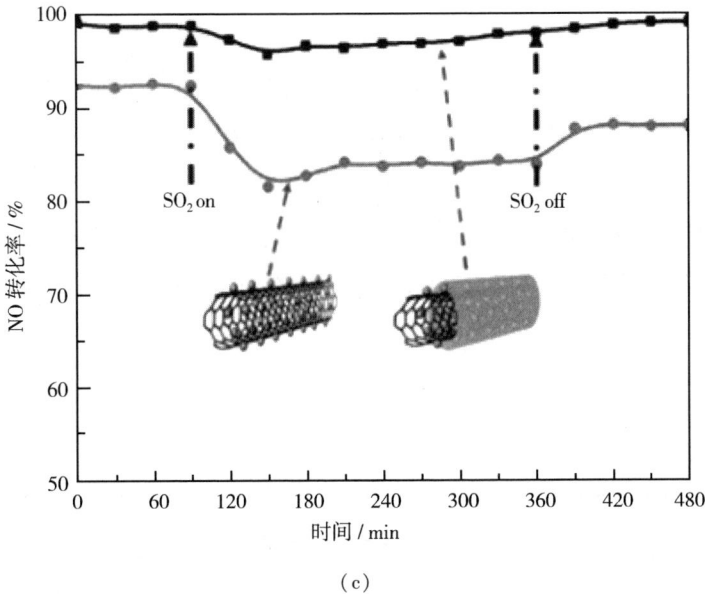

（c）

图 1.15 不同催化剂的（a）NH₃-SCR 活性、（b）稳定性测试
以及（c）在 300 ℃ 时的抗硫性实验

石墨烯由于其高导电性和独特的带隙结构以及高比表面积，目前在电子学领域的应用较为广泛，但其在脱硝领域中的研究较少。有研究人员以氧化石墨烯(GO)为载体浸渍合成了 CeO_2/GO 催化剂并发现 10% CeO_2/GO 催化剂在 275 ℃ 左右具有优异的 NH₃-SCR 活性，在 175~325 ℃ 的温度范围内 NO_x 转化率约为 80%，且具有显著的抗硫性和优异的稳定性。GO 较高的比表面积可以很好地吸附反应物气体，CeO_2 和 GO 之间的相互作用极大地提高了催化剂的还原性，增强了其抗硫性。还有研究者在还原氧化石墨烯(rGO)上负载 Ce-Sn 氧化物制备了 CeO_2-SnO_x/rGO 催化剂，其在 200~280 ℃ 温度范围内具有较高的 NH₃-SCR 活性、N_2 选择性和较好的抗硫性，这可以归因于 rGO 纳米片的大尺寸介孔结构和高比表面积促进了 CeO_2 纳米颗粒的高度分散。笔者课题组对石墨烯负载 $CoFe_2O_4$ 或 Cu-Ce 催化剂脱硝性能进行了研究，发现催化剂在 250 ℃ 以上具有较高的脱硝性能,Cu 和 Ce 之间的协同作用有助于形成中间反应性物种,从而提高 NH_3-其 SCR 活性并具有良好的抗硫性。同时,以 $CoFe_2O_4$ 为活性中心负载在 N 掺杂石墨烯(N-Gr)上制备了脱硝催化剂,4% $CoFe_2O_4$/N-Gr 在 250~300 ℃温度范围内的 NO_x 转化率达到 99%。N-Gr 催化剂在低温下比 Gr 具有更好的 NH_3-SCR 活性和抗性(图 1.16 和图 1.17),表明 N 掺杂可以改善活性组分在载体上的分散性,增强表面酸性,提高催化剂的氧化还原性能。虽然以石墨烯为载体制备的脱硝催化剂在中温区表现出了比其他常规碳材料催化剂更好的活性和抗性,但仍存在着在宽温范围内 NH_3-SCR 活性较低的问题。

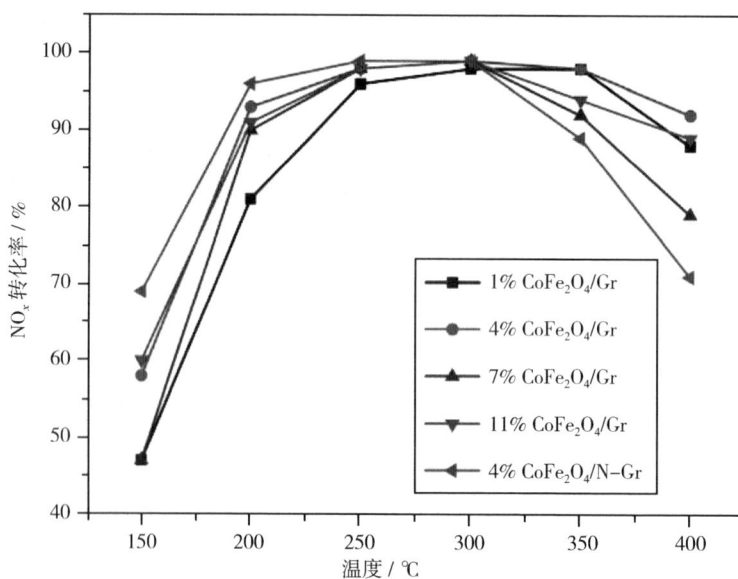

图 1.16　不同负载量的 $CoFe_2O_4$/Gr 和 4% $CoFe_2O_4$/N-Gr 催化剂的 NH_3-SCR 活性

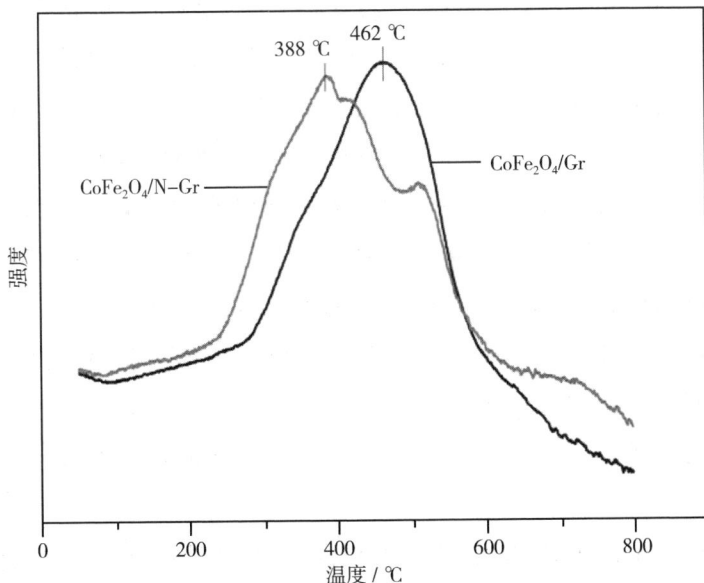

图 1.17　$CoFe_2O_4/Gr$ 和 $CoFe_2O_4/N-Gr$ 的 H_2-TPR 图

1.5　分子筛脱硝催化剂

　　分子筛催化剂孔道具有分子择形性的特点,即反应取决于反应物/中间产物/产物在孔隙中的适应程度。由于分子筛具有特殊的孔隙结构,因此可以制备出纳米级和亚纳米级的过渡金属负载型分子筛催化剂。同构取代分子筛含有 Bronsted 酸和(或)Lewis 酸中心,使其能与高度分散的过渡金属中心起到很好的协同作用,并且分子筛还具有相对较强的水热稳定性。因此,分子筛是为工业催化和环境催化的首选材料。

1.5.1　ZSM-5 分子筛脱硝催化剂

　　H-ZSM-5 单晶通常是块状或平行六面体状,尺寸从 100 nm 至 100 μm。Weckhuysen 等人在晶体内部发现了三维微孔孔道,此三维微孔孔道可以作为分子的运输通道。孔道由直孔道和正弦孔道组成,两种孔道分别平行于[010]和[100]晶面。由于这两种孔道在交叉点是连通的,因此分子也可以在[001]方向扩散。这些孔道的平均为 5.5 Å×5.5 Å。在微孔的位置孔道相交形成孔洞,孔洞直径为 6.36 Å。因此,超过孔道尺寸的分子被阻止进入或离开沸石。然而,一些较大的分子可以在交叉孔道处的孔洞中形成。

H-ZSM-5 的孔道系统源于一个有序的 MFI 类型框架。所有的沸石框架由 SiO_2 和 Al_2O_3 四面体组成,由共享的 O 原子连接。沸石的固有酸性源于带负电荷的 AlO_4^- 四面体引入沸石晶格中。这些四面体在沸石框架上产生净负电荷,需要用反阳离子来补偿。如果反阳离子是质子,则形成强Bronsted 酸位点;如果沸石框架中有更多的 Al 被取代,则会产生更多的酸位点。因此,在沸石框架中 Si 和 Al 的比例是一个重要的参数,一般写为Si/Al。

1986 年,Iwamoto 等人发现 Cu 交换的 ZSM-5 沸石是一种有效的分解NO 的催化剂。20 世纪 90 年代初人们开始研究金属基 ZSM-5 分子筛作为NH_3-SCR 催化剂,并迅速获得关注,因为与商业化的 V_2O_5-WO_3/TiO_2 催化剂相比,金属基 ZSM-5 分子筛具有更优越的 NH_3-SCR 性能。也有研究者采用固相离子交换法制备了 Cr 交换 ZSM-5(Cr/Al=1)催化剂选择性催化还原 NO_x。由于 $CrCl_3$ 前驱体在固态反应中升华,铬酸盐物种稳定在 H^+-ZSM-5(Si/Al=15)的交换位点且 Cr_2O_3 的生成受到限制。而采用 $Cr(NO_3)_3$和 NH_4^+-ZSM-5(Si/Al=26)分子筛时,Cr_2O_3 大块颗粒占据了催化剂表面。相反在 H^+-ZSM-5 和 $Cr(NO_3)_3$ 溶液中 Cr_2O_3 颗粒分散均匀。他们还通过沉淀法制备了一系列 Mn/ZSM-5 催化剂并研究了不同煅烧温度对 NH_3-SCR 性能的影响。在较低的温度(< 500 ℃)下煅烧时,催化剂表面的 MnO_x以 Mn_3O_4 和无定形 MnO_2 的形式存在。然而当煅烧温度为 600 ℃时形成了对 NH_3-SCR 过程不利的 Mn_2O_3 物种并在煅烧温度为 700 ℃时成为 NH_3-SCR 过程的主要相。随着煅烧温度的升高,催化剂表面 Mn 浓度和比表面积均有所降低。Mn/ZSM-5 催化剂在 300 ℃煅烧时表现出最佳的 NO 去除率,即在 150~390 ℃时 NO 转化率接近 100%。表面丰富的 Mn、Mn_3O_4 和无定形 MnO_2 可能是其具有优异催化性能的原因。还有人研究了不同 MnO_x 位

置在 NH_3-SCR 中对 MnO_x-ZSM-5 催化剂催化性能的影响。与 MnO_x 的纳米颗粒封装在载体孔道中的 MZ-25 催化剂相比，MnO_x 簇分散在 ZSM-5 外表面的 MZ-150 在低温下具有更高的催化活性。MZ-150 良好的氧化还原能力和 Mn^{3+} 促进了 NO 氧化为 NO_2 同时形成不稳定的 NO_x 中间体，从而提高了 NH_3-SCR 性能。对于 MZ-25 来说，ZSM-5 的限域效应导致其对 NO_x 的吸附量较大，但生成的 NO_x 种类较为稳定，这可能是低温 NH_3-SCR 活性低的重要原因。有的科研工作者提出了一种简便和经济的一步法，在没有有机模板的情况下利用硅灰，借助于廉价的偏高岭土通过水热法合成了 ZSM-5。该方法可以使全部的硅灰转化为 ZSM-5，具有与传统化学试剂方法制备 ZSM-5 类似的特征。在最优条件下合成的 ZSM-5 再通过离子交换法制备 Ni、Cu、Zn/ZSM-5 催化剂，其 NO 转化率分别为 92%、100% 和 95%。还有报道采用离子交换法制备了 Co-ZSM-5 和 Co、Na-ZSM-5 催化剂并研究了其在甲烷选择性催化还原 NO_x(CH_4-SCR) 中的性能。催化性能取决于 Co 的负载量，催化剂中 Co 负载量在 2.5%~3.0% 之间催化性能最好。预吸附的硝酸盐/亚硝酸盐(NO_y)物种是由类似氧化物簇存在的 Co^{3+} 氧化 NO 形成的。异氰酸盐被认为是中间体，与 NO_y 或 NO_2 反应生成 N_2。位于交换位置孤立的 Co^{2+} 起到间接促进 NO 化学吸附的作用，实际上是作为 NO 的储存场所。还有研究以金属氯化物和硝酸盐为原料通过水热浸渍法制备了 M/ZSM-5(M = Cu、Ni、Co) 催化剂并研究了其 NH_3-SCR 性能。Cu(Cl)/ZSM-5 催化剂在整个温度范围(250~400 ℃)对 NO 转化率在 90% 以上。其他催化剂表现出相似的活性，但用金属氯化物为前驱体制备的催化剂活性优于以硝酸盐为前驱体制备的催化剂。此外，以金属氯化物为前驱体制备的催化剂中金属离子的 TPR 还原峰强度较弱且具有较高强度的红移。TPR 谱表明 Cu 和 Ni 氧化态均是 +2，而 Co 氧化态是 +2 和 +3。还有人以 H_2PtCl_6、$Pt(NO_3)_2$ 和 HZSM-5 为原料通过浸渍法制备了一系列 Pt/HZSM-5 催化剂。以 H_2PtCl_6 为原料制备的催化剂中 Pt 主要分布在沸石的外表面，而以 $Pt(NO_3)_2$ 为原料制备的催化剂中大部分 Pt 分布在分子筛孔道中。在 H_2 选择性催化还原 NO_x 中，沸石外表面的 Pt 起到活化 H_2 的作用。对于催化剂而言，适当的 NO_x 吸附量是提高 N_2 选择性必不可少的因素。沸石通道中的一些阳离子(如 Al^{3+})能够接收更多的 NO_x 从而提高催化性能。有的研究人员以 H-ZSM-5 为载体、Cu、In 和 La 为活性组分制备了 3 种催化剂(Cu-ZSM-5、In-ZSM-5 和 La-ZSM-5)。催化反应结果表明,Cu-ZSM-5 相比于其他两种催化剂在以 C_3H_6 为还原剂选择性催化还原 NO_x(C_3H_6-SCR)反应中具有最佳的催化性能,当温度为 375~500 ℃时 Cu-ZSM-5 催化剂在 C_3H_6-SCR 中 NO 的转化率达到 70%以上。原位漫反射红外傅里叶变换光谱结果表明,Cu-ZSM-5 的 Bronsted 酸位点上 NO-O_2 和 C_3H_6-O_2 发生了竞争性吸附且 Cu-ZSM-5 表面吸附的胺类($-NH_2$)是反应的主要中间体,可以与 NO 或 NO_2 反应生成 N_2。Wang 等人采用溶液离子交换法制备了 La-Cu-ZSM-5 催化剂,然后将 La-Cu-ZSM-5 负载在堇青石上得到了 La-Cu-ZSM-5/堇青石催化剂。C_3H_6 和 CO 作为还原剂选择性催化还原 NO_x(C_3H_6-CO-SCR)的结果表明,La-Cu-ZSM-5/堇青石催化剂在 210~450 ℃温度范围内 NO 和 NO_2 的转化率达到 50%以上,而反应温度为 350 ℃时最大转化率达到 80%。原位漫反射红外傅里叶变换光谱结果表明,2250 cm^{-1} 处的谱带属于异氰酸酯,是 C_3H_6-SCR 反应的重要中间体。CO 的引入促进了反应中间体的形成且提高了 La-Cu-ZSM-5/堇青石活化 C_3H_6 的能力。

Zhang 和 Ning 等人以不同的 Cu 前驱体制备了 Cu/ZSM-5 催化剂。以硝酸铜法制备的 Cu/ZSM-5-N 催化剂在 NH_3-SCR 反应中表现出较好的催化性能,即在 225~405 ℃时 NO_x 的转化率达到 90%以上。Cu/ZSM-5-N、Cu/ZSM-5-S(硫酸铜法制备) 和 Cu/ZSM-5-Cl(氯化铜法制备) 的 CuO 的平均粒径分别为 5.82 nm、9.20 nm 和 11.01 nm。与 Cu/ZSM-5-Cl 和 Cu/ZSM-5-S 催化剂相比,Cu/ZSM-5-N 催化剂具有高分散的铜物种、较强的表面酸性和较好的氧化还原性能。

笔者课题组研究了乙酸铜溶液中 NH_4OH/Cu^{2+} 在 NH_3-SCR 反应中对离子交换 Cu-ZSM-5 催化剂性能的影响。Cu-ZSM-5 催化剂中的 Cu 结构在低温 NH_3-SCR 中具有活性,而那些孤立的 Cu^{2+} 在高温 NH_3-SCR 中具有活性。当 NH_4OH 与 Cu^{2+} 的比为 6~15 时,Cu-ZSM-5 与乙酸铜的水-氨溶液离子交换时形成含有超晶格氧的 Cu 结构。在无氨溶液中进行离子交换产生了孤立的 Cu^{2+}。Jodłowski 和 Czekaj 等人通过水热合成法以及传统的离子交换法制备了铜活性相沉积 Y、USY 和 ZSM-5 基催化剂,所制备的催化剂多孔性强且呈酸性。在离子交换分子筛中金属活性相以阳离子形式存在,在超声化学法制备催化剂中金属活性相以纳米金属氧化物形式存在。后者在 NH_3-SCR 反应中表现出更高的活性和更强的稳定性。USY 基催化剂在 200~400 ℃活性较高,而 ZSM-5 基催化剂在 400~500 ℃活性达到 100%。原位漫反射红外傅里叶变换光谱证明,Cu-O(NO) 和 Cu-NH_3 是中间产物,这也说明 Bronsted 酸位点的作用是形成 NH_4NO_3。李俊华课题组通过改变 Si 与 Al 物质的量比合成了一系列 Cu-ZSM-5/Al-纤维并研究了其在 NH_3-SCR 中的催化性能。FT-IR 结果表明,具有较高的 Si 与 Al 物质的量比的 Cu-ZSM-5/Al-纤维催化剂对 NH_3 的吸附较好。NO 吸附结果表明,桥键硝酸盐的吸附量与提高 NO_x 转化率是一致的。在中温时,Cu-ZSM-5/Al-纤维催化剂在较高空速下表现出较好的 NH_3-SCR 性能,这表明微结构 Cu-ZSM-5/Al-纤维催化剂在高通量条件下具有较高的催化活性。

Jabło'nska 等人研究了铜交换分子筛的结构性质和共阳离子(Na⁺)在 NH_3-SCR 中的影响,结果表明在 H_2O 存在下 Cu-ZSM-5 具有优异的 NH_3-SCR 性能。

ZSM-5 的微孔结构能够有效稳定孤立的 Cu 离子单体。共同阳离子的存在促进了 Cu 聚集体的形成,如 [Cu-O-Cu]²⁺。Cu-ZSM-5(TPAOH) 存在的 Cu 聚集体 [Cu-O-Cu]²⁺ 和 CuO_x 导致 NH_3 在高温(350~400 ℃)下氧化。H_2O 的存在对 NH_3-SCR 的选择性有积极的影响,明显降低了 NH_3 平行氧化反应的反应速率,然而 NH_3-SCR 的反应速率和活化能不受影响。Nakasaka 和 Shimizu 等人通过等体积法在 373~423 K 中测定了 Cu-ZSM-5 中 NO 和 NH_3 的微孔扩散性。晶体内 NH_3 的扩散率和有效扩散率均较低,NO 的晶内扩散活化能(21 kJ·mol⁻¹)高于 NH_3 的晶内扩散活化能(6.3 kJ·mol⁻¹)。在 373 K 时,Cu-ZSM-5 催化剂中 NO 的晶内扩散率不受 Cu 含量和 Si/Al 影响。他们还采用不同厚度的晶体 Cu-ZSM-5 催化剂研究了其 NH_3-SCR 性能和 NH_3 氧化动力学。在 523 K 时,NH_3-SCR 的反应速率取决于沸石的晶体厚度;小尺寸 Cu-ZSM-5 催化剂 (0.088 μm) 的反应速率是大尺寸 Cu-ZSM-5 催化剂(2.7 μm)的反应速率的 2.75 倍。NH_3 氧化反应速率与沸石晶体大小无关。因此，NH_3-SCR 是由 NO 的晶内扩散控制的，即由于 NO 扩散的限制，沸石晶体活性位点没有得到充分利用。Li 等人以 Fe 的配合物乙二胺四乙酸铁钠（EDTA-Fe-Na）作为 Fe 源和结构导向剂通过水热法制备了 Fe/ZSM-5 分子筛（图 1.18）。在水热合成过程中，乙二胺四乙酸铁钠配合物被封装在 ZSM-5 分子筛孔道中，并在煅烧后去除了 Fe 离子和低聚体 Fe_xO_y 团簇。他们制备的具有酸性位点和 Fe 位点的 Fe/ZSM-5 分子筛可作为双功能催化剂。Fe/ZSM-5 分子筛在 NH_3-SCR 反应中表现出优异的催化活性，在温度范围为 573~693 K 时 NO_x 转化率大于 99%（图 1.19）。与此同时，Fe/ZSM-5 分子筛具有较好的抗水性和抗硫性（图 1.20）。与传统的后改性方法制备的 Fe/ZSM-5 分子筛相比，水热法简单且重现性好，避免了非活性氧化铁纳米颗粒的形成从而导致高 NH_3-SCR 活性。

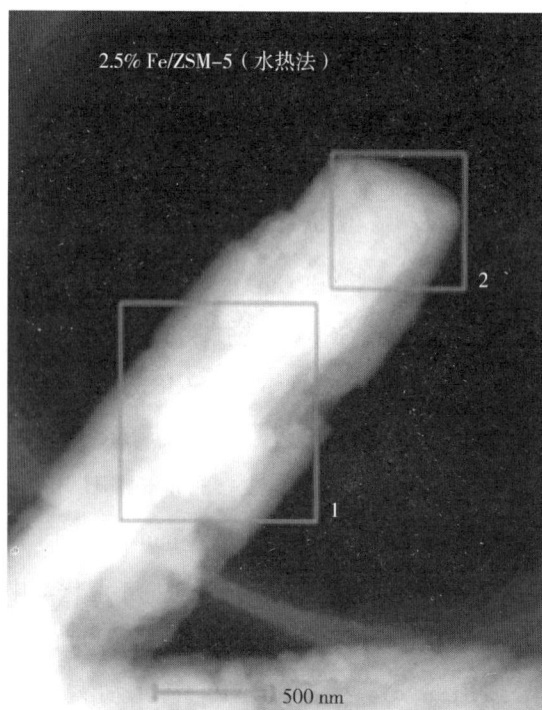

（a）

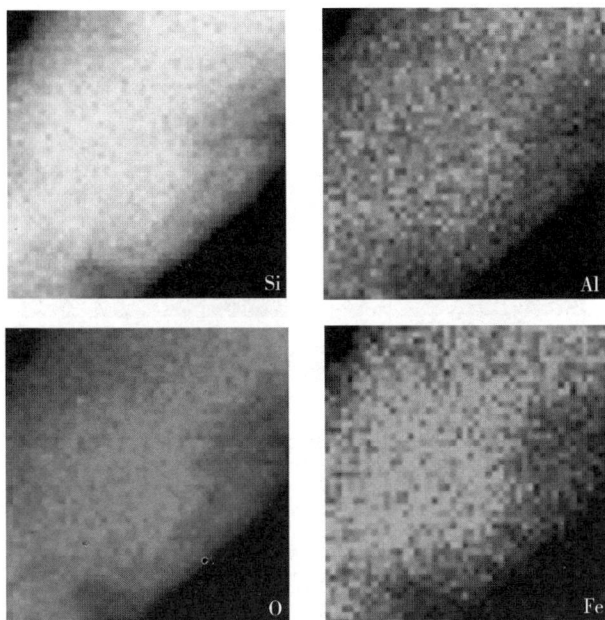

（b）

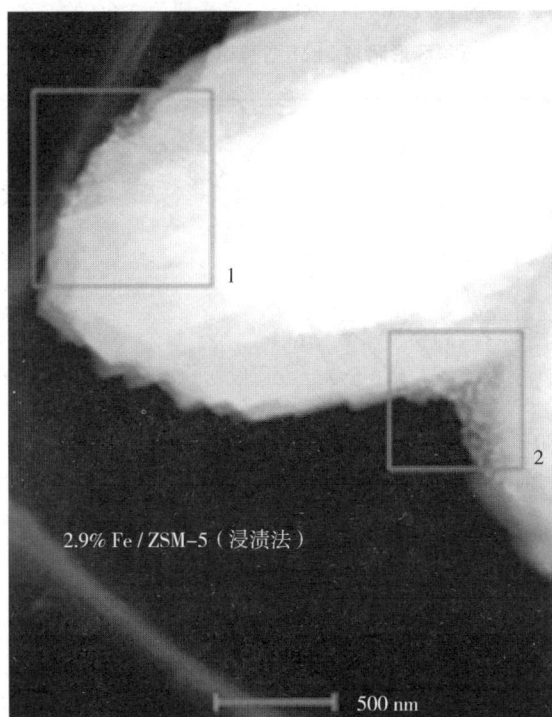

2.9% Fe / ZSM-5（浸渍法）

500 nm

（c）

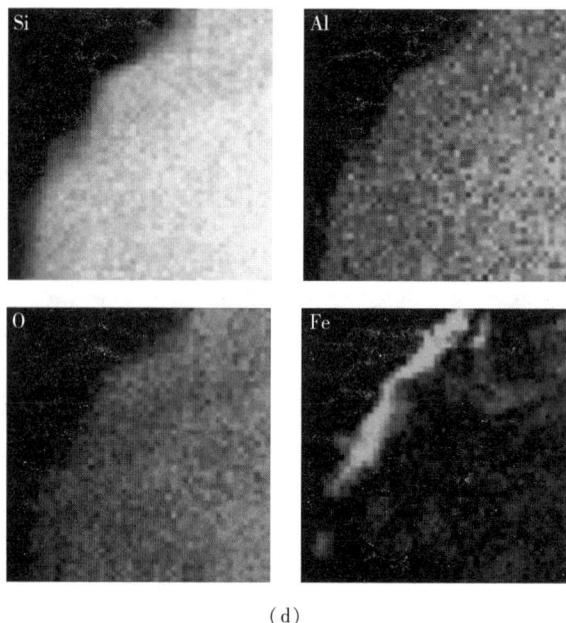

(d)

图 1.18　含量为 2.5% 的 Fe/ZSM-5-(水热法)和含量为 2.9% 的 Fe/ZSM-5-(浸渍法)
高角环形暗场 SEM 图和相应的元素分布

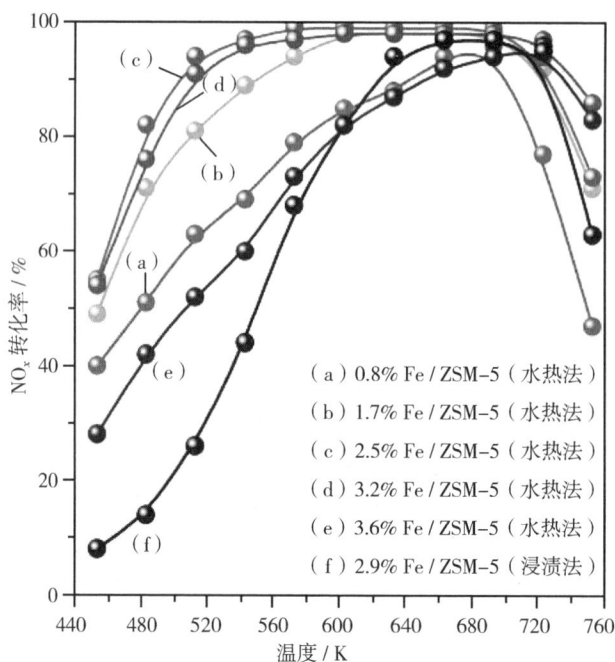

(a) 0.8% Fe/ZSM-5（水热法）
(b) 1.7% Fe/ZSM-5（水热法）
(c) 2.5% Fe/ZSM-5（水热法）
(d) 3.2% Fe/ZSM-5（水热法）
(e) 3.6% Fe/ZSM-5（水热法）
(f) 2.9% Fe/ZSM-5（浸渍法）

图 1.19　Fe/ZSM-5 分子筛在不同温度下的 NO_x 转化率

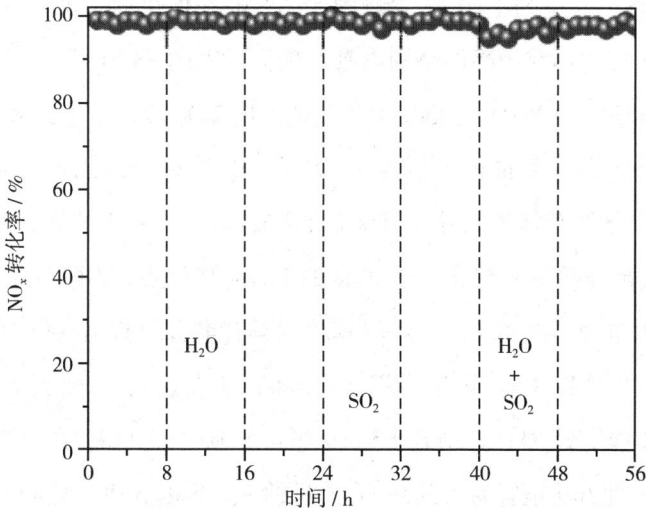

图 1.20　含量为 2.5% 的 Fe/ZSM-5-DS 在 623 K 时的抗稳定性测试

相关文献利用 FT-IR(观察表面吸附物种) 和在线质谱(分析反应产物)
研究了反应机理。NH_3 在 Fe-ZSM-5 分子筛上迅速吸附生成 NH_4^+ 且分子筛
在 O_2 存在下将 NO 氧化为 NO_2。NH_4^+ 与 NO 和 NO_2 反应顺序如下:$NO+NO_2$
(1∶1,生成 N_2) > NO_2(生成 $N_2 + N_2O$) >NO(生成 N_2) ,这三种情况下的总
NO_x 浓度相同。在反应温度为 200 ℃ 时也可以观察到这种趋势。NO 和 NO_2
都与 NH_4^+ 反应形成 N_2。Fe-ZSM-5 分子筛中 NH_4^+ 与 $NO+O_2$ 的反应活性明
显高于 H-ZSM-5 催化剂,但两种催化剂对 NH_4^+ 与 $NO+NO_2$ 的反应活性相
同,这表明 Fe^{3+} 的作用是在 O_2 存在下将 NO 氧化成 NO_2。NO 还原反应可能
的反应机理包括一个 NO_2 分子和两个相邻的 NH_4^+ 反应形成活性中间体
$NO_2(NH_4^+)_2$,然后与另一种 NO 反应生成 N_2 和 H_2O。Yang 等人通过特定的
离子交换法制备了 Fe-ZSM-5 催化剂且其在 NH_3-SCR 反应中表现出较高
的催化活性。由于采用了 ZSM-5 与 $FeCl_3$ 溶液交换制备 Fe-ZSM-5 催化
剂,因此 Fe 含量(0.28%)较低。此外,较高的 Si/Al 也导致催化剂的酸性较
弱。这种特定的离子交换法制备的 Fe-ZSM-5 催化剂具有较高的活性,可
能是由于其具有较高的 Bronsted 酸性(因此 NH_4^+ 浓度高)。Wang 等人采用

浸渍法制备了一系列不同 Fe 含量的 Fe/ZSM-5 催化剂。单金属 Fe 修饰的 Fe/ZSM-5 催化剂在中高温范围内具有较高的 NH_3-SCR 活性,Fe 活性组分的最佳负载量为 10% 且在 350~450 ℃范围内 NO_x 转化率达到 80% 以上,在 431 ℃时 NO_x 转化率的最大值为 96.91%。Fe 物种能以无定形氧化物的形式很好地分散在载体表面并保留沸石的结晶结构。催化剂具有良好的氧化还原性能、高分散纳米粒子以及丰富的 Lewis 酸位点,这些都有利于 NH_3-SCR。负载量为 10% 的 Fe/ZSM-5 催化剂具有丰富的 Lewis 酸位点,Lewis 酸位点在反应过程中起重要作用。Sachtler 等人通过一种新方法制备了 Fe/ZSM-5 催化剂。$FeCl_3$ 被升华到 H/ZSM-5 笼中,它与沸石的酸性位点发生化学反应。此方法很容易得到高 Fe 含量的 Fe/ZSM-5(Fe/Al=1)催化剂,Fe 位于沸石的交换位点,在 800 ℃以下从 Fe^{3+} 还原到 Fe^{2+}。该催化剂在催化还原 NO_x 方面具有很高的活性,在模拟车辆排放尾气的条件下具有很高的耐久性。在 350 ℃附近约 76% 的 NO 转化为 N_2。与其他 M/ZSM-5 催化剂相比,当添加 10% 的 H_2O 时,该催化剂催化性能没有受到损害。H_2O 实际上在低温时提高了 NO_x 的转化率。Brandenberger 等人提出了沸石中活性 Fe 位点的温度依赖性,在 350 ℃以上 Fe_xO_y 低聚物和纳米颗粒均可促进 NH_3 非选择性氧化。尽管如此不同 Fe 的活性一直存在差异。结果表明,Fe 单体在 NH_3-SCR 反应中的活性较强。Li 等人通过 DFT 方法计算了 Fe 基沸石催化剂的标准 SCR(NH_3+ NO + O_2)和快速 SCR(NH_3+ NO + NO_2 + O_2)的反应路径,方法如下:

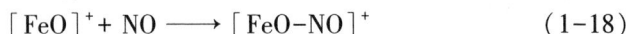

$$[FeO]^+ + NO \longrightarrow [FeO-NO]^+ \qquad (1-18)$$

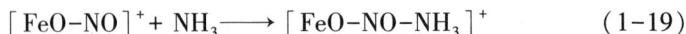

$$[FeO-NO]^+ + NH_3 \longrightarrow [FeO-NO-NH_3]^+ \qquad (1-19)$$

$$[FeO-NO-NH_3]^+ \longrightarrow [FeOH-NH_2NO]^+ \qquad (1-20)$$

$$[FeOH-NH_2NO]^+ \longrightarrow [FeOH]^+ + NH_2NO \qquad (1-21)$$

$$[FeOH]^+ + NO_2 \longrightarrow [FeOH-NO_2]^+ \qquad (1-22)$$

$$[FeOH-NO_2]^+ + NH_3 \longrightarrow [FeOH-NO_2-NH_3]^+ \qquad (1-23)$$

$$[\text{FeOH}-\text{NO}_2-\text{NH}_3]^+ \longrightarrow [\text{Fe}(\text{H}_2\text{O})-\text{NH}_2\text{NO}_2]^+ \qquad (1-24)$$

$$[\text{Fe}(\text{H}_2\text{O})-\text{NH}_2\text{NO}_2]^+ \longrightarrow [\text{FeO}-\text{H}_2\text{O}]^+ + \text{NH}_2\text{NO} \qquad (1-25)$$

$$[\text{FeO}-\text{H}_2\text{O}]^+ \longrightarrow [\text{FeO}]^+ + \text{H}_2\text{O} \qquad (1-26)$$

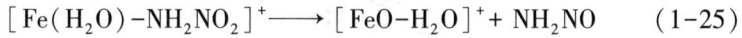

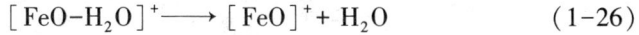

人们普遍认为 NO_2 可以促进 NH_3-SCR 反应,且 NO_2 的生成与反应中其他中间产物的出现密切相关。有人系统地研究了活性 Fe 和中间产物 Fe、NH_3 和 NO_x 与 Fe-ZSM-5 的 NH_3-SCR 性能的关系。活性 Fe 的相对含量和实际含量对催化活性起着至关重要的作用。由低聚体 Fe 和 Fe_xO_y 引起的高温弱酸位点和强 NH_3 氧化解释了随着 Fe 负载量增大 Fe-ZSM-5 的高温活性降低的原因。在 Fe 含量为 1.0% 的 Fe-ZSM-5 中几乎没有通过硝酸盐分解生成的 N_2O,NH_3-SCR 反应可同时存在 L-H 机理和 E-R 机理。DFT 计算结果表明,在计算 NO_2 和 NH_3 时有两条可能的反应路径,一条可能的反应路径是 $[\text{Fe}]+\text{NH}_3+\text{NO}_2 \longrightarrow {}^5[\text{Fe}-\text{NO}_2-\text{NH}_3] \longrightarrow {}^5[\text{Fe}-\text{NO}_2]-1 \longrightarrow$ ${}^5[\text{Fe}-\text{NO}_2]-2 \longrightarrow {}^5[\text{Fe}-\text{NO}_2]-3 \longrightarrow {}^5[\text{FeOH}-\text{NH}_2\text{NO}] \longrightarrow {}^5[\text{FeOH}]+$ $\text{NH}_2\text{NO} \longrightarrow 5[\text{FeOH}]+\text{H}_2\text{O}+\text{N}_2$,另一条可能的反应路径是 $4[\text{Fe}]+\text{NH}_3+$ $\text{NO}_2 \longrightarrow 5[\text{Fe}-\text{NO}_2]-1+\text{NH}_3 \longrightarrow {}^5[\text{Fe}-\text{NO}_2]-2+\text{NH}_3 \longrightarrow {}^5[\text{FeO}-\text{NO}]+$ $\text{NH}_3 \longrightarrow 5[\text{Fe}-\text{NONH}_3] \longrightarrow {}^5[\text{FeOH}-\text{NH}_2\text{NO}] \longrightarrow {}^5[\text{FeOH}]+\text{NH}_2\text{NO} \longrightarrow {}^5$ $[\text{FeOH}]+\text{H}_2\text{O}+\text{N}_2$,结果表明 $[\text{Fe}-\text{NO}_2]-1$ 是最容易生成的。Fe(Ⅲ)-氧物种在 NH_3-SCR 中被认为是活性位点,基于 Fe(Ⅲ)-Fe(Ⅱ) 氧化还原过程,由以下简化反应步骤描述:

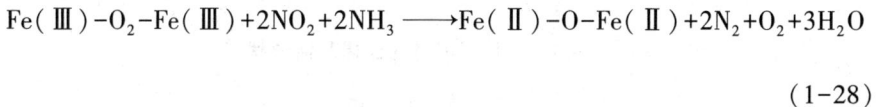

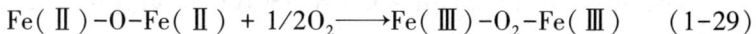

$$\text{Fe}(Ⅲ)-\text{O}_2-\text{Fe}(Ⅲ) + \text{NO} \longrightarrow \text{Fe}(Ⅱ)-\text{O}-\text{Fe}(Ⅱ) + \text{NO}_2 \quad (1-27)$$

$$\text{Fe}(Ⅲ)-\text{O}_2-\text{Fe}(Ⅲ)+2\text{NO}_2+2\text{NH}_3 \longrightarrow \text{Fe}(Ⅱ)-\text{O}-\text{Fe}(Ⅱ)+2\text{N}_2+\text{O}_2+3\text{H}_2\text{O}$$
$$(1-28)$$

$$\text{Fe}(Ⅱ)-\text{O}-\text{Fe}(Ⅱ) + 1/2\text{O}_2 \longrightarrow \text{Fe}(Ⅲ)-\text{O}_2-\text{Fe}(Ⅲ) \quad (1-29)$$

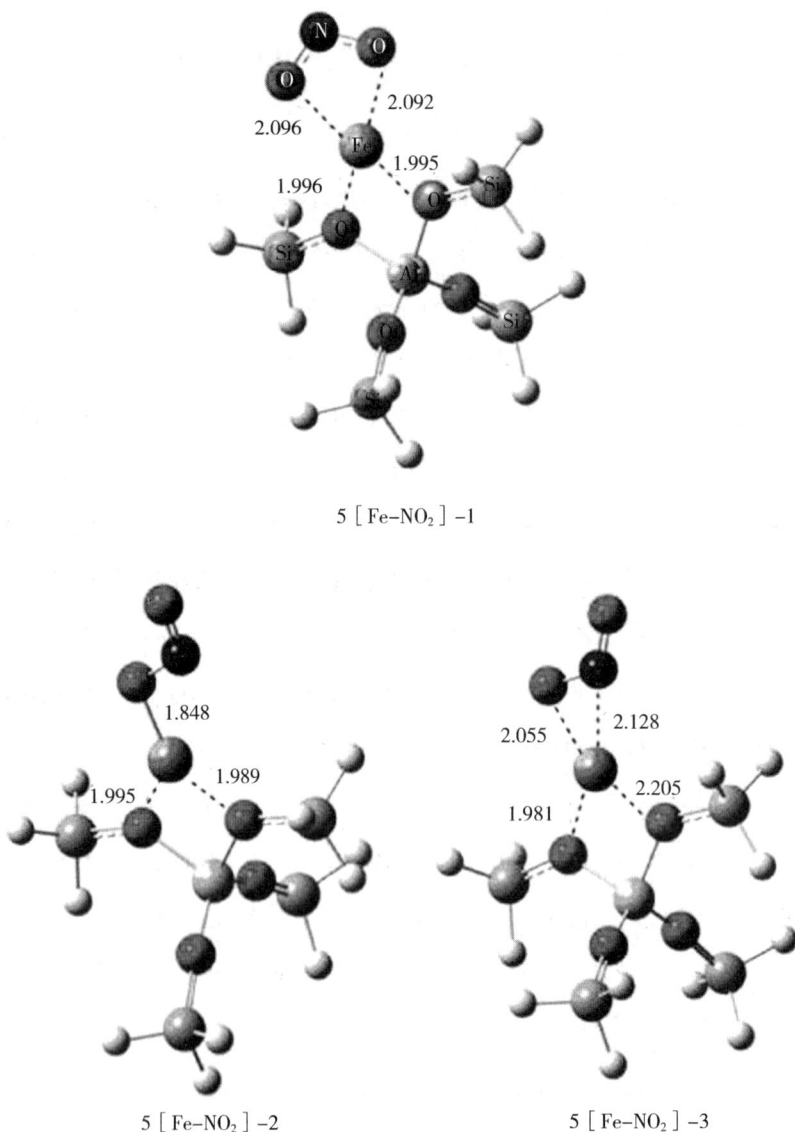

5［Fe-NO₂］-1

5［Fe-NO₂］-2 5［Fe-NO₂］-3

图 1.21 ⁵［Fe-NO₂］的优化几何形状

这说明活性 Fe 位点的结构对 NH₃-SCR-NOₓ 的转化需要相反的 Fe 氧化还原循环。此外,只有当电荷平衡的富硅分子筛的骨架中 Al 含量较低时 Fe 才具有活性,而富铝沸石(Si/Al < 3)不可以,在这些分子筛中它们的结构

与 Al 原子分布相关。因此,有人又研究了 ZSM-5 中 Fe 位点的结构环境,将 Fe 引入到分子筛骨架中与 Si/Al 相似。骨架中六元环中的成对 Al 在氧化气氛中极大地稳定了 $Fe(Ⅱ)$ 离子和 $[Fe(Ⅱ)-O-Fe(Ⅱ)]^{2+}$ 配合物。单个 Al 原子的浓度在类似的条件下导致 $Fe(Ⅲ)$-氧的数量增加。在含 O_2 的气氛中通过沸石骨架补偿正电荷的低核 $Fe(Ⅲ)$-氧物种促进了高活性氧的形成且在 NH_3-SCR-NO_x 中是最好的活性位点。

为了拓宽操作温度窗口并增强水热稳定性及提高抗硫性等,人们在金属基 ZSM-5 中引入其他金属来制备多金属基分子筛催化剂。Sachtler 等人首先将 $FeCl_3$ 升华到 H/ZSM-5 中制备了 Fe/ZSM-5(Fe/Al = 1)催化剂。然后将第二个阳离子交换到沸石中来修饰该催化剂。以 La 作为助剂的催化剂在模拟汽车尾气中以异丁烷为还原剂,几乎 90% 的 NO_x 在 350 ℃ 被还原为 N_2。10% 的水的引入量不影响催化剂的高温性能,在低于 350 ℃ 的温度区间 N_2 产率略有增加。这是因为 La 降低了碳氢化合物非期望燃烧的催化剂活性。Narula 等人证实了杂原子(Sc^{3+}、Fe^{3+}、In^{3+} 和 La^{3+})在 $Cu^Ⅱ$ 附近的沸石结构中能在 150 ℃ 时产生高活性(图 1.22 和图 1.23)。

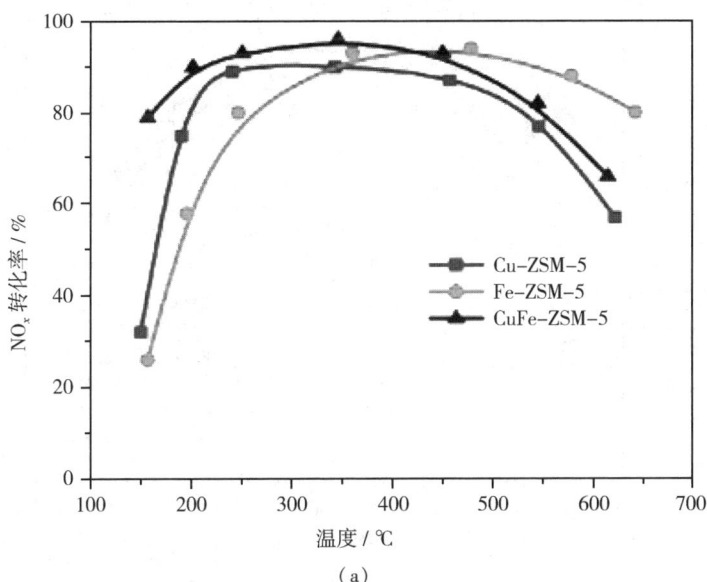

(a)

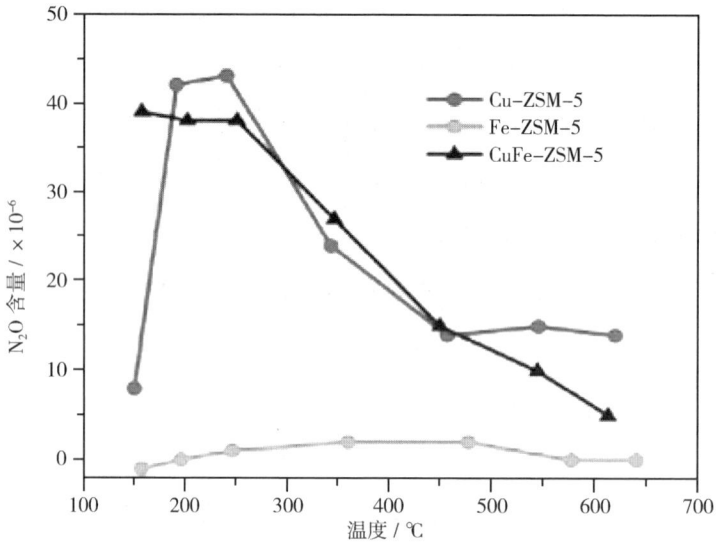

（b）

图 1.22　Cu-ZSM-5、Fe-ZSM-5 和 CuFe-ZSM-5 的（a）NO_x 转化率；

（b）N_2O 含量（模拟汽车尾气）

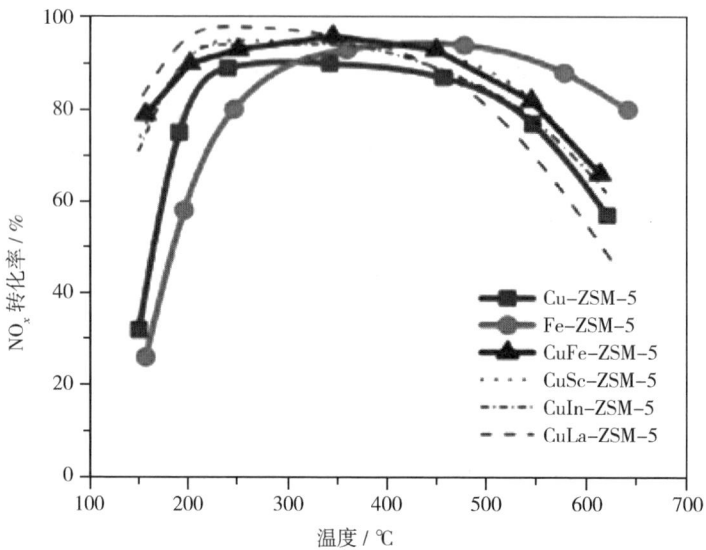

（a）

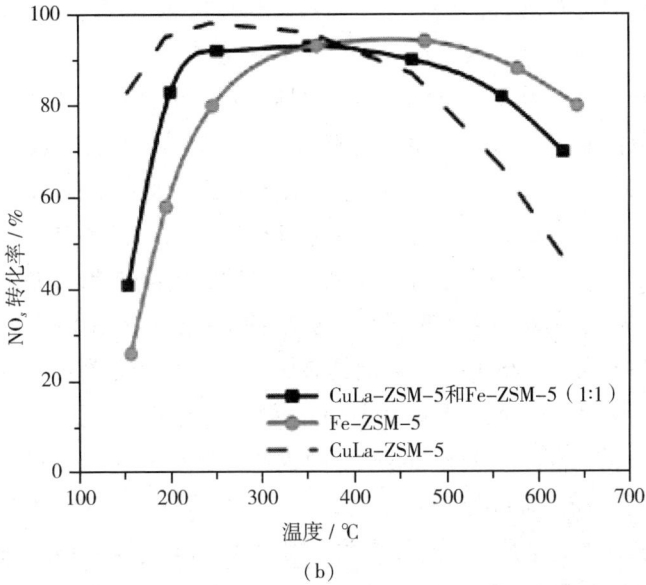

图 1.23 （a）CuM-ZSM-5（M=Sc、Fe、In 和 La）与 Cu-ZSM-5 和 Fe-ZSM-5
以及（b）CuLa-ZSM-5、Fe-ZSM-5 及 CuLa-ZSM-5 和 Fe-ZSM-5 的混合物的 NO_x 转化率

Hao 和 Hui 等人研究了不同 Ce 含量（0%、0.5%、1.0%、1.5% 和 2.0%）的 CuCe/ZSM-5 催化剂的结构与性能之间的关系。Ce 的加入提高了 Cu 的分散性并阻止它结晶。在 ZSM-5 晶粒表面富集的 Cu 物种和部分 Cu 离子被嵌入 Ce 晶格中。Ce 的加入提高了 CuCe/ZSM-5 催化剂的氧化还原性，是由于 Cu 的价态和晶格氧迁移率比 Cu/ZSM-5 催化剂高。因此在 Cu/ZSM-5 中引入 Ce 可以显著提高 NO 转化率。一方面在 Cu/ZSM-5 催化剂中引入 Ce 可以提高其低温活性。当 CuCe4/ZSM-5 催化剂的相应温度值降低到 148 ℃时，Cu/ZSM-5 催化剂在 197 ℃左右 NO 转化率达到95%。另一方面，当 Ce 添加到 Cu/ZSM-5 催化剂中时，NO 转化率达到 95% 的温度延伸到较高的温度范围。在所有 CuCe/ZSM-5 催化剂中，CuCe4/ZSM-5 催化剂在温度区间为 148~427 ℃时 NO 转化率（90%）最高。

Choi 等人研究了不同 SiO_2/Al_2O_3（30、75 和 90）在 C_3H_6-SCR 中对 2Cu/ZSM-5 的催化性的影响。在 C_3H_6-SCR 反应中，CO 和 H_2 共存进一步提高了 C_3H_6-SCR 性能。SiO_2/Al_2O_3 和 CO 与 H_2 共存对 C_3H_6-SCR 性能和工作温度窗口有显著影响。在 2Cu/ZSM-5 中添加 1% 的金属添加剂（Pt、Ce、Sn 和 Mn）可明显提高催化性能。其中 2Cu1Sn/ZSM-5 在 H_2 或 CO-C_3H_6-SCR

反应中表现出良好的 NO_x 转化率。Liu 和 Zhao 等人采用改进的等体积浸渍法合成了一系列固定 Cu 含量、可变 Fe 负载量的 Fe_x-Cu_4/ZSM-5 催化剂。Fe_x-Cu_4/ZSM-5 催化剂在 NH_3-SCR 中具有较高的活性是由于其形成了具有较高分散性的 Fe-Cu 纳米复合材料。在 Fe-Cu 纳米复合材料中 Fe 和 Cu 的相互作用使 Fe_x-Cu_4/ZSM-5 催化剂表面电子性能发生变化,氧化还原能力增强且具有更多的酸性位点。因此将 Fe 引入 Cu_4/ZSM-5 中提高了催化性能且 Fe_x-Cu_4/ZSM-5 催化剂在宽温度窗口($200\sim475\ ℃$)NO 转化率高于 90%。Sultana 等人采用逐步离子交换法制备了 Cu-Fe/ZSM-5 催化剂,相比于 Fe/ZSM-5 或 Cu/ZSM-5 催化剂具有更高的 NO_x 转化率。Cu-Fe/ZSM-5 催化剂中存在少量 Cu 足以提高低温 NO_x 转化率,但是对高温 NO_x 转化率影响不明显。Cu 的共存提高了 Fe 的还原性,也增加了 Cu-Fe/ZSM-5 催化剂的强酸性位点,但酸位点强度与 NO_x 转化率之间没有关系。Cu-Fe/ZSM-5 催化剂的高 NO_x 转化率与金属容易还原有关。因此,可以通过改变 Cu-Fe/ZSM-5 催化剂的组成来调节氧化还原性能和 NO_x 的转化率。

Hamidzadeh 等人采用湿法浸渍法制备了 Mn-M/ZSM-5 催化剂(M=Cr、Mn、Fe、Co、Ni、Cu 和 Zn)。Mn-Fe/Z、Mn-Co/ZSM-5 和 Mn-Cu/ZSM-5 催化剂在宽温度窗口($200\sim360\ ℃$)表现出良好的催化性能(即 NO_x 转化率约为 100%),明显高于 Mn-Cr/ZSM-5 催化剂。Mn-Cu/ZSM-5 催化剂具有较高的比表面积和孔容。此外,共掺杂金属氧化物的加入提高了金属离子的分散度并抑制了金属氧化物的结晶。Mn-Co/ZSM-5 和 Mn-Cu/ZSM-5 催化剂中分别形成了 Co 氧化物团簇和 Cu 氧化物团簇。吡啶吸附红外光谱分析表明,Mn-Cu/ZSM-5 催化剂中含有最多的 Lewis 酸性位点从而提高了 NO_x 的吸附性能。Guo 和 Mao 等人通过离子交换法和浸渍法相结合制备了一系列不同 Mn/Co 的 Mn_aCo_b/Cu-ZSM-5 催化剂(Mn_aCo_b/Cu-ZSM-5)(图 1.24)并采用原位漫反射红外傅里叶变换光谱检测中间产物并研究 NH_3-SCR 机制。Mn 和 Co 的引入提高了 Cu-ZSM-5 催化剂在 NH_3-SCR 反应中的催化活性($<200\ ℃$),Mn_1Co_2/Cu-ZSM-5 催化剂具有最佳的催化活性(图 1.25)。催化剂表面富集了高价金属离子并提高了金属氧化物的还原性,有助于提升 Mn_aCo_b/Cu-ZSM-5 催化剂的催化活性。在 Cu-ZSM-5 和 MnCo/ZSM-5 催化剂中分别检测到了桥键型硝酸盐和双齿型硝酸盐,而在 Mn_aCo_b/Cu-ZSM-5 催化剂中检测到了两种硝酸盐。FT-IR 结果表明,在 $150\ ℃$ 时桥键型硝酸盐可以与吸附的 NH_3 发生反应,但双齿型硝酸盐不能与吸附的 NH_3 发

生反应。Cu–ZSM–5 催化剂在 150 ℃时的 NH_3–SCR 反应同时遵循 E–R 机理和 L–H 机理，MnCo/ZSM–5 催化剂主要遵循 E–R 机理，而 Mn_aCo_b/Cu–ZSM–5 催化剂的 NH_3–SCR 机理结合了 Cu/ZSM–5 和 Mn_1Co_2/ZSM–5 的特点。

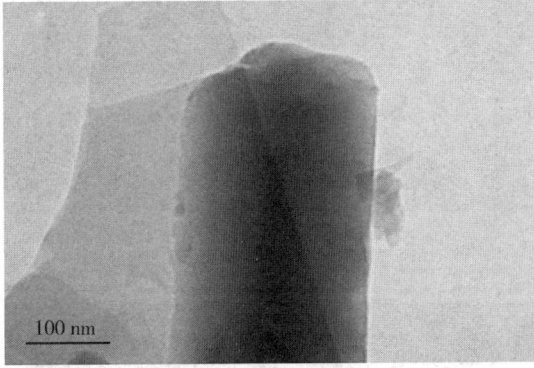

（a）

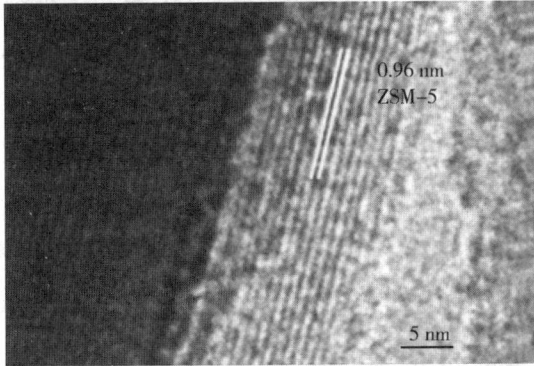

（b）

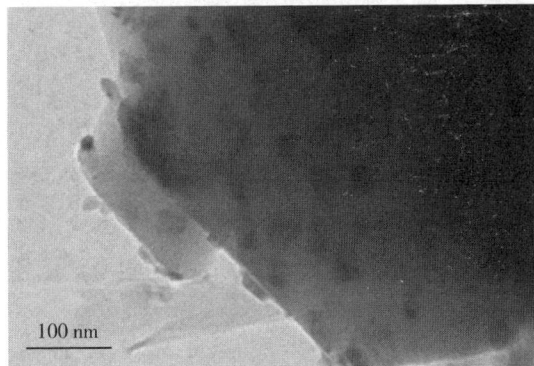

（c）

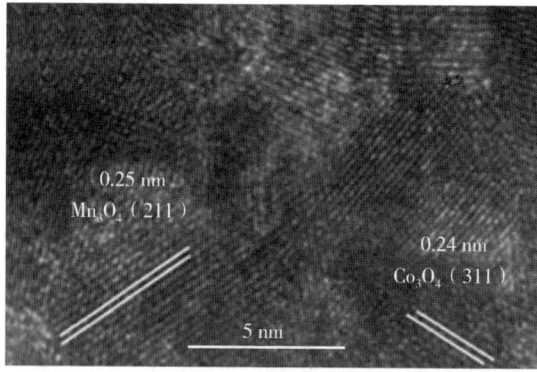

（d）

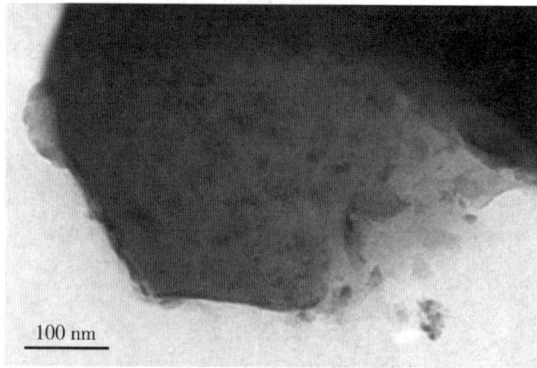

（e）

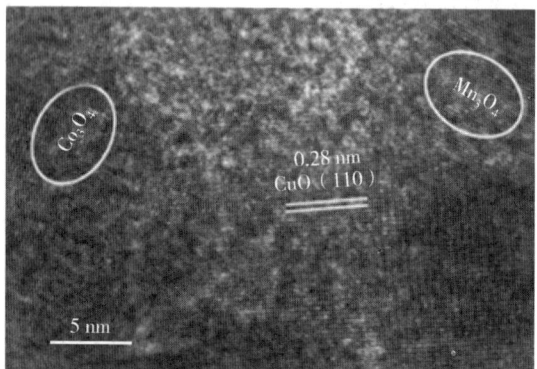

（f）

图 1.24　（a）（b）Cu-ZSM-5、（c）（d）Mn_1Co_2/ZSM-5、

（e）（f）Mn_1Co_2/Cu-ZSM-5 的 TEM 和 HTEM 图

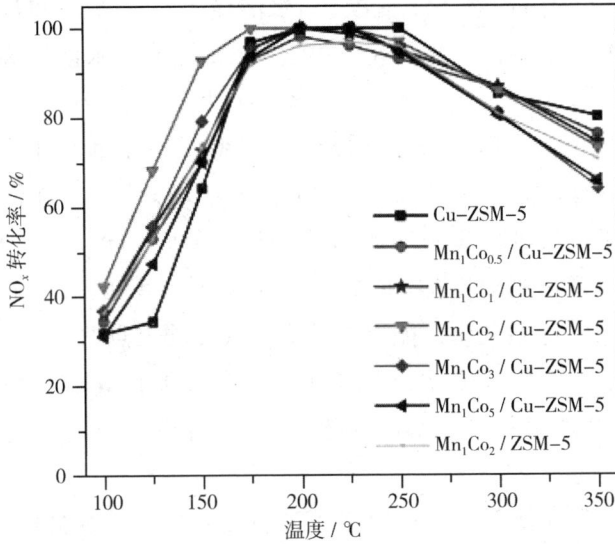

（a）

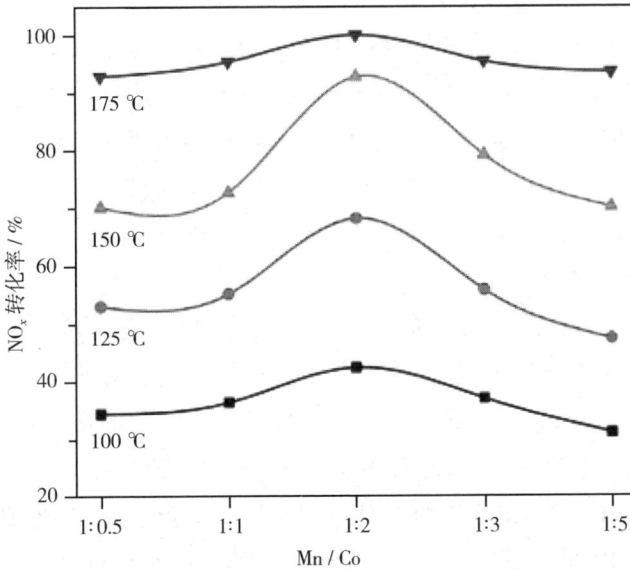

（b）

图 1.25 Cu-ZSM-5、Mn_aCo_b/Cu-ZSM-5 和 Mn_1Co_2/ZSM-5 的 NH_3-SCR 催化活性

（a）不同温度下的 NO_x 转化率；（b）不同 Mn/Co 催化剂的 NO_x 转化率

Jouini 等人通过固态离子交换法、水溶液离子交换法和浸渍法制备了 Fe-Cu-ZSM-5 催化剂并研究了 NH_3-SCR 性能。水溶液离子交换法在制备过程中损失了大量金属，但催化剂活性没有下降并与高度分散金属的活性接近。Guo 等人采用共浸渍法制备了一系列稀土金属 $La_y Ce_z$ 共掺杂 Mn 基微孔分子筛 ZSM-5（$Mn_x La_y Ce_z$/ZSM-5）。他们模拟了实际富氧条件下的柴油发动机并报道了一种在低温（$180\sim270$ ℃）C_3H_6-SCR 反应中表现出高活性（$\geqslant90\%$）和高选择性（$\geqslant90\%$）的非贵金属催化剂。其优异的低温催化性能取决于 Bronsted 酸位点数量多和 Mn 元素的高分散度。XPS 结果表明，La 的引入有效提高了 Mn 氧化物和 Ce 氧化物的氧空位，明显增加了 NO 的化学吸附，降低了反应活化能并促进了低温下 NO 的转化。

Dou 等人采用湿法浸渍法制备了不同 Fe 负载量的 Mn-Fe/ZSM-5 催化剂并研究了不同 Fe 负载量在催化还原 NO_x 过程中对催化剂的影响，结果表明 Fe 的引入增强了催化剂的抗硫性。在 NH_3-SCR 过程中 NO_2 的存在导致催化剂表面形成硝酸盐离子。在低温条件下，这些硝酸盐离子能够比 O_2 更快重新氧化活性位点，从而促进氧化还原反应。适量 Fe 的加入降低了 MnO_x 的结晶度，同时提高了表面分散性。过量 Fe 的加入导致催化剂表面活性成分团聚。最佳 Fe 负载量增加了 Mn^{4+}＝O 键的数量，同时提高了 Mn^{4+} 和晶格氧的含量，从而使更多的 SO_2 转化为 SO_3。尽管适量的 Fe 和 NO_2 促进了 NO_x 的转化，但这些物种也显著提高了 SO_2 向 SO_3 的转化。

Wu 和 Du 等人采用共沉淀法（CP）和沉淀-化学气相沉积法（P-CVD）制备了 Mn-Fe/ZSM-5。通过沉淀-化学气相沉积法制备的 Mn-Fe/ZSM-5 在低温时 NH_3-SCR 性能和抗硫性优于共沉淀法制备的催化剂。Mn-Fe/ZSM-5（P-CVD）表面沉积的硫酸铵少于 Mn-Fe/ZSM-5（CP）。Mn-Fe/ZSM-5（P-CVD）上硫酸铵的沉积和分解是动态平衡的，这对在 SO_2 和 H_2O 存在下催化剂的催化活性是非常重要的。Li 等人报道了 xFe-Mn/ZSM-5 催化剂中的 Fe 含量和金属离子的比例必须适合才能在低温下表现出优异的催化性能（图 1.26），并通过一系列表征手段研究了内部反应机理。材料的结构性能、表面形态、元素分布、酸性和 NO 氧化为 NO_2 的能力是控制催化性能的决定性因素，线性亚硝酸盐和单齿硝酸盐对 NH_3-SCR 有利，而双齿硝酸

盐对低温 NH_3-SCR 不利。同时 Mn^{4+}/Mn^{3+} 和 Fe^{3+}/Fe^{2+} 的值受 Fe 含量的影响较大,如图 1.27 和图 1.28 的 xps 谱图所示,NO_x-中间体的形成决定了其催化性能。

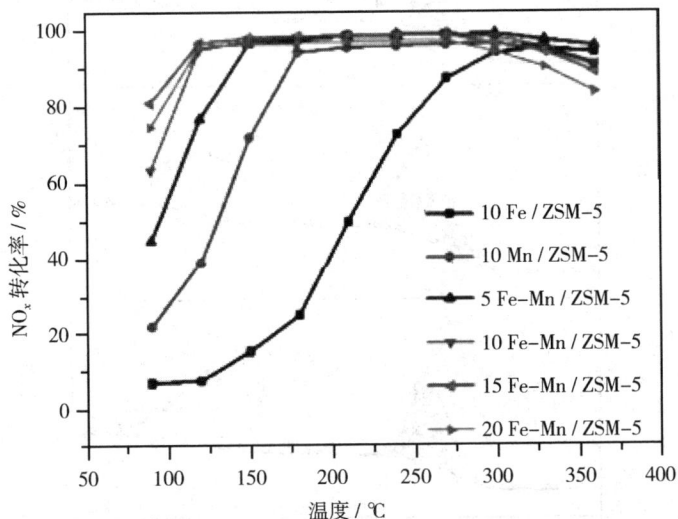

（a）

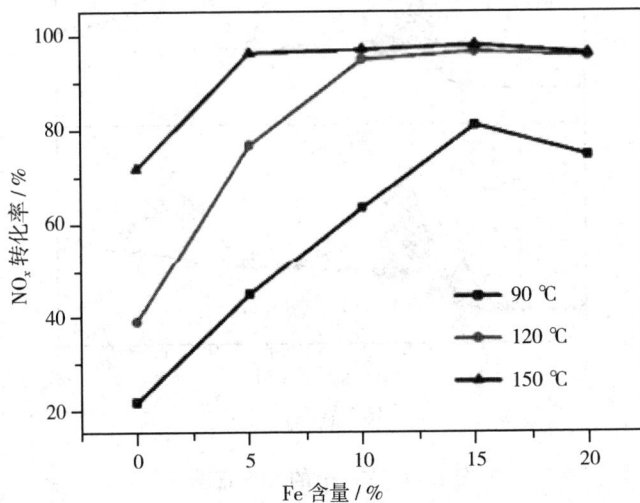

（b）

图 1.26　（a）催化剂在不同温度下的 NO_x 转化率；

（b）xFe-Mn/ZSM-5 在 90 ℃、120 ℃ 和 150 ℃时的 NO_x 转化率

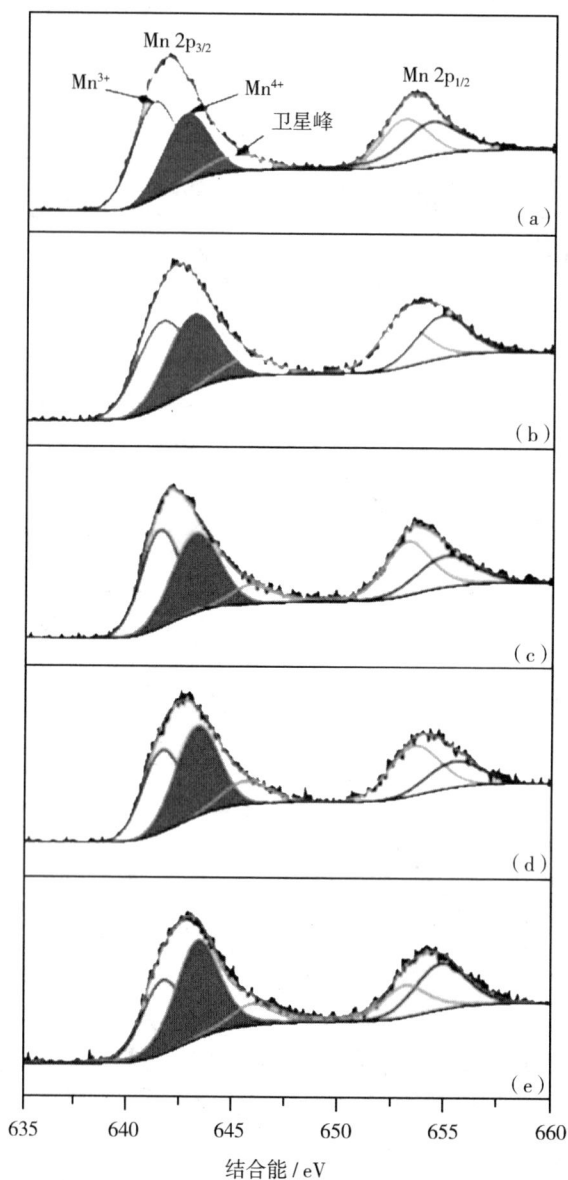

图 1.27　Mn 2p 的 XPS 谱图

（a）10Mn/ZSM-5；（b）5Fe-Mn/ZSM-5；（c）10Fe-Mn/ZSM-5；

（d）15Fe-Mn/ZSM-5；（e）20Fe-Mn/ZSM-5

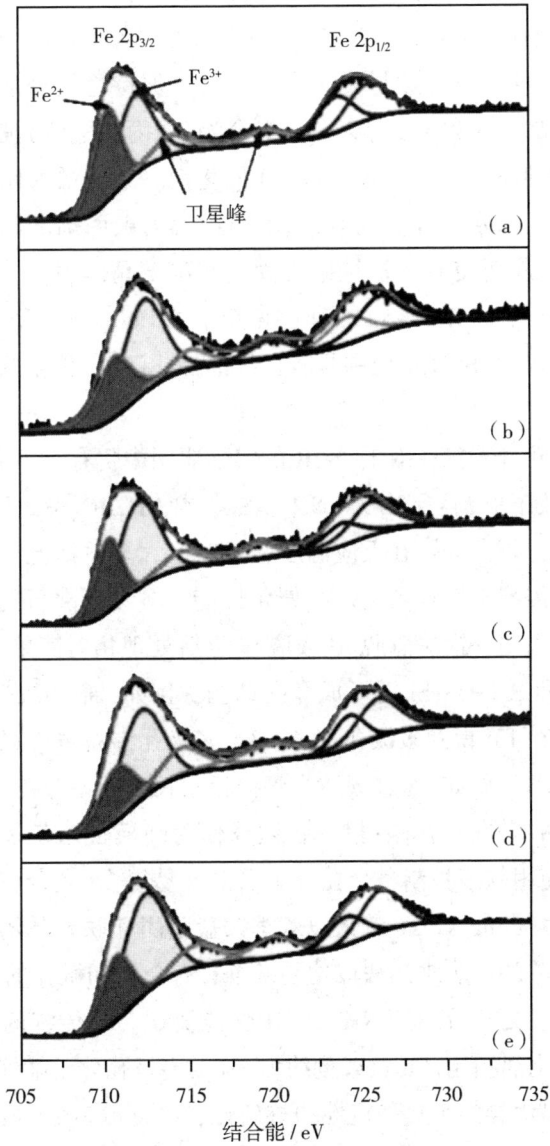

图 1.28 Fe 2p 的 XPS 谱图

(a) 10Fe/ZSM-5；(b) 5Fe-Mn/ZSM-5；(c) 10Fe-Mn/ZSM-5；

(d) 15Fe-Mn/ZSM-5；(e) 20Fe-Mn/ZSM-5

MFI 拓扑结构的 ZSM-5 沸石由于硅铝比可调控范围为 10~3000 从而具有广阔的应用前景。与此同时独特的内部空间(由五元环和六元环基本单元组成)连接在交叉亚纳米通道内为催化剂提供了优越的催化反应环境。因此,如何将活性物质有效封装入沸石孔道并保持稳定分散的配合物环境仍然是一个挑战。Ji 和 Wu 等人引入聚合物(聚丙烯酰胺)辅助沉积(PAD)成功制备了一种高硅 Cu/ZSM-5-PAD 催化剂。聚丙烯酸阴离子原位引入实现了分子筛的亲水功能。同时,负电荷中心为聚丙烯酸阴离子提供了有效的锚定位点,从而使 Cu^{2+} 活性中心固定在沸石晶体内。在分子筛孔道的纳米限制环境下,Cu/ZSM-5-PAD 催化剂中的 CuO_x 分布稳定。因此,所制备的催化剂在 NH_3-SCR 反应中具有良好的催化活性、抗水热老化性和抗中毒能力。

传统的微孔分子筛在 NH_3-SCR 的实际应用中仍存在一些缺陷,如反应物/产物的扩散限制,这是因为 $(NH_4)_2SO_4$ 或 NH_4NO_3 沉积导致催化剂的孔/通道阻塞失活,尤其是在反应温度较低时。大多数情况下多级孔沸石比只含有微孔的传统沸石具有更好的催化性能。多级孔沸石的合成既可采用后处理法也可采用一锅法。脱 Al 或脱 Si 等后处理相对简单,主要通过破坏 Si—O—Al 键和 Si—O—Si 键形成介孔结构。例如,通过 NaOH 脱硅处理制备介孔 Cu-SSZ-13,得到多级孔 SSZ-13。多级孔沸石也可以通过引入硬模板或软模板制备。例如,通过碳纳米管模板生长法制备介孔 silicalite-1。此外,还可以用纳米管、介孔碳、聚合物微球作为硬模板制备多级孔沸石。与硬模板相比,使用软模板制备介孔分子筛要容易得多,且合成的沸石具有更好的机械强度。Peng 和 Liu 等人以双季铵盐基团和联苯基团双官能团表面活性剂通过简单的一步水热法成功制备了具有介孔和微孔的多级孔 ZSM-5 分子筛,Cu 离子交换后用于 NH_3-SCR 性能测试。与传统的只含有微孔的 Cu-ZSM-5 催化剂相比,Cu 负载量约为 2% 的多级孔分子筛催化性能明显提高,其还表现出优异的水热稳定性和抗硫性,在实际应用中显示出巨大的潜力。分子筛的多级孔结构不仅能提高反应物/产物的传质,还能提高比表面积、提高表面酸度、增强对 NO 的吸附能力。Huang 等人分别以四乙基氢氧化铵和十六烷基三甲基溴化铵作为脱硅和结构导向剂,采用脱硅-重结晶法制备了具有多级孔结构的 ZSM-5 分子筛,然后再通过乙醇分散法制备了 MnO_x/ZSM-5 催化剂。MnO_x/ZSM-5 催化剂在 120 ℃时 NO_x 转化率可达到

100%,在 120~240 ℃的温度范围内 N$_2$ 选择性超过 90%。此外,与传统的催化剂相比,在 120 ℃引入 100 ppm SO$_2$ 时 MnO$_x$/ZSM-5 催化剂具有较好的抗硫性。MnO$_x$/ZSM-5 催化剂具有微孔(0.78 nm)和介孔(3.2 nm)且比表面积较高,从而提高了反应物和产物的传质,同时减少硫酸盐的形成。

Liu 和 Wu 等人成功制备了一系列具有纳米片组装结构的铁封装多级孔 ZSM-5 催化剂 SP-Fe@ZSM-5,其中 Fe 和 Si 的物质的量比为 0.00025 的催化剂命名为 SP-Fe@ZSM-5(1),物质的量比为 0.0005 的催化剂命名为 SP-Fe@ZSM-5(2),物质的量比为 0.001 的催化剂命名为 SP-Fe@ZSM-5(3)。分散度较好的 Fe 活性物质与 Bronsted 酸性骨架之间的协同作用,使含 Fe 的 ZSM-5 催化剂表现出优异的催化性能(图 1.29)。DFT 计算数据表明,捕获 NH$_3$ 是调整 NH$_3$-SCR 过程的主要因素。此外,所合成的催化剂具有良好的抗硫性和抗水性(图 1.30),在减少 NO$_x$ 排放的实际应用方面具有很强的竞争力。

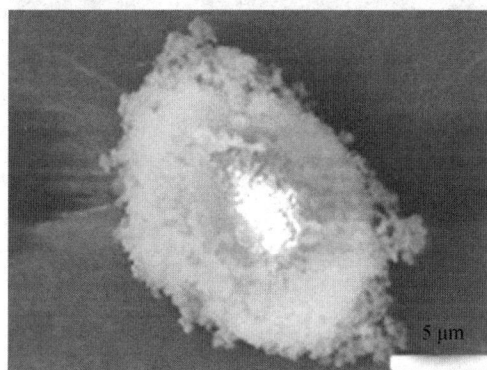

(a)

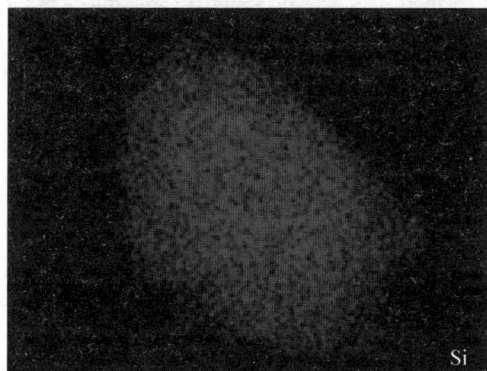

(b)

（c）

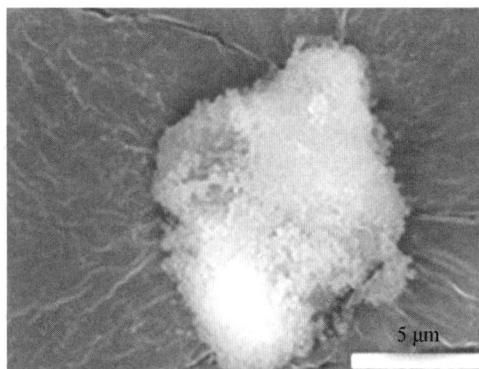

（d）

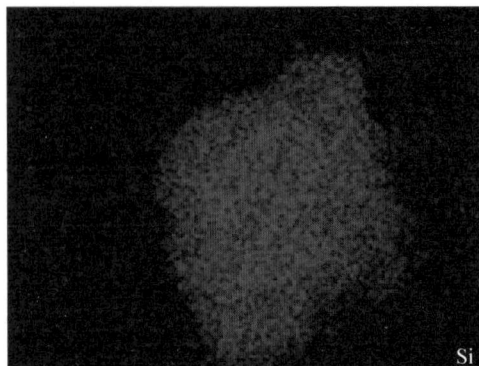

（e）

（f）

（g）

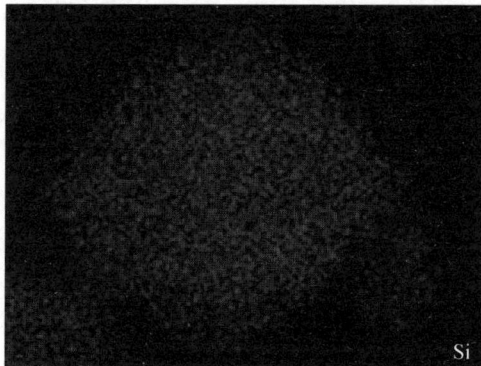

（h）

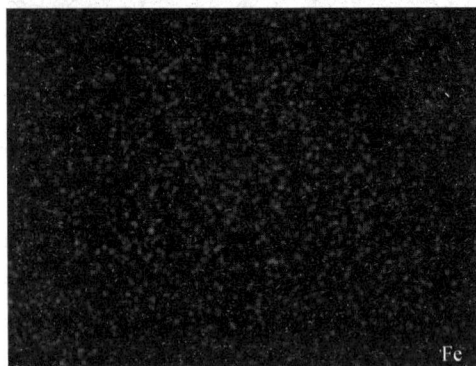

（i）

图 1.29　（a）~（c）SP-Fe@ZSM-5(1)、

（d）~（f）SPFe@ZSM-5(2)和（g）~（i）SP-Fe@ZSM-5(3) 的 EDS 图

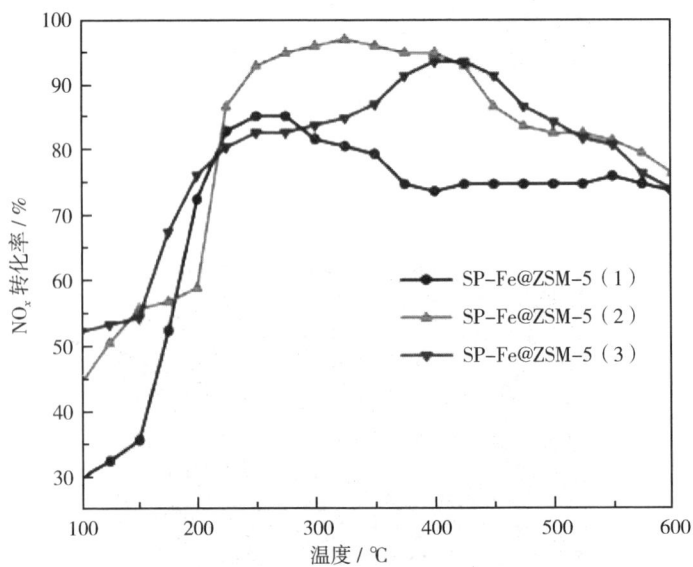

（a）

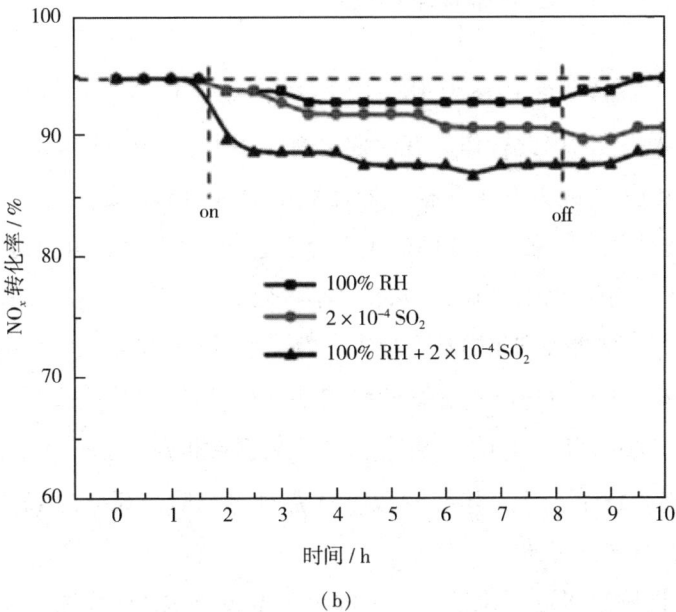

图 1.30　(a)不同催化剂的 NO$_x$ 转化率;(b)在 300 ℃时 SP-Fe@ ZSM-5(2)的稳定性

　　Li 等人通过多巴胺聚合制备了多级孔 Fe-ZSM-5@ CeO$_2$,与 Fe-ZSM-5/CeO$_2$ 相比 Fe-ZSM-5@ CeO$_2$ 在 250~400 ℃时 NO$_x$ 转化率在 90% 以上,N$_2$ 选择性在 98% 以上。Fe-ZSM-5@ CeO$_2$ 中 Fe-ZSM-5 与 CeO$_2$ 的协同作用促进了 Ce^{3+}/Ce^{4+} 氧化还原电子对间的氧化还原循环和高含量活性氧的形成,从而提高了 NH$_3$-SCR 性能。Bao 等人通过一步法制备了多级孔 FeCu-ZSM-5 分子筛。与等体积浸渍法制备的 Fe/ZSM-5、Cu/ZSM-5 和 Fe/Cu/ZSM-5 相比,FeCu-ZSM-5 分子筛具有微孔-介孔多级孔结构,同时沸石骨架中 Fe^{3+} 含量更高、孤立 Cu^{2+} 物种更多。因此,多级孔 FeCu-ZSM-5 分子筛在较宽的温度窗口表现出较好的 NH$_3$-SCR 性能和较强的水热稳定性。

1.5.2 SSZ-13 分子筛脱硝催化剂

过渡金属修饰的 CHA 拓扑结构 SSZ-13 分子筛具有较高的活性和较强的水热稳定性,因此被作为有效催化剂广泛用于 NH_3-SCR。

Cu-SSZ-13 因具有小孔径结构在脱硝领域引起广泛关注。由于 Cu-SSZ-13 的孔径大约在 3.8 Å 阻碍了大分子进入分子筛孔道并且进一步限制了 $Al(OH)_3$ 向外扩散,因此,特殊孔道结构使 Cu-SSZ-13 具有较好的 NH_3-SCR 活性、N_2 选择性和水热稳定性等。为了增强 Cu-SSZ-13 水热稳定性可以将 SAPO-34 作为晶种来制备 SSZ-13,SAPO-34 的引入提高了 CHA 骨架中四配位 Al 的分布并影响了 NH_3-SCR 主要活性位点孤立 Cu^{2+} 的类型和稳定性,在水热条件下适量引入 SAPO-34 晶种可以防止孤立的 Cu^{2+} 聚集,消除了 NH_3-SCR 的障碍。

贺鸿课题组报道了通过浸渍法将 5% Mn 引入原位合成的 Cu-SSZ-13 催化剂在 NH_3-SCR 中可以有效提高 Cu-SSZ-13 催化剂的低温催化活性,在 120~150 ℃时 NO_x 转化率提高了 20%。浸渍的 Mn 使 Cu-SSZ-13 结晶度下降,但明显提高了氧化还原能力。同时在 Mn 修饰的 Cu-SSZ-13 催化剂中观察到了硝酸盐和亚硝酸盐,这些硝酸盐和亚硝酸盐的形成被认为是提高 NH_3-SCR 活性的原因。此外,还有研究者报道了 Cu-SSZ-13 在 NH_3-SCR 中显示出特殊的双重最大 NO_x 转化率(图 1.31),他们通过系统的催化测试和一系列原位测试得出具有低负载量和高负载量的 Cu-SSZ-13 的构效关系。测试结果表明,孤立 Cu 位点的转变是由于 NH_3 和 Cu^{2+}/Cu^{1+} 配合物的形成且在氧化性气体混合物中形成了双氧铜的二聚物(Cu^+-O_2-Cu^+)。在 Cu 位点的附近形成的二聚物与高负载量的 Cu-SSZ-13 低温高活性有关。

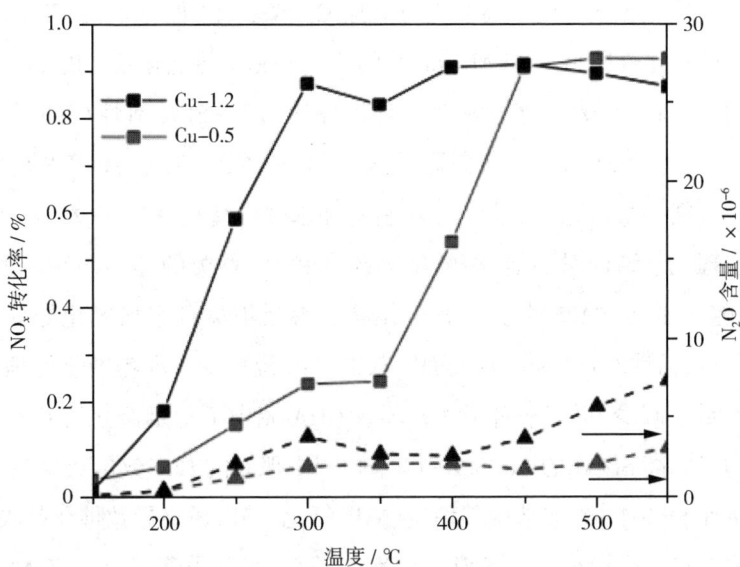

(a)

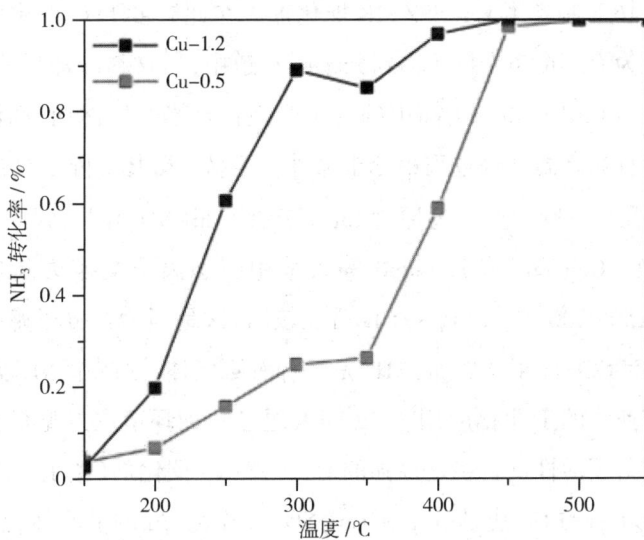

(b)

图 1.31 不同 Cu 负载量催化剂的(a)NO$_x$ 转化率和 N$_2$O 含量;(b)NH$_3$ 转化率

还有报道集中研究了 Si/Al 对原位水热法合成的水热老化 Cu/SSZ-13 催化剂的性能影响。随着 Si/Al 的增加 Cu/SSZ-13 催化剂的 NH_3-SCR 活性和水热稳定性降低。Si/Al 为 6.5 的新制备和水热老化处理的 Cu/SSZ-13 催化剂在 200~500 ℃ 宽温窗口具有较好的 NH_3-SCR 活性(NO_x 转化率>90%,N_2 选择性>95%)。他们通过 NH_3-TPO、NH_3-TPD、H_2-TPR、XRD 和 XPS 等表征手段研究了 Si/Al 对新制备和水热老化处理的 Cu/SSZ-13 催化剂的物理化学结构对性能、酸强度的改变和 Cu 种类的迁移与转变的影响。此外,随着 Si/Al 的增加,分子筛的结构更容易坍塌且水热老化处理后表面酸性位点、活性 Cu 物种以及表面吸附的硝酸盐减少。水热老化处理后孤立的 Cu^{2+} 数量减少,更多来自于六元环或 CHA 笼中不稳定孤立的 Cu^{2+} 转化的 CuO 物种。高 Si/Al 的 Cu/SSZ-13 催化剂中孤立的 Cu^{2+} 数量减少和 CuO 物种团聚使 SSZ-13 骨架结构不稳定、NH_3 氧化提升,最终导致催化剂失活。

固态离子交换法(SSIE)常被用来制备 Cu 基分子筛,如 Cu-ZSM-5、Cu-MOR 和 Cu-SAPO-34 等。Cu 的负载路线几乎不产生废弃物,但是通常需要很高的煅烧温度。Epling 等人将 SSZ-13 粉末与纳米 CuO 混合后在 700~800 ℃ 煅烧 16 h 制备了 Cu-SSZ-13 催化剂。在此温度下 CuO 中的 Cu^{2+} 可以自动还原为 Cu^+ 或 Cu^0 并迁移到分子筛孔道中,当材料冷却后 Cu^+ 或 Cu^0 被重新氧化为 Cu^{2+} 并和分子筛中的离子交换位点键合。然而,高温固态粒子交换耗能且在高温处理过程中分子筛骨架容易被破坏。除了高温外,NH_3 和 NO 的存在可以减少 Cu^{2+} 还原为 Cu^+ 且产生 $[Cu(NH_3)_2]^+$,因此促进了固态离子交换。Clemens 和 Härelind 等人采用固态离子交换法制备的 Cu-SSZ-13 在 150~500 ℃ 中 NH_3-SCR 活性较高,这是因为在分子筛孔道中外部的 CuO 变为 Cu 离子。然而,NH_3 是一种有毒气体,限制了 NH_3 辅助低温固态离子交换法的工业化应用。Ma 等人通过一种环境友好型低温固态离子交换法制备了活性高且稳定性强的 Cu-SSZ-13 催化剂(图 1.32),以分解温度低于 300 ℃ 的 Cu 盐 $CuAc_2$ 和 $Cu(NO_3)_2$ 作为 Cu 的前驱体,然后将 Cu 盐负载到 SSZ-13 上,STEM 证实了这种方法获得的前驱体在 SSZ-13 中是高分散的(图 1.33)。

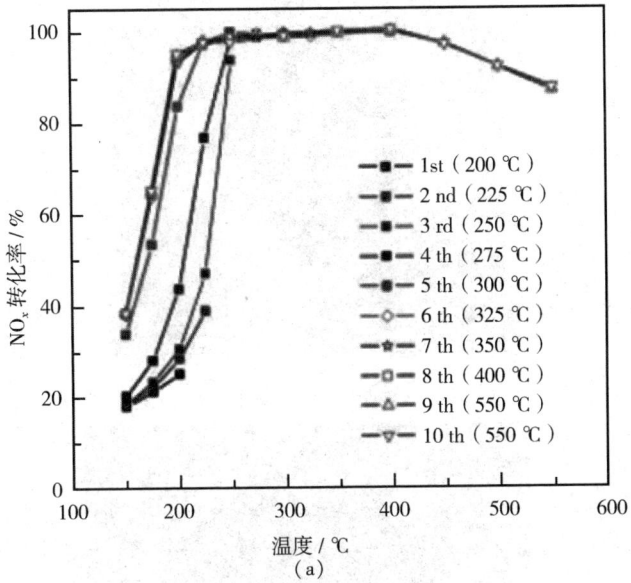

（a）

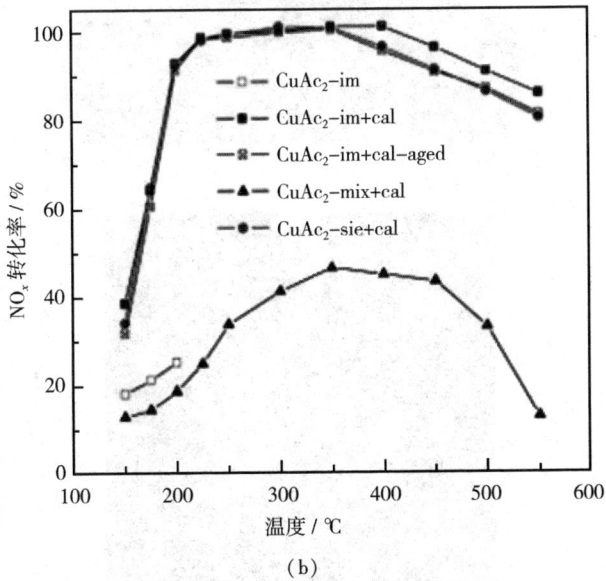

（b）

图 1.32 （a）在 SCR 循环测试中 CuAc$_2$-im 的活性；

（b）不同方法制备的 Cu-SSZ-13 催化剂的活性

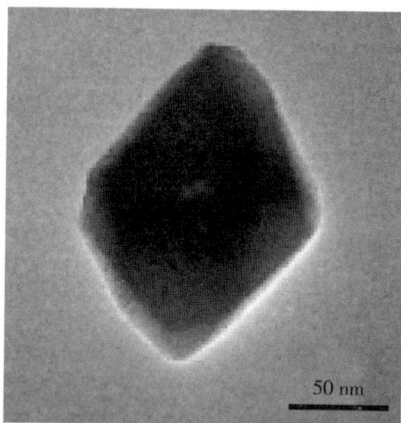

（a）

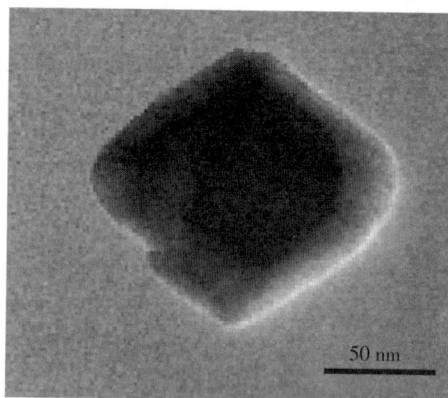

（b）

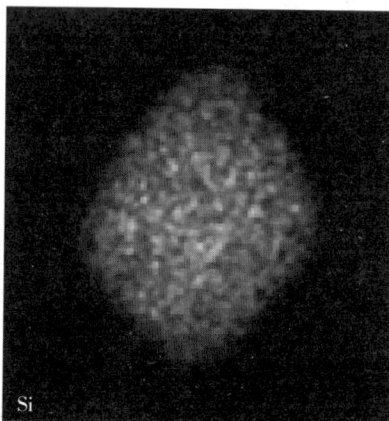

（c）

(d)

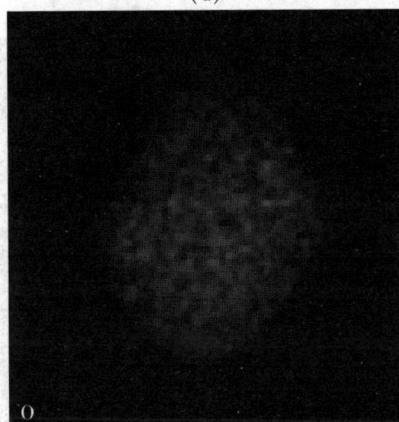

(e)

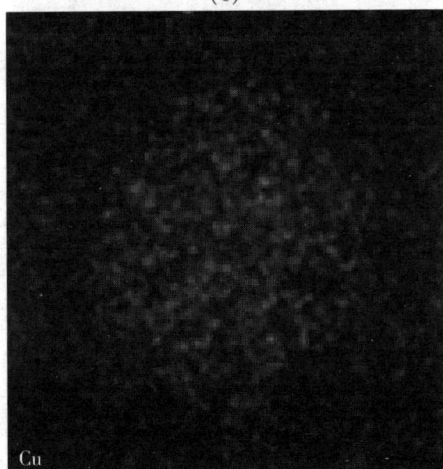

(f)

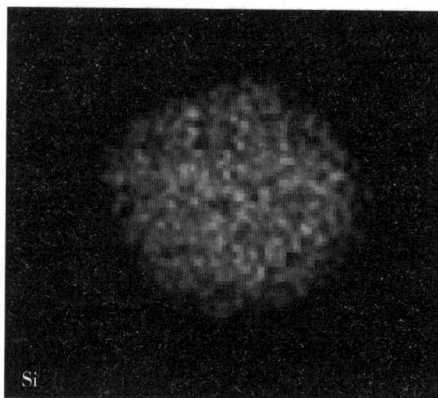

（g）

（h）

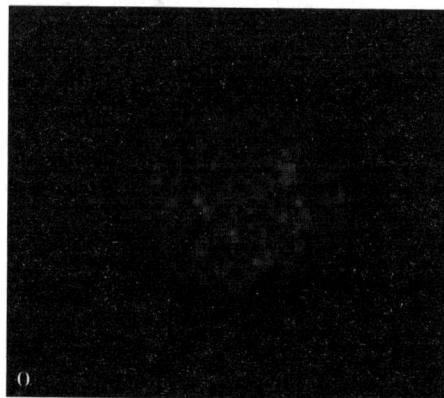

（i）

图 1.33 （a）CuAc$_2$-im、（b）CuAc$_2$-im+cal 的 STEM 图；
（c）~（f）CuAc$_2$-im 和（g）~（j）CuAc$_2$-im+cal 的 EDS 图

　　金属交换沸石催化剂已经广泛应用于多种催化反应，但是它们的合成不是环境友好型的（多步合成会形成大量废弃物）。因此有人通过无溶剂和无钠结合路线将原材料硅铝酸盐凝胶、有机模板和 Cu 胺配合物一步合成了 Cu-SSZ-13 金属沸石脱硝催化剂。结果表明，Cu-SSZ-13 金属沸石脱硝催化剂在 750 ℃水热老化 16 h 后的催化性能与传统水热法制备的 Cu-SSZ-13 催化剂相比提高很多。

　　催化剂 Cu 交换 SSZ-13 中活性 Cu 位点的化学本质已经被广泛研究。Fickel 和 Lobo 等人首先提出催化剂中的交换 Cu 是孤立的 Cu^{2+}，且它们位于六元环的外边与三个分子筛晶格中的 O 原子配位。有人提出孤立的 Cu^{2+}是 NH$_3$-SCR 的活性位点。Kwak 等人根据 H$_2$-TPR 测量的还原性说明在 Cu/SSZ-13 中存在两种不同的阳离子 Cu 位点。利用 EPR 等表征手段将 Cu/SSZ-13 与其他 Cu/分子筛相比发现在 Cu/SSZ-13 中存在 Cu-OH 部分。也有人报道存在两种不同类型的 Cu 离子且证明它们的水热稳定性不同。DFT 和一些表征手段证明，Cu/SSZ-13 中确实存在两种孤立的 Cu 离子（Z$_2$Cu 和 ZCuOH，Z 代表骨架负电荷），它们大多数分别位于六元环和八元环附近。在低温（<250 ℃）时这些 Cu 离子很容易被 H$_2$O 和/或 NH$_3$

溶剂化,溶剂化后从骨架迁移到 CHA 笼中且部分孤立的 Cu 离子在低温 NH_3-SCR 中被认为是活性位点。一般在 Cu/SSZ-13 中两种 Cu(Ⅱ)位点的数量由多种因素决定,尤其是催化剂的组成(Si/Al 和 Cu/Al)及处理条件(如水热老化等)。离子交换时 Z_2Cu 的数量多于 ZCuOH 且在水热老化时 ZCuOH 转化为 Z_2Cu。Song 等人测量了在不同温度水热老化的 Cu/SSZ-13 催化剂中各种 Cu 的种类(Si/Al = 12,Cu 负载量为 2.1%),发现在较温和老化温度(<700 ℃)下 ZCuOH 转化为 Z_2Cu,但在较高的老化温度(>700 ℃)下 ZCuOH 转化为 CuO_x(图 1.34)。Gao 等人也报道了水热老化使 Cu/SSZ-13 催化剂中的 Cu 进行了重新分布导致 Cu 和载体具有很强的相互作用。ZCuOH 转化为 Z_2Cu,六元环棱柱处产生两种 Cu(Ⅱ)阳离子结构,通过 EPR(图 1.35)分析,这两种 Cu(Ⅱ)离子距离大约为 3.9 Å,与 DFT 模型一致。

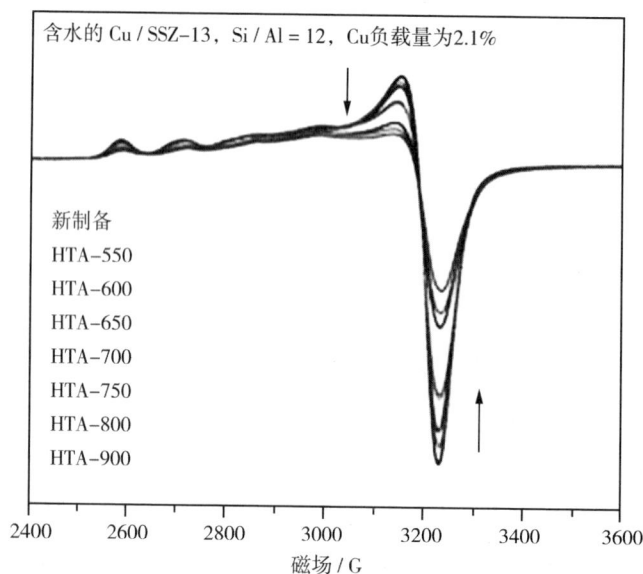

含水的 Cu/SSZ-13,Si/Al = 12,Cu负载量为2.1%

新制备
HTA-550
HTA-600
HTA-650
HTA-700
HTA-750
HTA-800
HTA-900

磁场 / G

(a)

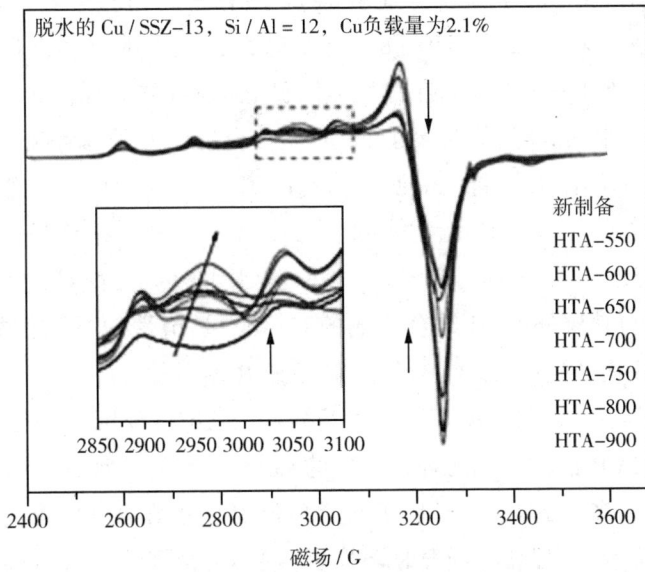

图 1.34 （a）含水的以及（b）脱水的新制备和水热老化的 Cu/SSZ-13 催化剂的 EPR 图

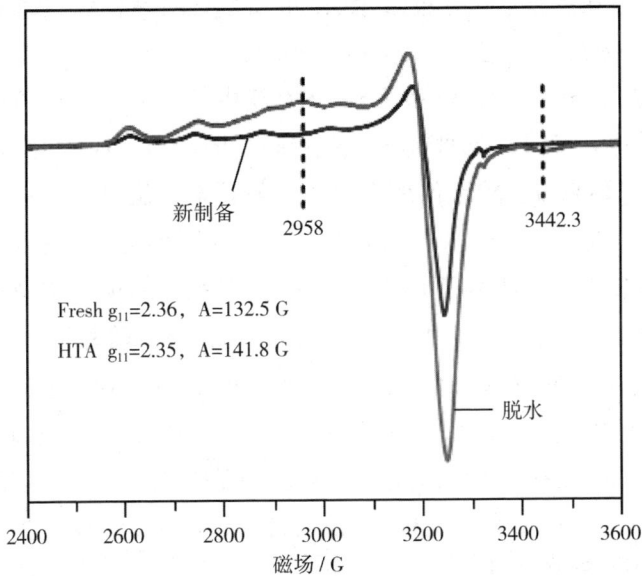

图 1.35 脱水的新制备和水热老化的催化剂在 50 ℃的 EPR 图

为了研究 Cu 物种的形成和 Bronsted 酸转变之间的可能关系,有研究人员通过改变老化温度(550～850 ℃)制备了一系列老化的 Cu-SSZ-13 催化剂并将 NH_3-SCR 作为探针反应。孤立的 Cu 离子保护了 Si-O(H)-Al 位点不受水热破坏,但是聚集的 Cu 物种会破坏分子筛骨架。八元环位点上的 ZCuOH 在水热老化中使亚稳态的离子[Cu(OH)]$^+$ 迁移到不饱和的六元环位点形成 Z_2Cu,且过量的[Cu(OH)]$^+$ 在 700 ℃ 开始团聚。在 NH_3-SCR 反应中,$CuAlO_x$ 和 CuO_x 两种类型团聚的 Cu 物种的形成和作用不同。Cu 与骨架外的 Al 结合形成的 $CuAlO_x$ 是惰性的,然而严重老化和 NH_3 过度氧化产生的 CuO_x 降低了 NH_3-SCR 的活性。

2016 年,Beale 等人采用原位时间分辨(PXRD)分析了 Cu-SSZ-13 并发现 NH_3-SCR 活性与六元环位置中的 Cu 离子有关。然而,在低温下 Cu-SSZ-13 中大多数的 Cu 离子位于八元环位置且随着温度的升高逐渐迁移到六元环位置。因此,在低温时调控更多的 Cu 离子在六元环位置对提高低温 NH_3-SCR 活性至关重要。曲虹霞课题组通过简单的一步合成法引入 Ce^{4+} 和 La^{3+} 的同时提高了 NO 的氧化性并调控了 Cu^{2+} 在 SSZ-13 中的位置。因为 Cu^{2+} 位于不同的位点显示不同的 H_2 还原温度,通过 H_2-TPR 可以判定 Cu^{2+} 在沸石中的分布,如图 1.36 所示。结果表明,更多的 Cu^{2+} 迁移到更稳定的六元环位置。与 Cu^{2+}(0.72 Å)相比,大离子半径的 Ce^{4+}(0.92 Å)和 La^{3+}(1.06 Å)引入到 CHA 笼中后具有更强的位阻效应。因此,更多的 Ce^{4+} 和 La^{3+} 位于阳离子位点附近的椭圆形腔(位点Ⅳ)中,许多 Cu^{2+} 占据了位点Ⅲ。位于位点Ⅲ的 Cu^{2+} 与骨架配位,导致 H_2 还原峰的温度升高。因此,Ce^{4+} 和 La^{3+} 的引入可以使 Cu^{2+} 从八元环位置迁移到六元环位置。EPR 进一步证明了 Cu^{2+} 的迁移,孤立 Cu^{2+} 的精细结构在低场中可以清晰地看到。通过分析所有催化剂的精细结构,两种类型的 EPR 信号归属于 Cu 的不同位点。如图 1.37 所示,Cu^{2+} 占据两种类型的阳离子位点即位点Ⅲ和位点Ⅰ,这与 H_2-TPR 结果一致。因此,Cu-Ce-La-SSZ-13 中的 Ce^{4+} 和 La^{3+} 在室温下可以成功调控更多的 Cu^{2+}。此外,Ce 和 La 的协同效应也可以提高 NO 的氧化能力,从而使 Cu-Ce-La-SSZ-13 具有更优异的低温 NH_3-SCR 活性。

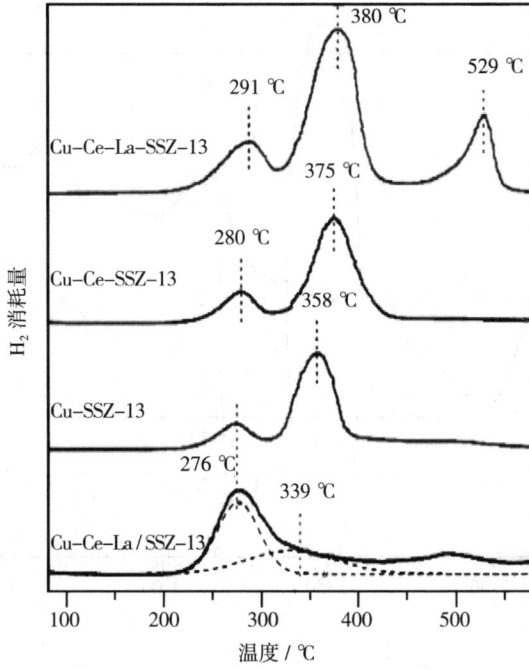

图 1.36　Cu-Ce-La/SSZ-13、Cu-SSZ-13、Cu-Ce-SSZ-13
和 Cu-Ce-La-SSZ-13 的 H_2-TPR 图

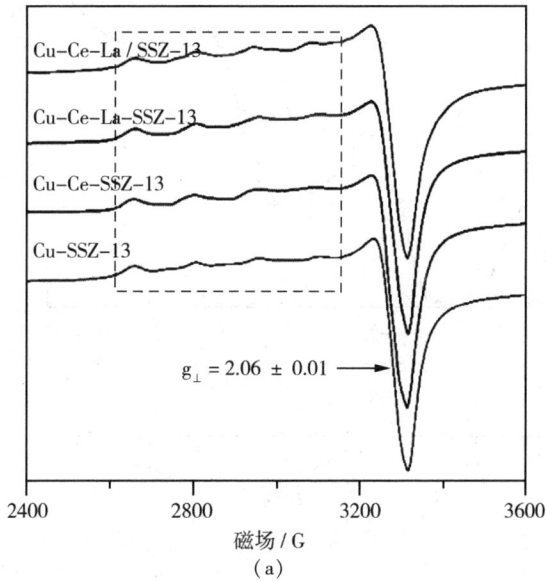

（a）

— 73 —

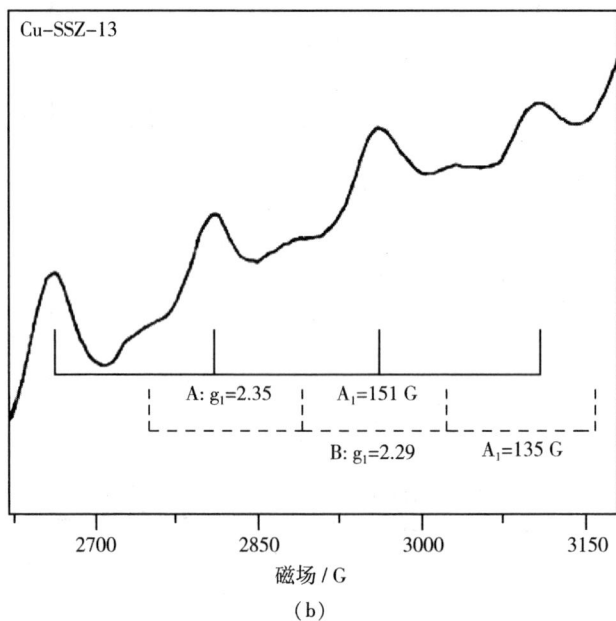

Cu–SSZ–13

A: $g_1=2.35$ $A_1=151\ G$

B: $g_1=2.29$ $A_1=135\ G$

磁场 / G

（b）

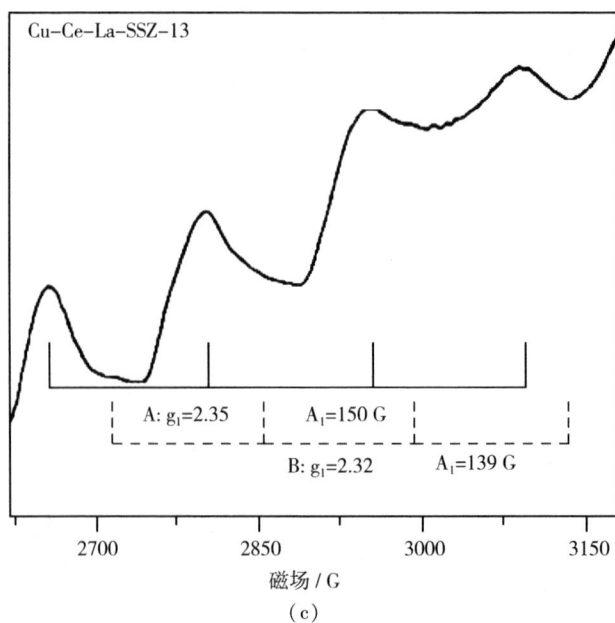

Cu–Ce–La–SSZ–13

A: $g_1=2.35$ $A_1=150\ G$

B: $g_1=2.32$ $A_1=139\ G$

磁场 / G

（c）

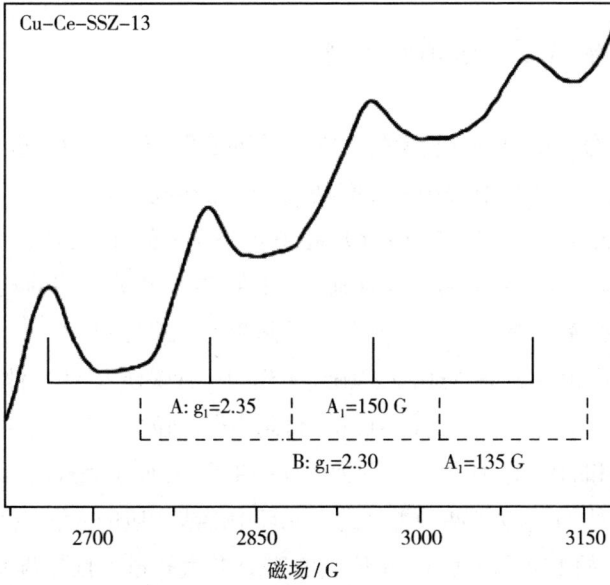

(d)

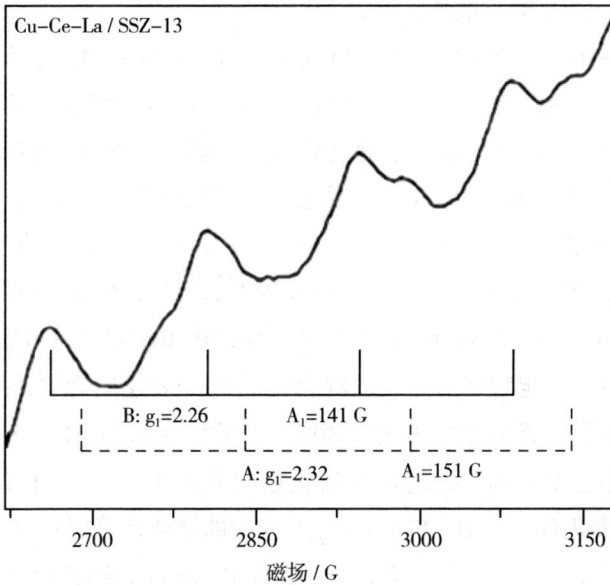

(e)

图 1.37 （a）110 K 下不同催化剂的 EPR 图与（b）Cu-SSZ-13、

（c）Cu-Ce-La-SSZ-13、（d）Cu-Ce-SSZ-13

和（e）Cu-Ce-La/SSZ-13 的低场精细结构放大图

1.5.3 其他分子筛脱硝催化剂

TNU-9 分子筛是一种新型的三维十元环交叉结构分子筛,包含 24 个拓扑硅原子,晶胞体积大于 ZSM-5,有两套 10 元环孔道(0.52 nm×0.6 nm 和 0.51 nm×0.55 nm)。在两套 10 元环孔道相距较窄的地方,通过另一套 10 元环孔道(0.54 nm×0.55 nm)互相连通,此外在 TNU-9 分子筛的孔道内还包含着一个较大的笼。TNU-9 分子筛是目前最复杂的分子筛之一。Sklenak 等人以 ^{29}Si 和 ^{27}Al (3Q) MAS NMR、Co^{II} 阳离子作为探针来研究 TUN 骨架中 Al 的分布和在骨架外阳离子位点成对 Al 和二价阳离子的位置。结果表明,TNU-9 分子筛中 40% 和 60% 的 Al 原子分别为孤立的单个 Al 原子和成对 Al。暴露的二价阳离子成对 Al 存在于两种类型的六元环中形成相应的 α 位点和 β 位点(分别占成对 Al 的 15% 和 85%)。α 位点位于 TUN 直孔道中且与两个交叉孔道相连,这说明近平面 β 位点位于交叉孔道中。另外,TNU-9 分子筛已经在一些催化反应中表现出了较好的活性。

Franch-Martí 和 Guilera 等人研究了 TNU-9 在 C_3H_8 选择性催化还原 NO 中的催化性能。TNU-9 中分散均匀的 Cu 和 Co 活性位点需要处于混合价态才能得到好的 SCR 催化性能且其催化性能与 TNU-9 本身的拓扑结构有关。Blasco 等人研究了 Cu 在烃类选择性催化还原 NO_x($HC-SCR-NO_x$)中的作用和反应路径。Cu-TNU-9 和 Cu-Y 催化剂在 573 K 时的 NO 转化率分别为 80% 和 30%(图 1.38)。原位 EPR 表明,即使在室温下两种 Cu 分子筛中均形成了 $Cu^{2+}NO_3^-$,且在 Cu-TNU-9 催化剂中的 Cu^{2+} 与 C_3H_8 存在相互作用(图 1.39)。一定程度加热反应混合物后 Cu^{2+} 被还原为 Cu^+,腈和异氰酸酯为反应中间体,部分水解为羧酸和氨。实验结果表明,$C_3H_8-SCR-NO_x$ 反应需要在接近孤立 Cu^{2+} 处的烷烃活化且生成氨作为还原剂与 $Cu^{2+}NO_3^-$ 反应。Cu-Y 催化剂在 $C_3H_8-SCR-NO_x$ 反应中的低活性表明 C_3H_8 在气相中不与 $Cu^{2+}NO_3^-$ 发生反应。为了弄清楚烃类在 Cu 沸石上的氧化,Blasco 等人还选择了三种不同拓扑结构的沸石(Cu-Y、Cu-ITQ-2 和 Cu-TNU-9)研究了它们催化丙烷的氧化反应。氧化活性顺序为:Cu-TNU-9 > Cu-ITQ-2 > Cu-Y。FT-IR 表明,谱带归属于在丙烷氧化反应中形成的 COO^- 和 -CHO,它们吸附在 Cu 分子筛上作为反应中间体且谱带强度与它们的氧化活性一致。三种 Cu 分子筛的电子顺磁共振谱图说明总铜中有 40%～50% 孤立的 Cu^{2+}，在 350 ℃ 加热丙烷或丙烷-氧混合物会使 Cu^{2+} 还原为 Cu^+，其趋势与它们的氧化活性一致：Cu-TNU-9 > Cu-ITQ-2 > Cu-Y。

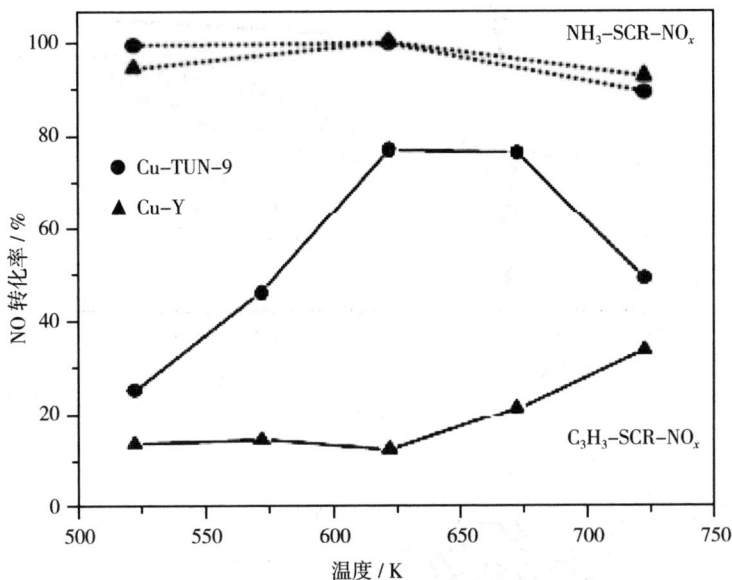

图 1.38　Cu-TNU-9 和 Cu-Y 在不同温度下 C_3H_8-SCR-NO_x（实线）和 NH_3-SCR-NO_x（虚线）反应中的 NO 转化率

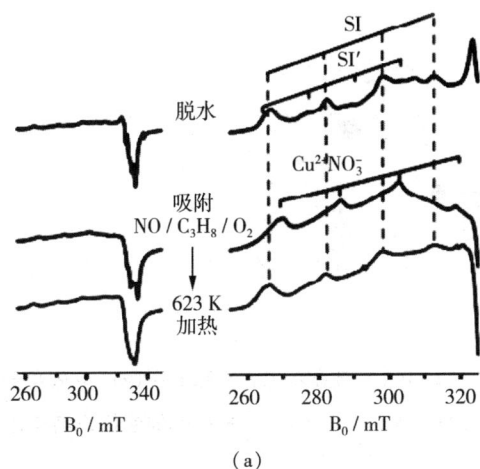

（a）

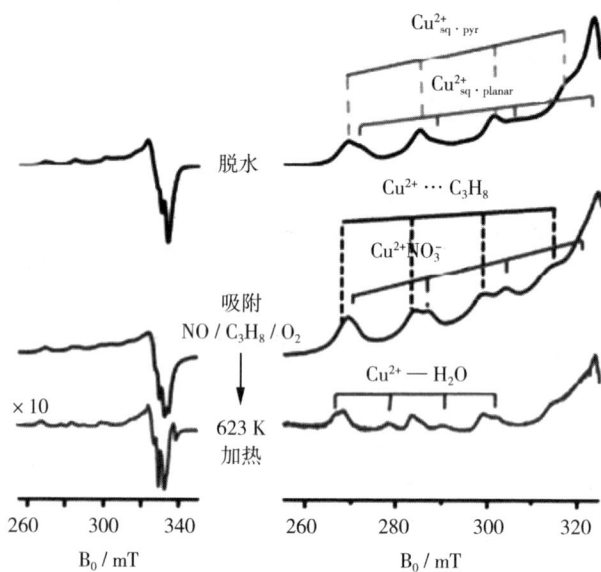

（b）

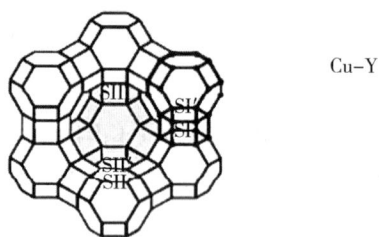

Cu-Y

（c）

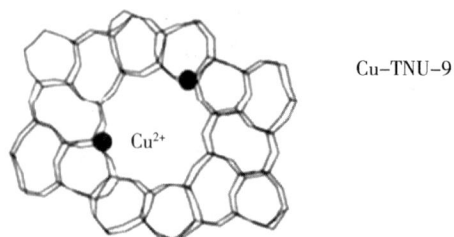

Cu-TNU-9

（d）

图 1.39 （a）~（b）105 K 测得的 Cu-Y 和 Cu-TNU-9 催化剂的 EPR 图；

（c）~（d）Cu-Y 和 Cu-TNU-9 催化剂的超精细结构放大图

Yang 等人研究了动态水热晶化法和离子交换法合成的 Mn-Ce 共掺杂 TNU-9 催化剂(Mn-Ce/TNU-9)在 NH_3-SCR 中的催化活性、抗水性、抗硫性和稳定性。在宽温操作窗口(150~450 ℃)Mn-Ce/TNU-9 催化剂的 NO_x 转化率高于 Mn/TNU-9 和 Ce/TNU-9 催化剂,即 NO_x 转化率大于94.0%,N_2 选择性大于99%(图1.40)。这是由于 Mn^{4+} 可以加速 NO 氧化为 NO_2,提高了 NH_3-SCR 性能。Ce^{3+} 有利于增加表面氧空位的数量并促进活性反应物或中间体的吸附。表面吸附氧有较强的氧化作用,不仅完成了氧化还原循环,还促进了 NO 氧化为 NO_2,最终加速 NH_3-SCR 反应。

Mn-Ce/TNU-9 催化剂中 $Mn^{4+}/(Mn^{4+}+Mn^{3+})$、$Ce^{3+}/(Ce^{3+}+Ce^{4+})$ 和 $O_\alpha/(O_\alpha+O_\beta)$ 的比例高于 Mn/TNU-9 和 Ce/TNU-9 催化剂(图1.41)。$Mn^{4+}+Ce^{3+}\longleftrightarrow Mn^{3+}+Ce^{4+}$ 的氧化还原循环提高了 Mn-Ce/TNU-9 催化剂的氧化还原性能,促进了电子转移,进一步加速了 NO 氧化为 NO_2,因此提高了 NH_3-SCR 性能。Mn-Ce/TNU-9 中活性组分的分散性优于 Mn/TNU-9 和 Ce/TNU-9 催化剂。同时 TNU-9 与双金属之间的协同作用也提高了催化活性。

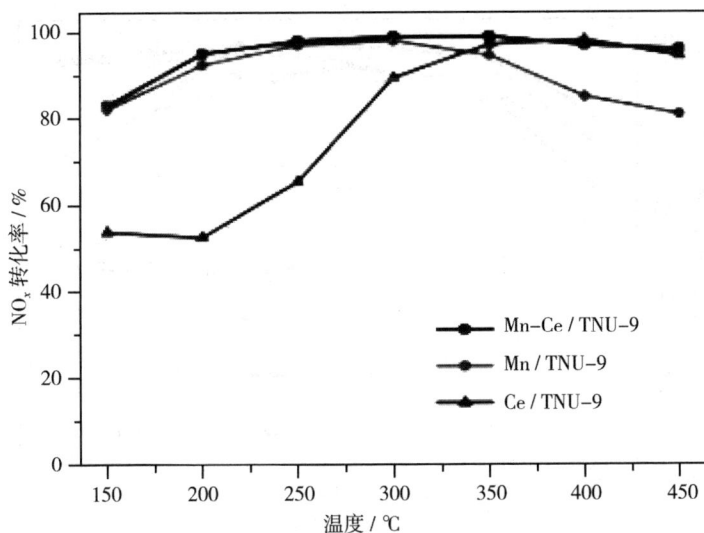

(a)

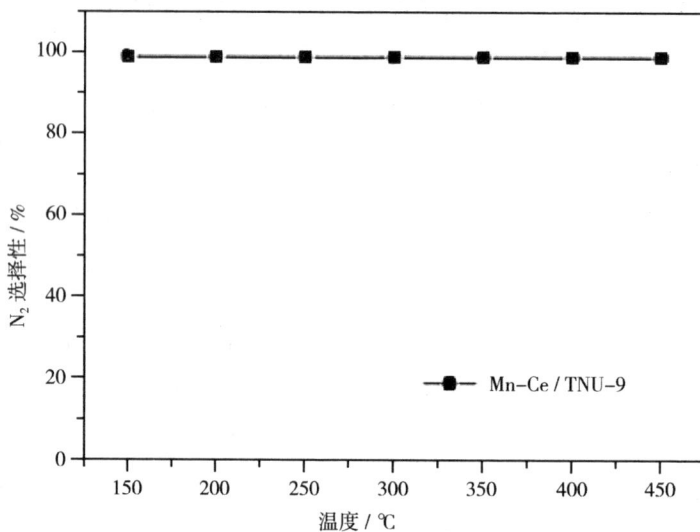

（b）

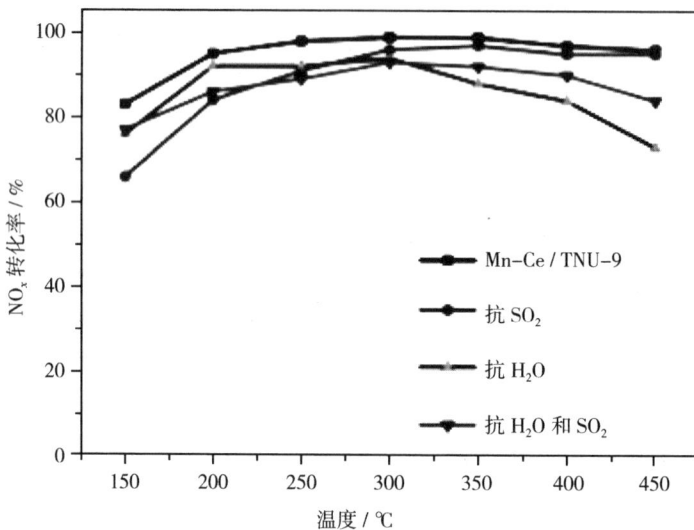

（c）

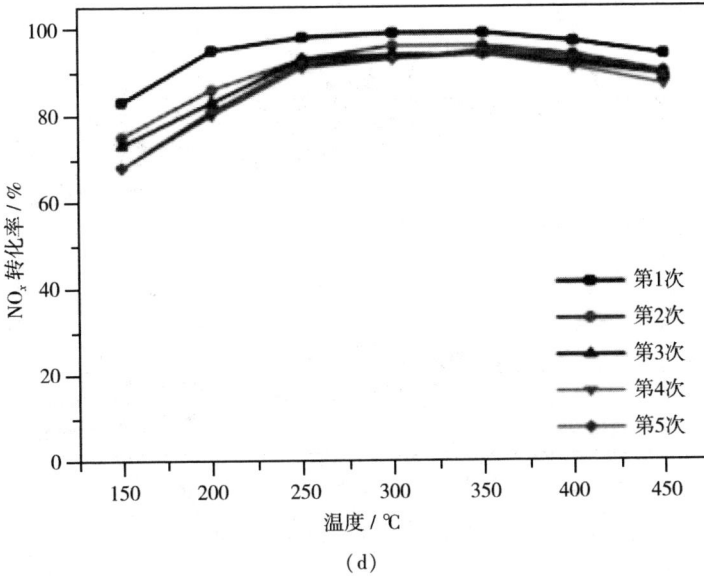

（d）

图 1.40　（a）不同催化剂的 NO_x 转化率；（b）Mn–Ce/TNU–9 的 N_2 选择性；
（c）Mn–Ce/TUN–9 的抗水性和抗硫性；（d）Mn–Ce/TNU–9 的稳定性测试

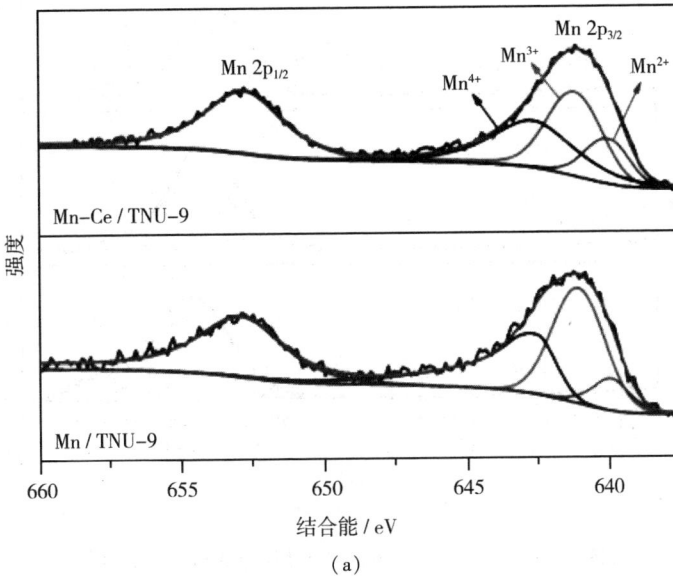

（a）

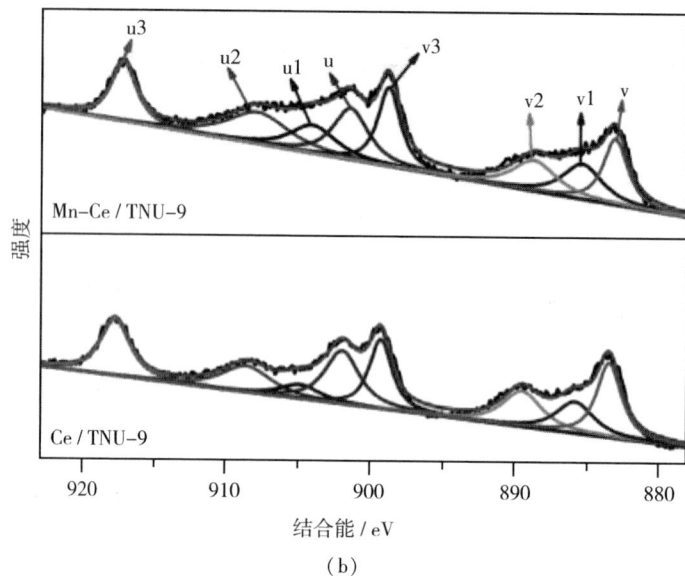

（b）

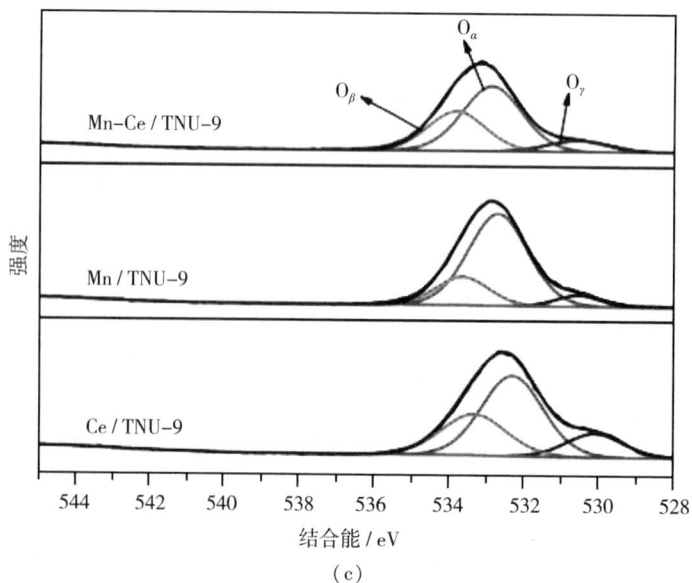

（c）

图 1.41　（a）Mn 2p、（b）Ce 3d 和（c）O 1s 的 XPS 图

Chen 和 Guo 等人采用一步法合成 Fe 掺杂的 MCM-22 催化剂(OP-Fe/M22),在 200~500 ℃ NH$_3$-SCR 反应中具有良好的催化性能和接近 100% 的 N$_2$ 选择性。他们还通过固态离子交换法、浸渍法和机械混合法分别制备了 Fe 含量相似的三种催化剂 SSIE-Fe/M22、IM-Fe/M22 和 MM-Fe/M22 并研究了不同制备方法对 NH$_3$-SCR 的影响。催化结果表明,OP-Fe/M22 催化剂在整个温度范围(100~550 ℃)的活性显著高于其他三种方法制备的催化剂(图 1.42 和图 1.43)。XRD、UV-vis、H$_2$-TPR、NH$_3$-TPD 等结果表明,在这四种催化剂中 OP-Fe/M22 中孤立的 Fe^{3+} 和酸性位点含量最高,Fe$_2$O$_3$ 纳米粒子的浓度最低,从而确保其在 NH$_3$-SCR 反应中的活性最高。此外 OP-Fe/M22 催化剂在 NH$_3$ 和 NO 氧化反应中的活性均优于 IM-Fe/M22 催化剂,说明 OP-Fe/M22 的 NO 氧化能力和 NH$_3$ 存储能力也促进了 NH$_3$-SCR 反应。与 Cu 基 MCM-22 分子筛相比,在相同金属含量(5% Cu/M22)时,OP-Fe/M22 催化剂在低温(100~300 ℃)中具有与 5% Cu/M22 相当的活性,而在高温(300~550 ℃)中活性明显提高。

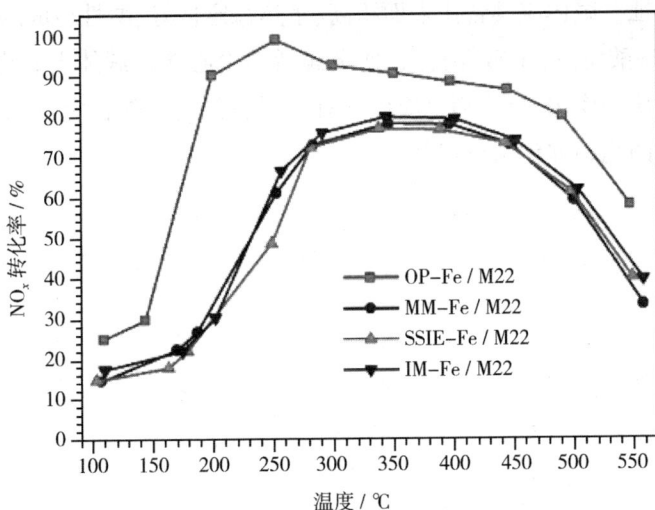

图 1.42 不同制备方法制备的催化剂在不同温度下的 NO$_x$ 转化率

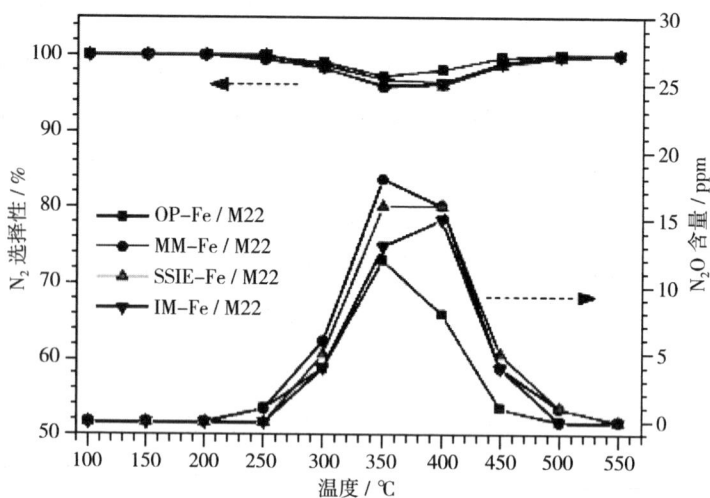

图 1.43　不同制备方法制备的催化剂在不同温度下的 N₂ 选择性和 N₂O 含量

综上所述,目前脱硝催化剂仍存在宽温性能较差、稳定性及抗中毒性能较弱等问题,限制了催化剂在 NH_3-SCR 中的应用。因此,NH_3-SCR 催化剂应具有更好的稳定性和宽温高效的催化性能,而活性中心和载体的选择决定了这些特征。载体应具备比表面积高、水热稳定性好、酸性(Bronsted 两位点和或 Lewis 酸位点)丰富等特点,使金属活性中心能在载体上高度分散并起到很好的协同作用,分子筛也应该具有相对较强的水热稳定性,为制备具有优异性能的脱硝催化剂奠定基础。

第2章 催化剂的制备、表征与计算

2.1 主要原料及试剂

本书使用的主要原料及试剂如表 2.1 所示。

表 2.1 主要原料及试剂

试剂名称	分子式	规格
硝酸铜	$Cu(NO_3)_2 \cdot 3H_2O$	A. R.
硝酸铈	$Ce(NO_3)_3 \cdot 6H_2O$	A. R.
硝酸镧	$La(NO_3)_3 \cdot 6H_2O$	A. R.
硝酸铝	$Al(NO_3)_3 \cdot 9H_2O$	A. R.
氢氧化钠	$NaOH$	A. R.
白炭黑	$mSiO_2 \cdot nH_2O$	99.8%
硝酸铵	NH_4NO_3	99.0%
N–甲基吡咯烷	$C_5H_{11}N$	98.0%
1,4 二溴丁烷	$C_4H_8Br_2$	98.0%
盐酸	HCl	36%
丙酮	C_3H_6O	A. R.
聚氧乙烯聚氧丙烯三嵌段共聚物(F127)	$EO_{106}PO_{70}EO_{106}$	$Mn = 10000$
均三甲苯	C_9H_{12}	98%
氯化钾	KCl	99.5%
鳞片状石墨	C	80%~99.95%
高锰酸钾	$KMnO_4$	A. R.
三氧化钼	MoO_3	A. R.

续表

试剂名称	分子式	规格
ZSM-5	—	—
MCM-22	—	—
MCM-49	—	—
正硅酸乙酯	$C_8H_{20}O_4Si$	A. R.
氮气	N_2	99.99%
氧气	O_2	99.999%
氨气	NH_3	0.993%
一氧化氮	NO	0.992%
二氧化硫	SO_2	0.998%

2.2 实验仪器

本书使用的主要仪器和设备如表 2.2 所示。

表 2.2 主要仪器和设备

仪器名称	型号
扫描电子显微镜	S-3400
透射电子显微镜	H-7650
X射线衍射仪	AXS D8
X射线光电子能谱仪	ESCALAB250XI
原位红外光谱仪	Nicolet 6700
全自动气体吸附分析仪	Autosorb
超纯水仪	Arium pro
恒温磁力搅拌器	DF-101S
马弗炉	FO310C
超声波清洗器	KQ2200DE
磁力搅拌器	DF-Ⅱ
水热反应釜	KD-100
电热鼓风干燥箱	DHG-9035A
恒温真空干燥箱	ZKGT-6053

续表

仪器名称	型号
恒温水浴锅	FGH-350
分析天平	FA3103C
固定床反应器	QJK45
烟气分析仪	OPTIMA7
化学吸附仪	AutoChem II 2920

2.3　催化剂表征

2.3.1　氮气吸附-脱附测试

采用全自动气体吸附分析仪测试样品的 N_2 吸附-脱附,利用理论模型计算样品的比表面积(BET)。测试条件:取 0.05 g 催化剂样品进行脱气处理,以 N_2 为吸附质测定其 N_2 吸附-脱附,并通过研究其等温线类型确定所制备样品的孔结构类型(微孔、介孔和大孔),采用 BJH 法计算样品的比表面积。

2.3.2　X 射线衍射(XRD)

XRD 常用于对材料的晶体结构、物相等进行分析。测试条件为:Cu K_α 射线,$\lambda = 0.15406$ nm,扫描范围 $2\theta = 5° \sim 80°$,扫描速率为 $5° \cdot \min^{-1}$,得到样品的 XRD 图通过 Jade 软件和文献进行对比分析。

2.3.3　扫描电镜(SEM)

通过 SEM 表征可直接准确地得到样品的表面形貌、表面元素、粒子的颗粒大小及分散情况。利用细聚焦电子束在测试样品表面进行 X-Y 扫描,激发出二次电子和背散射电子,通过电子学的放大,物镜成像得到样品的微观形貌。

2.3.4 透射电镜(TEM)

采用 TEM 表征样品的微观结构,确定载体的基本结构及负载的活性金属颗粒的大小和分布情况。本书的 TEM 表征过程为,先取少量的预表征样品,倒入装有无水乙醇的样品管中,超声形成悬浊液,再取少量悬浊液滴于铜网,烘干后进行测试。

2.3.5 X 射线光电子能谱(XPS)

采用 X 射线光电子能谱仪对催化剂表面元素组成及各元素的化学价态变化情况进行分析。依据各元素结合能,通过软件对表征所得的各元素 XPS 数据进行分峰拟合。各元素经拟合后得到不同价态的峰面积,以此计算元素价态的相对百分含量。

2.3.6 原位漫反射傅里叶变换红外光谱测试(In-situ DRIFTS)

(1)先吸附 NH_3 再吸附 $NO+O_2$

取 0.3 g 样品在 400 ℃ N_2 中预处理 1 h,冷却至 350 ℃ 采集光谱为背景。以 100 mL·min^{-1} 的气体流量向样品室中通入 NH_3-N_2($5×10^{-4}NH_3$,N_2 为平衡气)1 h 后,通过减去相应的背景参考,以 4 cm^{-1} 的光谱分辨率从 300 cm^{-1} 到 4000 cm^{-1} 收集光谱。然后向样品室中通入 N_2(气体流量为 100 mL·min^{-1})30 min,再向样品室中通入 $NO+O_2$($5×10^{-4}NO+5\%$ O_2,N_2 为平衡气,气体总流量为 100 mL·min^{-1}),2 min 后通过减去相应的背景参考,以 4 cm^{-1} 的光谱分辨率从 300 cm^{-1} 到 4000 cm^{-1} 收集光谱。测定时间为 2 min、5 min、10 min、15 min、20 min、30 min、40 min,共 7 个时间点。

(2)先吸附 $NO+O_2$ 再吸附 NH_3

取 0.3 g 样品在 400 ℃ N_2 中预处理 1 h,冷却至 350 ℃ 采集光谱为背景。以 100 mL·min^{-1} 的气体流量向样品室中通入 $NO+O_2$($5×10^{-4}NO+5\%$ O_2,N_2 为平衡气)1 h 后,通过减去相应的背景参考,以 4 cm^{-1} 的光谱分辨率

从 300 cm^{-1} 到 4000 cm^{-1} 收集光谱。然后向样品室中通入 N$_2$(气体流量为 100 mL·min^{-1})30 min,再向样品室中通入 NH$_3$-N$_2$(500 ppm NH$_3$,N$_2$ 为平衡气,气体总流量为 100 mL·min^{-1}),2 min 后通过减去相应的背景参考,以 4 cm^{-1} 的光谱分辨率从 300 cm^{-1} 到 4000 cm^{-1} 收集光谱。测定时间为 2 min、5 min、10 min、15 min、20 min、30 min、40 min,共 7 个时间点。

(3)NH$_3$+NO+O$_2$ 共吸附

取 0.3 g 样品在 400 ℃ N$_2$ 中预处理 1 h,冷却至 150 ℃后采集光谱为背景。以 100 mL·min^{-1} 的气体流量向样品室中注入 NH$_3$+NO+O$_2$(500 ppm NH$_3$+5×10^{-4}NO+5% O$_2$,N$_2$ 为平衡气)1 h,然后向样品室中通入 N$_2$(气体流量为 100 mL·min^{-1}),30 min 后通过减去相应的背景参考,以 4 cm^{-1} 的光谱分辨率从 300 cm^{-1} 到 4000 cm^{-1} 收集光谱。测定温度为 150 ℃、200 ℃、250 ℃、300 ℃、350 ℃、450 ℃,共 6 个温度点。

2.3.7　氢气程序升温还原(H$_2$-TPR)

采用 H$_2$-TPR 对催化剂的氧化还原性能进行测试分析。依据峰面积可求出不同催化剂的 H$_2$ 消耗量,对 H$_2$ 消耗量进行对比可确定各催化剂氧化还原能力的强弱。H$_2$-TPR 测试过程:100 mg 样品在 Ar 条件下 350 ℃预处理 30 min 后冷却至 40 ℃,通入 H$_2$-Ar,气体流量为 30 mL·min^{-1},升温至 700 ℃。

2.3.8　氨气程序升温脱附(NH$_3$-TPD)

采用 NH$_3$-TPD 对催化剂的表面酸性进行测试分析。NH$_3$ 在不同温度的吸附、脱附过程中峰位和峰值的变化代表了消耗 NH$_3$ 浓度的变化。依据峰面积可求出不同催化剂的 NH$_3$ 消耗量,对 NH$_3$ 消耗量进行对比可确定各催化剂表面酸性位点及酸量的多少。本书的 NH$_3$-TPD 测试过程为:100 mg 样品 Ar 条件下 500 ℃预处理 1 h 后降温至 110 ℃,通入 NH$_3$-He 吸附 NH$_3$ 1 h,He 吹扫,以 10 ℃·min^{-1} 的升温速率升至 700 ℃。

2.3.9　傅里叶变换红外光谱(FT-IR)

FT-IR 可以对样品进行官能团的表征,研究分子的结构与化学键来表征样品的化学物种。先使用压片机将样品与 KBr 进行压片,然后在 400 ~ 4000 cm^{-1} 波数范围对不同吸收强度的特征峰进行观察分析。

2.3.10　拉曼光谱(Raman)

催化剂的拉曼光谱是在拉曼系统模型 1000 光谱仪上进行测试,采用 514 nm 激发光进行激发。

2.3.11　电感耦合等离子体原子发射光谱(ICP-AES)

催化剂中金属的含量通过 Perkin Elmer ICP-AES/1000 型电感耦合等离子体原子发射光谱仪进行测量。

2.3.12　差热-热重(TG-DTA)

催化剂的差热-热重分析在 Shimadzu DTA-60 上进行测试,测试条件为:温度是在 N$_2$ 中从室温升高到 800 ℃,升温速率是 10 ℃·min^{-1}。

2.4　催化剂性能评价

在固定床反应器系统中进行催化性能测试,如图 2.1 所示。反应条件:0.3 g 催化剂(40~60 目)、5×10^{-4} NH$_3$、5×10^{-4} NO、5% O$_2$、1×10^{-4} SO$_2$、10% H$_2$O,N$_2$ 为平衡气且气体流量为 100 mL·min^{-1}。用烟气分析仪测定了 NO$_x$、NH$_3$ 和 N$_2$O 的进出口浓度,用氨气分析仪测定了进出口 NH$_3$ 浓度和出口 N$_2$O 浓度。根据下述公式计算 NO$_x$(NO$_x$ ══NO+NO$_2$)的转化率和 N$_2$ 选择性。

$$NO_x(转化率) = \frac{[NO_x]_{inlet} - [NO_x]_{outlet}}{[NO_x]_{inlet}} \tag{2-1}$$

$$N_2(选择性) = 1 - \frac{2[N_2O]_{outlet}}{[NH_3]_{inlet} + [NO_x]_{inlet} - [NH_3]_{outlet} - [NO_x]_{outlet}} \tag{2-2}$$

式中,NO_x(转化率)为 NO_x 的转化率,$[NO_x]_{inlet}$ 为进口 NO_x 浓度,$[NO_x]_{outlet}$ 为出口 NO_x 浓度,N_2(选择性)为 N_2 选择性,$[NH_3]_{inlet}$ 为进口 NH_3 浓度,$[NH_3]_{outlet}$ 为出口 NH_3 浓度,$[N_2O]_{outlet}$ 为出口 N_2O 浓度。

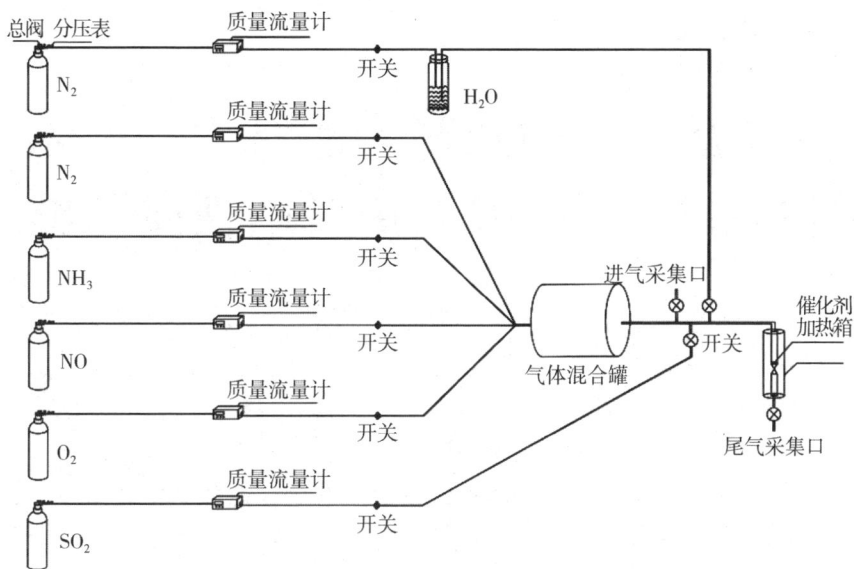

图 2.1　催化性能测试流程图

第3章 不同制备方法对 Ce 和 Mo 共掺杂 ZSM-5 催化剂脱硝性能的影响

3.1 引言

沸石基催化剂由于其良好的吸附性能和柔韧性而受到广泛关注,尤其是 ZSM-5 具有酸度高、催化剂易于回收、反应产物易于分离等优点,是 NH_3-SCR 的理想选择。Fe-ZSM-5、Co-ZSM-5、Cu-ZSM-5 等在 NH_3-SCR 中以其良好的催化活性、无毒、价格低廉等特点受到了广泛关注。

CeO_2 由于其优异的氧化还原性能以及通过 Ce 离子价态交替储存和释放氧的突出能力,在 NH_3-SCR 中引起了广泛关注。此外,CeO_2 提高了 NH_3-SCR 的催化活性,是因为它促进了 NO 氧化为 NO_2。CeO_2 改性的 Cu-USY 催化剂在 NH_3-SCR 中表现出较好的低温催化活性,Mn-Ce/ZMS-5 催化剂也表现出优异的 NH_3-SCR 性能。Fe-ZSM-5@ Ce/介孔 SiO_2 催化剂由于部分 NO 氧化生成 NO_2,对生成的 NO_2 和剩余 NO 的混合物进行 NH_3-SCR 反应,表现出较好的催化性能。此外,含 CeO_2 的催化剂还表现出良好的抗硫性。

双金属改性催化剂在催化研究中引起了广泛关注。双金属改性催化剂的催化性能优于单金属催化剂是由于两个金属活性组分之间具有协同作用。例如,MoO_3 不仅可以改善催化剂的脱硝性能,还可以防止 SO_2 的氧化。据报道用凝胶法制备 CeO_2/TiO_2 负载 MoO_3 催化剂,由于活性组分的分散性、物理性能、活性物种与载体之间的相互作用以及 Ce^{3+} 的大量存在,该催

化剂在 NH_3-SCR 中表现出了较好的活性和抗硫、抗水性。到目前为止,对 Ce 和 Mo 共掺杂的 ZSM-5 分子筛的脱硝活性的研究尚未见报道。

　　本章研究了研磨与离子交换方法的结合以及浸渍与离子交换方法的结合对合成的 Ce 掺杂的常规和纳米 MoO_3 改性 ZSM-5 催化剂在 NH_3-SCR 中催化性能的影响。进一步研究了 Mo 和 Ce 物种对 Ce-Mo 共掺杂 ZSM-5 催化剂 NH_3-SCR 性能和耐硫性的影响。

3.2　实验部分

　　催化剂的制备方法如图 3.1 所示。

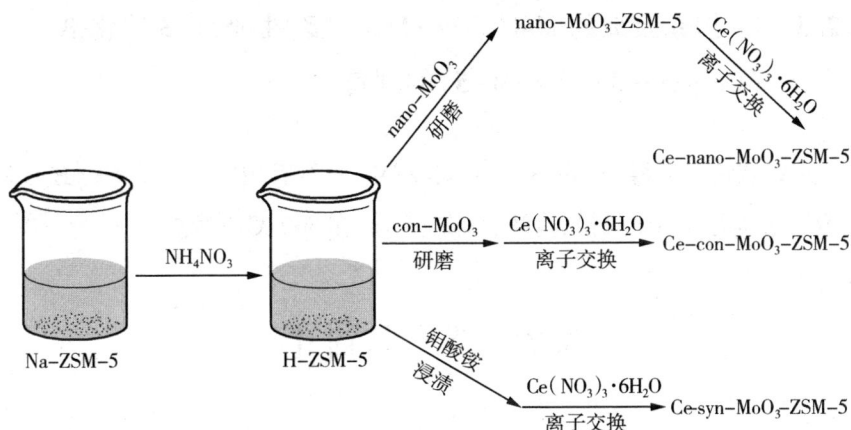

图 3.1　Ce-Mo 共掺杂 ZSM-5 的制备方法

3.2.1　Ce 掺杂纳米 MoO_3 改性 ZSM-5 催化剂
##　　　（Ce-nano-MoO_3/ZSM-5）的制备

　　根据文献采用柠檬酸盐溶胶-凝胶法制备小尺寸 MoO_3 纳米粒子（nano-MoO_3）。使用 NH_4NO_3 溶液在 90 ℃下与 NH_4^+ 进行离子交换得到 NH_4-ZSM-5。然后将固体过滤、洗涤并干燥。在重复铵交换程序之前将

NH_4-ZSM-5 在 500 ℃下煅烧,共进行 3 次交换。将纳米 MoO_3 与上述制备的 NH_4-ZSM-5 进行物理混合,经研磨、550 ℃煅烧、与 $Ce(NO_3)_3 \cdot 6H_2O$ 离子交换合成了 Ce 含量为 0.9%～3.6%、纳米 MoO_3 含量为 1%～8% 的 Ce-nano-MoO_3/ZSM-5 催化剂。将所制备的催化剂命名为 $Ce(X)$-nano-MoO_3(Y)/ZSM-5,其中 X 和 Y 分别是 Ce 和 MoO_3 的含量。

3.2.2 Ce 掺杂传统的 MoO_3(con-MoO_3)改性 ZSM-5 催化剂 (Ce-con-MoO_3/ZSM-5)的制备

按照上述方法合成了 Ce-con-MoO_3/ZSM-5。唯一的区别是 nano-MoO_3 被 con-MoO_3 取代。

3.2.3 Ce 掺杂合成的 MoO_3(syn-MoO_3)改性 ZSM-5 催化剂 (Ce-syn-MoO_3/ZSM-5)的制备

用钼酸铵浸渍得到 Ce-syn-MoO_3/ZSM-5,然后用 $Ce(NO_3)_3 \cdot 6H_2O$ 对上述催化剂进行离子交换、过滤、水洗、干燥,在 500 ℃下煅烧。

3.3　结果与讨论

3.3.1　催化性能

通过实验可以明显看出适当的 Ce 负载量对 nano-MoO_3(6%)/ZSM-5 催化剂的 NH_3-SCR 活性有积极影响,特别是在高温范围内。当反应温度为 100～350 ℃时,Ce 掺杂 nano-MoO_3(6%)/ZSM-5 催化剂的 NH_3-SCR 活性如图 3.2(a)所示。从图 3.2(a)可以看出,NO_x 转化率随着催化剂中 Ce 含量的增加而降低。值得注意的是,Ce(0.9%)-nano-MoO_3(6%)/ZSM-5 催化剂表现出优异的催化性能,在相同条件下反应温度为 350 ℃时,NO_x 转化率约为 95.8%,这意味着合成催化剂时过量的 Ce 可能对催化性能有负面影响。此外,Ce 的储氧和释氧能力以及 Ce 和 Mo 之间的协同作用有助于提高 Ce(0.9%)-nano-MoO$_3$(6%)/ZSM-5 催化剂的 NH$_3$-SCR 活性。结合文献报道 Ce 的引入可以通过 Ce^{4+}⟷Ce^{3+}储放氧气,从而提高催化活性。此外,催化剂中的 Ce 和 Mo 元素可以发挥显著的协同作用,增强 NH$_3$-SCR 活性从而提高 NO$_x$ 的转化率,这与 Cu 和 Fe 之间的协同作用能提高催化活性的报道一致。图 3.2(b)为不同 nano-MoO$_3$ 负载量的 Ce(0.9%)-nano-MoO$_3$/ZSM-5 样品在 NH$_3$-SCR 中的催化结果,其中 nano-MoO$_3$ 负载量为 1%~8%。随着 nano-MoO$_3$ 负载量的增加,NO$_x$ 转化率升高,当反应温度为 350 ℃ 时,NO$_x$ 转化率从 88.8% 提高到 95.8%,然后下降到 88.2%,这表明在 Ce(0.9%)-nano-MoO$_3$/ZSM-5 中 nano-MoO$_3$ 的最佳负载量为 6%。

　　为了进一步研究不同方法对脱硝效率的影响,消除质量对复合材料的活性影响,选择 Ce 和 MoO$_3$ 的负载量分别为 0.9% 和 6%,不同合成方法对催化剂在 NH$_3$-SCR 中 NO$_x$ 转化率和 N$_2$ 选择性的影响如图 3.2(c)和图 3.2(d)所示。如图 3.2(c)所示,通过不同方法制备的催化剂均具有 NH$_3$-SCR 活性,尤其是在 250~400 ℃ 的温度范围内。高温下催化剂的 NO$_x$ 转化率表现出以下顺序:Ce(0.9%)-syn-MoO$_3$(6%)/ZSM-5 > Ce(0.9%)-con-MoO$_3$(6%)/ZSM-5 > Ce(0.9%)-nano-MoO$_3$(6%)/ZSM-5。这是因为 MoO$_3$ 的尺寸越小越容易与 Bronsted 酸相互作用生成 Mo-O-Al,从而导致催化剂的 Bronsted 酸位减少。有文献报道小尺寸纳米 MoO$_3$ 改性 ZSM-5 催化剂的 Bronsted 酸中心减少,是由于小尺寸 MoO$_3$ 更容易与 Bronsted 酸在 500 ℃ 煅烧反应生成 Mo-O-Al 物种。不同方法合成的催化剂的 N$_2$ 选择性均接近 100%,如图 3.2(d)所示。

　　图 3.2(e)为在有无 SO$_2$ 存在下 Ce(0.9%)-syn-MoO$_3$(6%)/ZSM-5 催化剂的 NO$_x$ 转化率。如图 3.2(e)所示,Ce(0.9%)-syn-MoO$_3$(6%)/ZSM-5 催化剂的 NO$_x$ 转化率没有明显变化。主要原因如下:CeO$_2$ 与载体 ZSM-5 的良好结合削弱了 CeO$_2$ 与 SO$_2$ 之间的相互作用,阻止了 Ce(SO$_4$)$_2$ 和 Ce$_2$(SO$_4$)$_3$ 的形成,也有文献报道过类似的结果。在 SiO$_2$ 或/和 Al$_2$O$_3$ 掺杂 CeO$_2$/TiO$_2$ 催化剂中引入 CeO$_2$ 可以缓解活性成分的硫酸化,从而提高抗硫性。

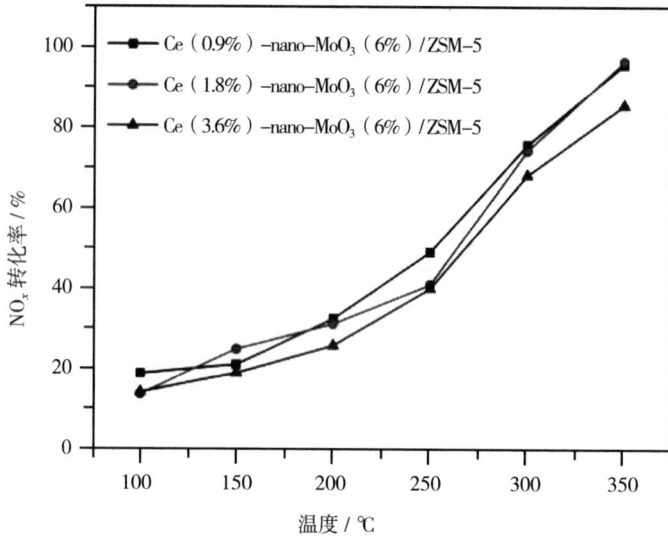

（a）

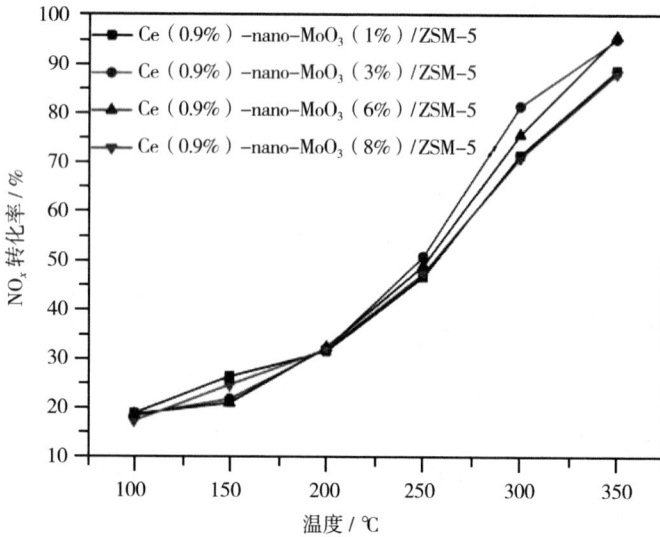

（b）

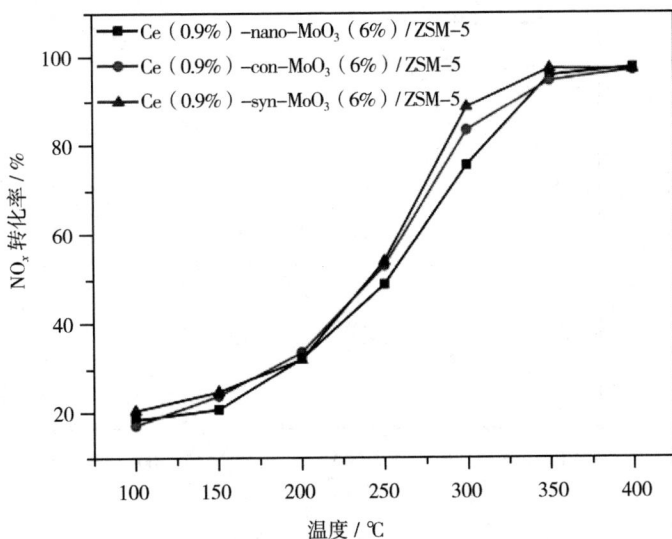

（c）

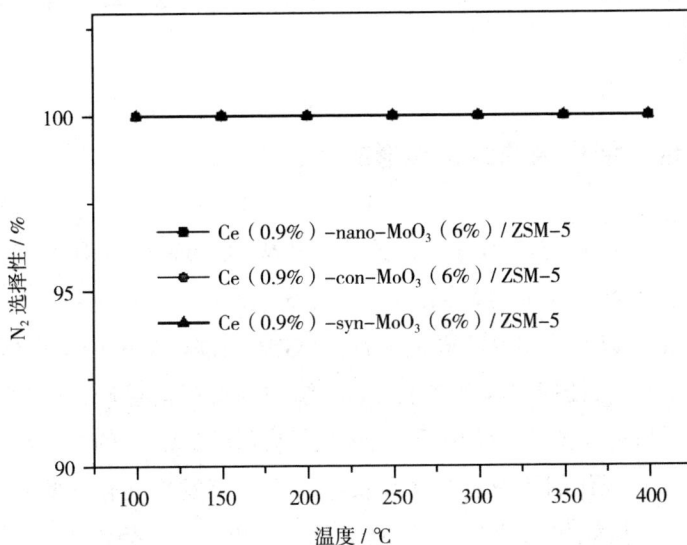

（d）

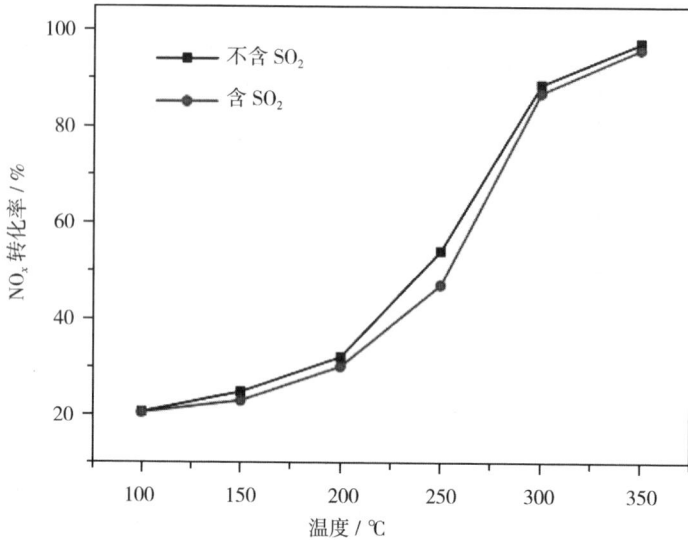

(e)

图 3.2　(a)不同 Ce 掺杂 nano-MoO$_3$(6%)/ZSM-5 催化剂的 NH$_3$-SCR 活性；

(b)不同 nano-MoO$_3$ 负载量的 Ce(0.9%)-nano-MoO$_3$/ZSM-5 催化剂的 NH$_3$-SCR 活性；

(c)不同方法制备的催化剂的 NH$_3$-SCR 活性；(d)不同方法制备的催化剂的 N$_2$ 选择性；

(e)SO$_2$ 对 Ce(0.9%)-syn-MoO$_3$(6%)/ZSM-5 催化剂 NO$_x$ 转化率的影响

3.3.2　合成催化剂的结构和形貌

图 3.3 展示了纳米 MoO$_3$、新鲜 Ce(0.9%)-nano-MoO$_3$(1% ~ 8%)/ZSM-5、Ce(0.9%)-con-MoO$_3$(6%)/ZSM-5 和 Ce(0.9%)-syn-MoO$_3$(6%)/ZSM-5 以及使用后不同催化剂的 XRD 图谱。从图中可以看出纳米 MoO$_3$ 显示出的特征峰归因于典型 MoO$_3$ 结构的特征衍射峰,这与文献报道结果一致。所有新鲜的和使用后的催化剂仍保持 ZSM-5 的有序结构,表明 ZSM-5 骨架在催化剂制备过程中和反应之后没有发生变化。此外,没有观察到金属或金属氧化物的特征峰,这表明 Mo 和 Ce 在 ZSM-5 上分布较均匀,并且颗粒相对较小。

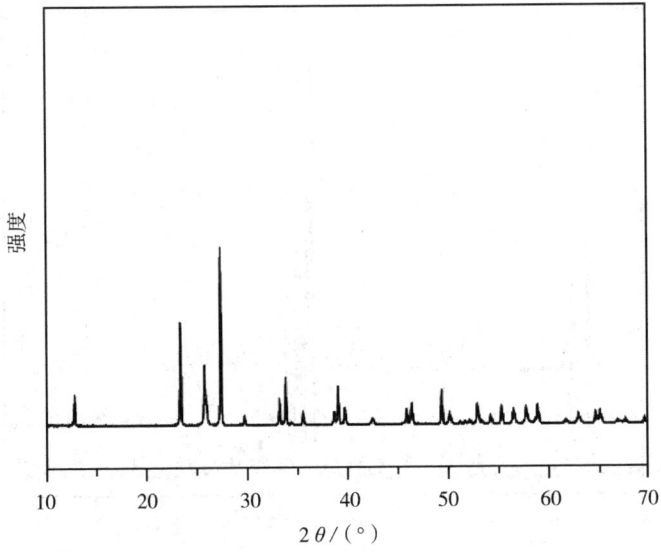

（a）

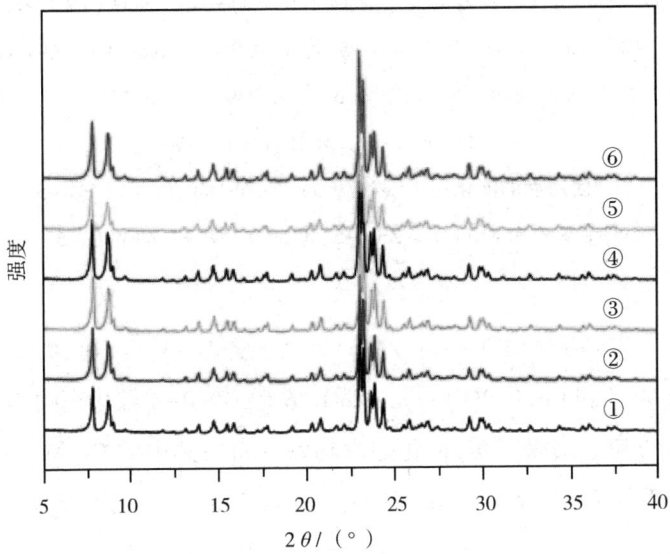

（b）

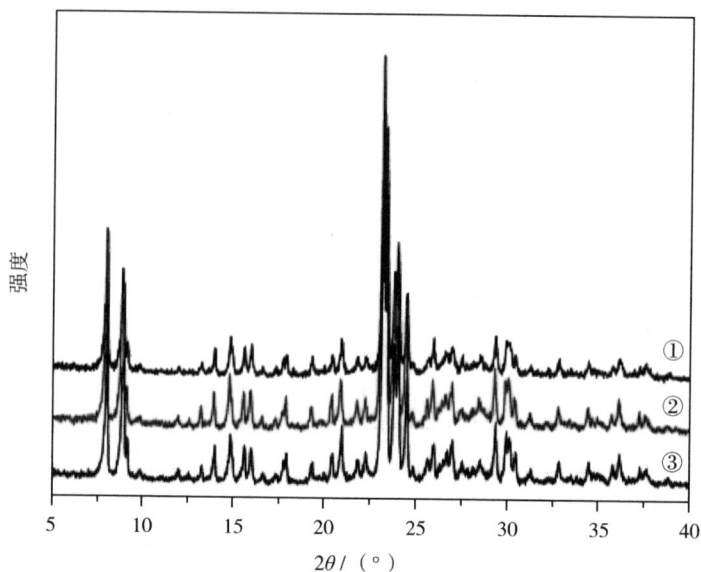

（c）

图 3.3　不同催化剂的 XRD 图谱

（a）nano-MoO$_3$；（b）新鲜的催化剂①Ce（0.9%）-nano-MoO$_3$（1%）/ZSM-5、
②Ce（0.9%）-nano-MoO$_3$（3%）/ZSM-5、③Ce（0.9%）-nano-MoO$_3$（6%）/ZSM-5、
④Ce（0.9%）-nano-MoO$_3$（8%）/ZSM-5、⑤Ce（0.9%）-con-MoO$_3$（6%）/ZSM-5、
⑥Ce（0.9%）-syn-MoO$_3$（6%）/ZSM-5；

（c）使用后的催化剂①Ce（0.9%）-nano-MoO$_3$（6%）/ZSM-5、
②Ce（0.9%）-con-MoO$_3$（6%）/ZSM-5、③Ce（0.9%）-syn-MoO$_3$（6%）/ZSM-5

　　图 3.4 为 Ce（0.9%）-nano-MoO$_3$（6%）/ZSM-5、Ce（0.9%）-con-MoO$_3$
（6%）/ZSM-5 和 Ce（0.9%）-syn-MoO$_3$（6%）/ZSM-5 催化剂的 SEM 图和相
应的元素分布。结果表明，催化剂由均匀分布在其中的 Ce、Mo、Si、Al、O 元
素组成。对于 Ce（0.9%）-syn-MoO$_3$（6%）/ZSM-5 催化剂来说，Ce 的分布
最为均匀。

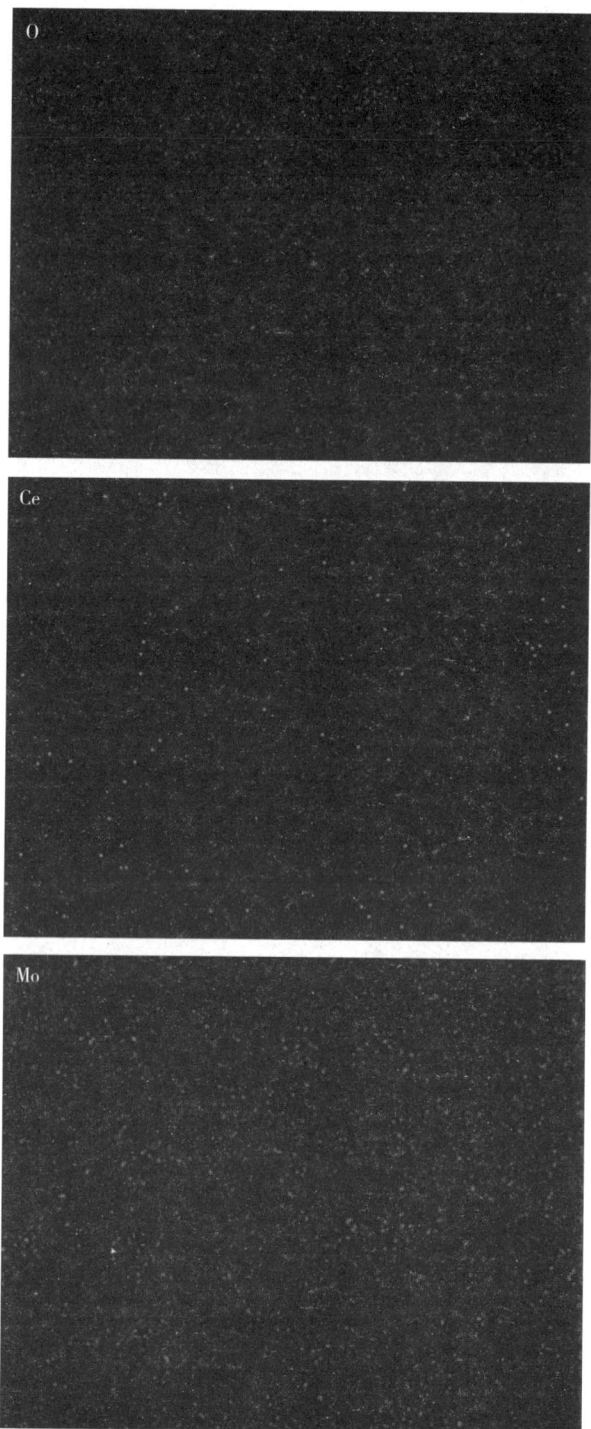

（a）

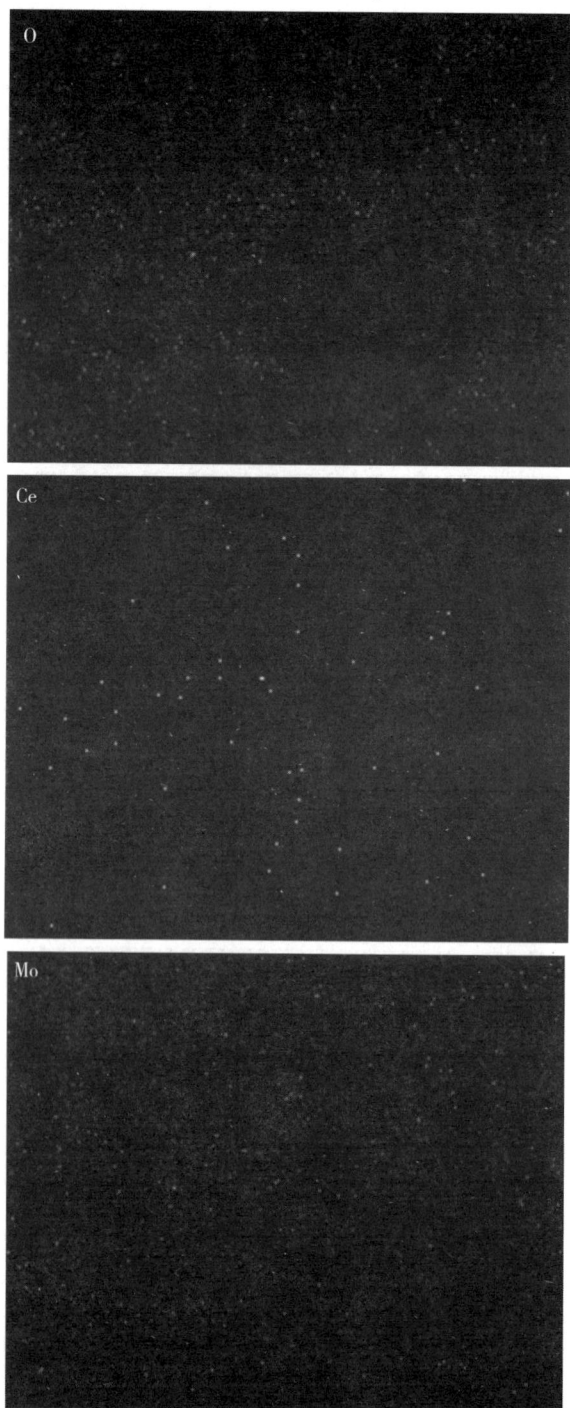

（b）

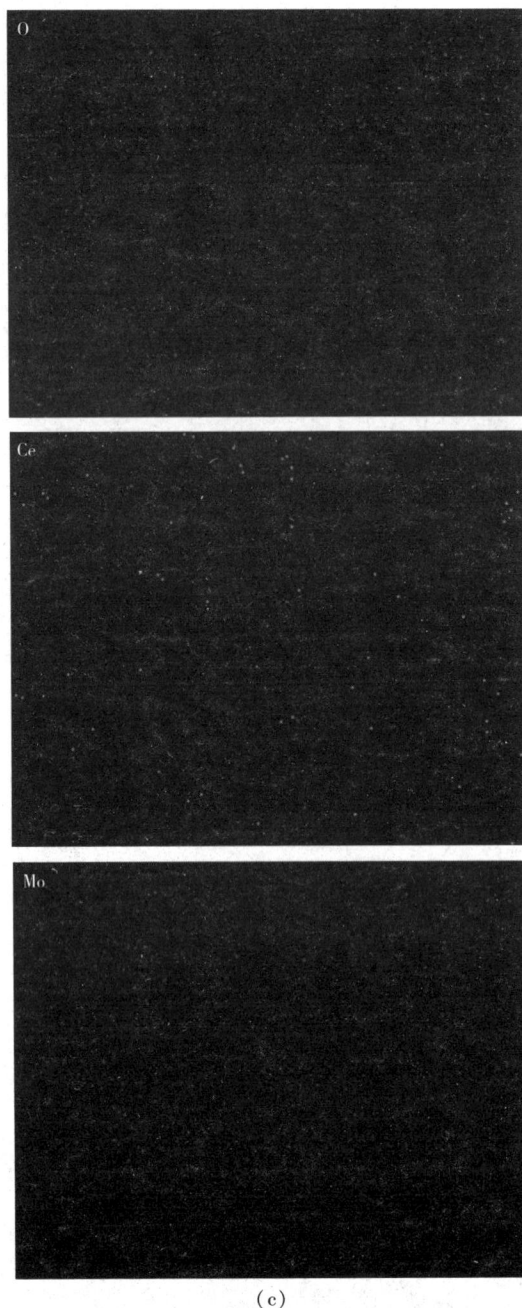

(c)

图 3.4 (a) Ce(0.9%)-nano-MoO$_3$(6%)/ZSM-5、

(b) Ce(0.9%)-con-MoO$_3$(6%)/ZSM-5、

和(c) Ce(0.9%)-syn-MoO$_3$(6%)/ZSM-5 催化剂的 SEM-Mapping 图

Ce（0.9%）-nano-MoO$_3$（6%）/ZSM-5、Ce（0.9%）-con-MoO$_3$（6%）/ZSM-5 和 Ce（0.9%）-syn-MoO$_3$（6%）/ZSM-5 的 TEM 图如图 3.5 所示。与常规的纯 ZSM-5 载体相比,负载型催化剂 Ce（0.9%）-nano-MoO$_3$（6%）/ZSM-5 和 Ce（0.9%）-con-MoO$_3$（6%）/ZSM-5 仍然保持规则的形状和均匀的尺寸,证实了两种负载后的 ZSM-5 催化剂仍然保持完整的 ZSM-5 结构。然而,在制备过程中 Ce（0.9%）-syn-MoO$_3$（6%）/ZSM-5 的形貌发生了变化。

0.2 μm

（a）

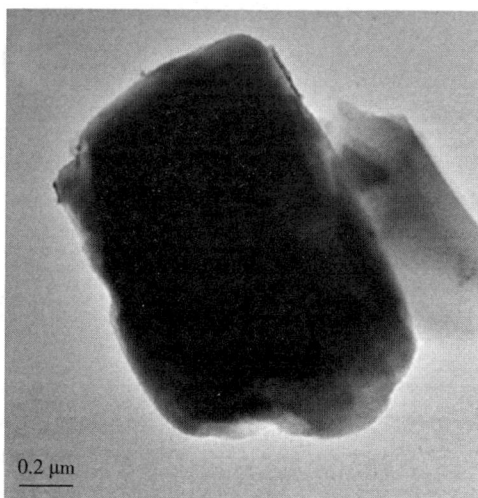

0.2 μm

（b）

（c）

图 3.5　（a）Ce（0.9%）-nano-MoO$_3$（6%）/ZSM-5（b）Ce（0.9%）-con-MoO$_3$（6%）/

ZSM-5 和（c）Ce（0.9%）-syn-MoO$_3$（6%）/ZSM-5 的 TEM 图

3.3.3　XPS 分析

为了获得有关催化剂表面 Ce 3d 和 Mo 3d 的信息,笔者利用 XPS 研究了 Ce（0.9%）-nano-MoO$_3$（6%）/ZSM-5、Ce（0.9%）-con-MoO$_3$（6%）/ZSM-5 和 Ce（0.9%）-syn-MoO$_3$（6%）/ZSM-5 3 种催化剂。图 3.6 分别为不同催化剂的 Ce 3d 和 Mo 3d 的 XPS 谱图。Ce（0.9%）-nano-MoO$_3$（6%）/ZSM-5、Ce（0.9%）-con-MoO$_3$（6%）/ZSM-5 和 Ce（0.9%）-syn-MoO$_3$（6%）/ZSM-5 催化剂的 Ce 3d XPS 谱图如图 3.6（a）所示,可以拟合成 8 个峰,标记为 v、v′、v″、v‴、u、u′、u″和 u‴。标记为 v、v″、v‴、u、u″和 u‴的峰归属于 Ce^{4+}物种,而标记为 v′和 u′的峰则归属于 Ce^{3+}物种。很明显在 Ce（0.9%）-nano-MoO$_3$（6%）/ZSM-5、Ce（0.9%）-con-MoO$_3$（6%）/ZSM-5 和 Ce（0.9%）-syn-MoO$_3$（6%）/ZSM-5 催化剂中 Ce^{4+}和 Ce^{3+}都存在。有文献报道,催化剂中存在 Ce^{3+}有利于脱硝效率的提高。Ce^{3+}有利于 NO 氧化成 NO$_2$,从而引发“快速 SCR”反应。在这些催化剂中表面 Ce^{3+}百分比按以下顺序排列:Ce（0.9%）-nano-MoO$_3$（6%）/ZSM-5（15.4%）＜ Ce（0.9%）-con-MoO$_3$（6%）/ZSM-5（26.8%）＜ Ce（0.9%）-5yn-

MoO$_3$(6%)/ZSM-5（36.5%）。因此，Ce(0.9%)-syn-MoO$_3$(6%)/ZSM-5 催化剂的 NH$_3$-SCR 活性是所有催化剂中最好的，Ce^{3+}/（Ce^{4+}+Ce^{3+}）的高相对百分含量能够产生更多的氧空位，从而提供优异的催化活性。

　　Ce(0.9%)-nano-MoO$_3$(6%)/ZSM-5、Ce(0.9%)-con-MoO$_3$(6%)/ZSM-5 和 Ce(0.9%)-syn-MoO$_3$(6%)/ZSM-5 的 Mo 3d XPS 谱图如图 3.6(b)所示。大约在 233.0 eV 和 236.2 eV 处的特征峰归属于 Ce(0.9%)-nano-MoO$_3$(6%)/ZSM-5 催化剂中的 Mo 3d$_{5/2}$ 和 Mo 3d$_{3/2}$。然而与 Ce(0.9%)-nano-MoO$_3$(6%)/ZSM-5 相比，Ce(0.9%)-con-MoO$_3$(6%)/ZSM-5 和 Ce(0.9%)-syn-MoO$_3$(6%)/ZSM-5 的结合能移动到高结合能处，表明 Mo 和 Al 的组合(Mo-O-Al)改变了 Mo 物种周围的化学环境。

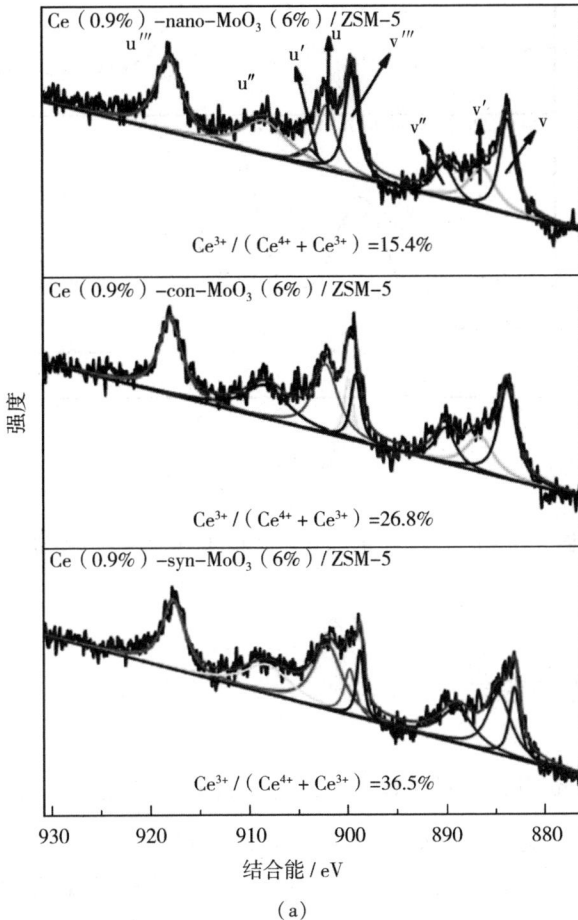

（a）

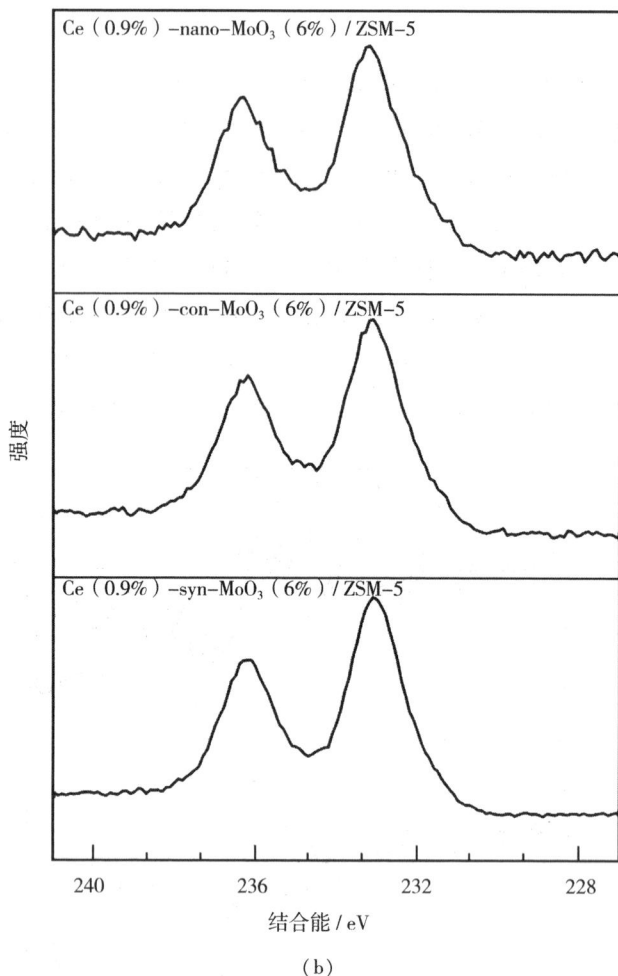

图 3.6　不同催化剂的(a) Ce 3d 和(b) Mo 3d 的 XPS 谱图

3.3.4　表面酸研究

　　酸位点在获得优异的 NH_3-SCR 脱硝催化剂中起着重要作用,它影响 NH_3 的吸附,同时优化生成 N_2 和 H_2O 的反应路径。笔者利用 NH_3-TPD 对所合成催化剂的表面酸性质进行了表征。图 3.7 描绘了 Ce 和 Mo 共掺杂 ZSM-5 样品的 NH_3-TPD 图。与报道的载体 H-ZSM-5 的 NH_3-TPD 相比,

Ce 和 Mo 共掺杂 ZSM-5 催化剂的 NH_3-TPD 图拟合后出现了一个新峰。在 Ce(0.9%)-syn-MoO_3(6%)/ZSM-5 图中观察到 3 个 NH_3 解吸峰(L、M 和 H),位于 178 ℃的特征峰归属于 Lewis 酸位点上物理吸附的 NH_3 物质和/或位于不可交换阳离子位点上的 NH_3,位于 238 ℃的特征峰归属于 NH_3 在中等酸性位点的解吸,位于 445 ℃的峰归属于强酸位点(Bronsted 酸性位点)上的强结合 NH_3。与其他催化剂相比,Ce(0.9%)-syn-MoO_3(6%)/ZSM-5 催化剂的 H 峰向更高的温度移动,表明酸性提高。此外,Ce(0.9%)-syn-MoO_3(6%)/ZSM-5 催化剂由于较小尺寸的 MoO_3 和 Bronsted 酸相互作用生成 Mo-O-Al,在一定程度上提高了催化剂的脱硝效率。

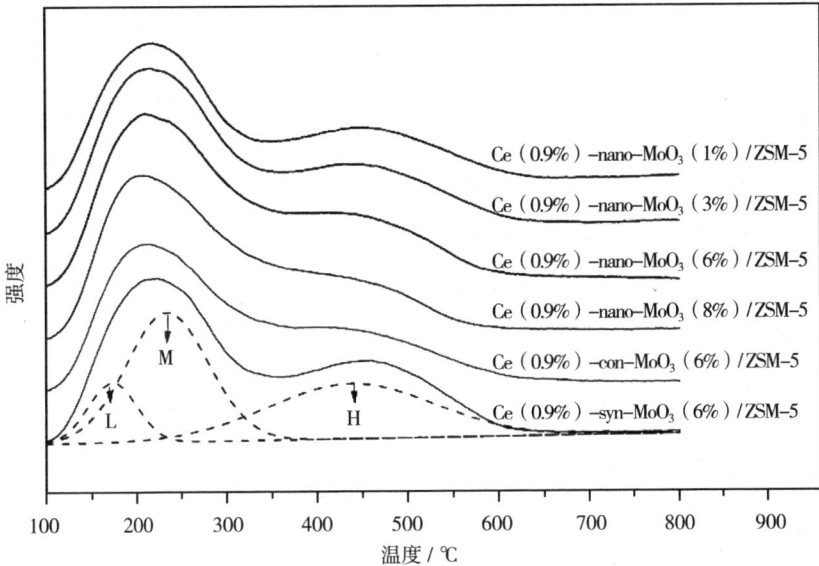

图 3.7　不同催化剂的 NH_3-TPD 曲线

3.4　本章小结

本章研究了 Ce 的不同负载量(0.9%~3.6%)、纳米 MoO_3 的不同负载量(1%~8%)、不同粒度的 MoO_3、不同制备方法(研磨+离子交换法、浸渍+离子交换法)对 SCR 性能的影响。结果表明,Ce 和纳米 MoO_3 的最佳负载量分别为 0.9% 和 6%，与研磨法和离子交换法相结合相比，浸渍法和离子交换法相结合制备的 Ce(0.9%)-syn-MoO$_3$(6%)/ZSM-5 催化剂表现出优异的催化活性，这是因为其具有较大尺寸的 MoO$_3$，不能很好地与 Bronsted 酸相互作用。此外，含量最高的 Ce^{3+} 加速了催化反应，从而改善催化活性。

第4章 N掺杂石墨烯包覆Cu、Co纳米粒子催化剂在NH₃-SCR中的性能研究

4.1 引言

在各种SCR脱硝催化剂中,含有孤立的Cu^{2+}和Co^{2+}的负载型Cu和Co材料作为催化剂备受关注。已经证明负载型Cu和Co催化剂在脱硝反应中是有效的。然而,很难确保Cu和Co物种的活性组分均匀分散在SCR脱硝催化剂的表面。

近年来,核壳材料在催化剂领域引起了越来越多的关注。关于反应物在NH₃-SCR中的扩散,具有介孔分子筛壳结构的核壳催化剂受到越来越多的关注。据报道Fe-Beta@SBA-15和Fe-ZSM-5@CeO₂-介孔二氧化硅在NH₃-SCR中表现出较高的抗硫性和优异的活性,这是因为介孔壳层促进了NO₂的氧化,并有助于反应物进入活性中心。此外,介孔分子筛CuSSZ-13@介孔铝硅酸盐由于水热稳定性的提高和孔扩散限制的减少而表现出良好的NH₃-SCR活性。在实际应用中,良好的水热稳定性是必不可少的。石墨烯的水热稳定性极高。此外,石墨烯还具有许多特性,如高电子迁移率和弹性等,通常被认为是一种极好的导电材料。

有人用简单的两步法制备了含有氧化铁核和氮掺杂石墨烯壳层的核壳

催化剂,并研究了其对 N 杂环氧化脱氢的性能。通过金属有机骨架直接退火包覆在石墨烯中的钴合金 FeCo 和 FeCoNi 被认为是析氢反应(HER)和析氧反应(OER)的优良催化剂。核壳结构可以有效防止活性组分团聚,同时它不仅可以防止活性中心因 NH_4HSO_4 的沉积而中毒,而且还可以抑制活性组分的硫化。因此,核壳结构催化剂在 SCR 中表现出较高的脱硝活性和良好的抗硫性。与纯 CuO 和 $Cu_3(BTC)_2$ 相比,原位生长法制备的以 CuO 为核心、$Cu_3(BTC)_2$ 为壳层的 CuO@Cu-MOF 由于具有大量的 Bronsted 酸中心和大量吸附的 NO_x 中间物种,在低温下表现出较好的脱硝效率。

为了克服上述困难,在本章中笔者通过简单的直接煅烧法合成了 N 掺杂石墨烯包裹的核壳纳米粒子,研究了以石墨烯为壳、铜钴纳米粒子为核的核-壳复合材料(Cu@N-Gr 和 Co@N-Gr)的制备及其对 NH_3-SCR 的催化活性,以及所合成催化剂的抗硫性。

4.2　实验部分

本章采用直接煅烧法制备了石墨烯包覆铜或钴纳米颗粒的核壳催化剂,如图 4.1 所示。首先向 5 mmol 8-羟基喹啉(8-Q)和 50 mL THF 的溶液中加入一定量的 $Cu(CH_3COO)_2 \cdot H_2O$ 水溶液,混合物回流 2 h,然后将沉淀物过滤,用大量乙醇洗涤,在真空中干燥。最后,将得到的固体在不同温度(600 ℃、700 ℃、800 ℃和900 ℃)N_2 中煅烧 2 h,产物标记为 Cu@N-Gr-X(其中,X=600、700、800 和 900)。在此基础上,以 $Co(CH_3COO)_2 \cdot 4H_2O$ 和 8-Q 为前驱体,800 ℃下对 Co-8-Q 进行处理,得到了石墨烯包覆的 Co 纳米粒子,并将其标记为 Co@N-Gr-800。分别用尿素、$Co(CH_3COO)_2 \cdot 4H_2O$ 或 $Cu(CH_3COO)_2 \cdot H_2O$ 和石墨烯载体或活性炭制备了 N 掺杂石墨烯(Gr)和 N 掺杂活性炭(AC)负载的铜或钴纳米粒子(Cu-N-Gr、Co-N-Gr、Cu-N-AC 和 Co-N-AC)。

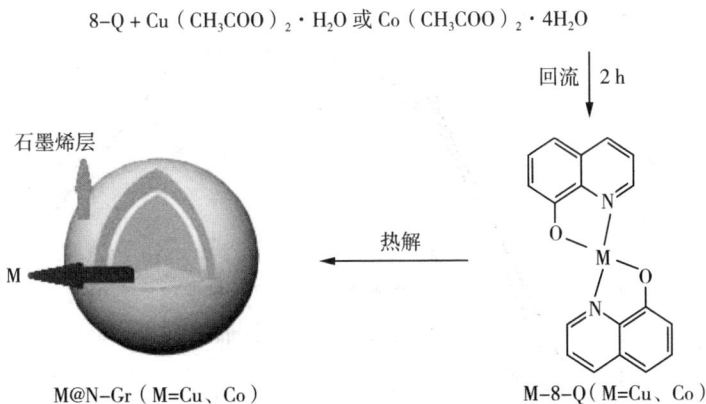

$$8\text{-}Q + Cu（CH_3COO）_2 \cdot H_2O \text{ 或 } Co（CH_3COO）_2 \cdot 4H_2O$$

回流 ↓ 2 h

石墨烯层

热解

M

M@N–Gr（M=Cu、Co）

M–8–Q（M=Cu、Co）

图 4.1　N 掺杂石墨烯包覆铜、钴纳米粒子的

核壳结构催化剂（Cu@N–Gr 和 Co@N–Gr）的合成

4.3　结果与讨论

4.3.1　NH₃-SCR 性能及 SO₂ 的影响

在 NH₃-SCR 反应中,Cu@N-Gr 和 Co@N-Gr-800 的 NO$_x$ 还原效率和 N₂ 选择性如图 4.2 和图 4.3 所示,可以明显看出所有的催化剂都具有活性。同时,在 100～350 ℃下 Cu@N-Gr-800 和 Co@N-Gr-800 的 N₂ 选择性超过 99.9%。此外,笔者还研究了不同煅烧温度对 Cu@N-Gr 催化剂 SCR 活性的影响,结果如图 4.2(a)所示。在 200～350 ℃范围内,随着煅烧温度的升高, Cu@N-Gr 催化剂的 NO$_x$ 转化率先升高后降低。在 200～350 ℃的宽操作温度范围内,Cu@N-Gr-800 催化剂表现出了优异的催化性能(NO$_x$ 转化率超过 89%),这说明最佳的煅烧温度为 800 ℃。Co@N-Gr-800 催化剂在反应温度为 200 ℃和 300 ℃中的 NO$_x$ 转化率分别为 79.1% 和 84.5%(图 4.3),其活性低于 Cu@N-Gr-800。

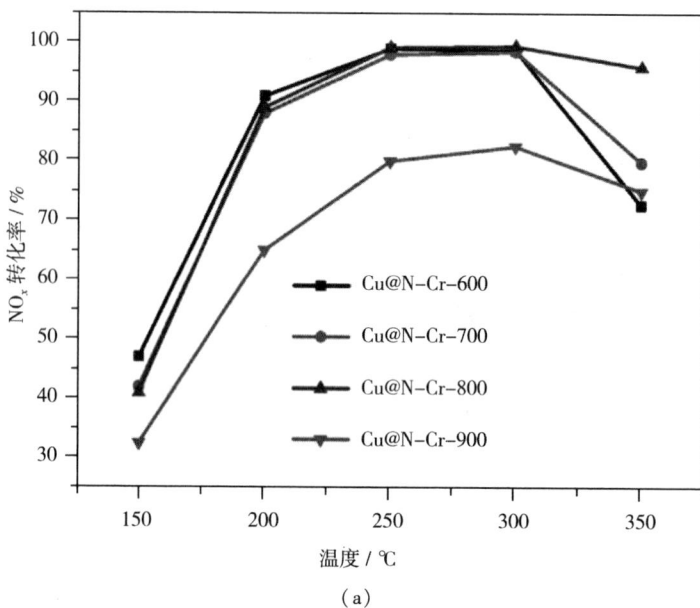

（a）

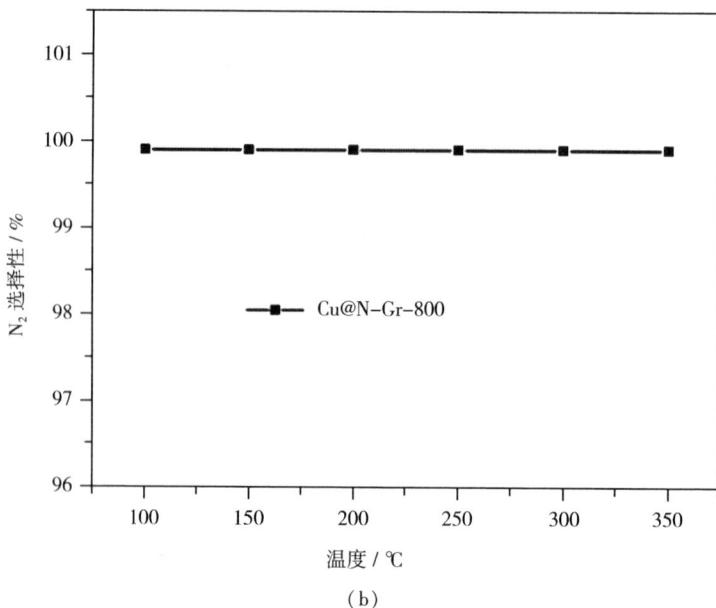

（b）

图 4.2 （a）Cu@ N-Gr-600、Cu@ N-Gr-700、Cu@ N-Gr-800、

Cu@ N-Gr-900 的 NH_3-SCR 活性；（b）Cu@ N-Gr-800 在不同温度下的 N_2 选择性

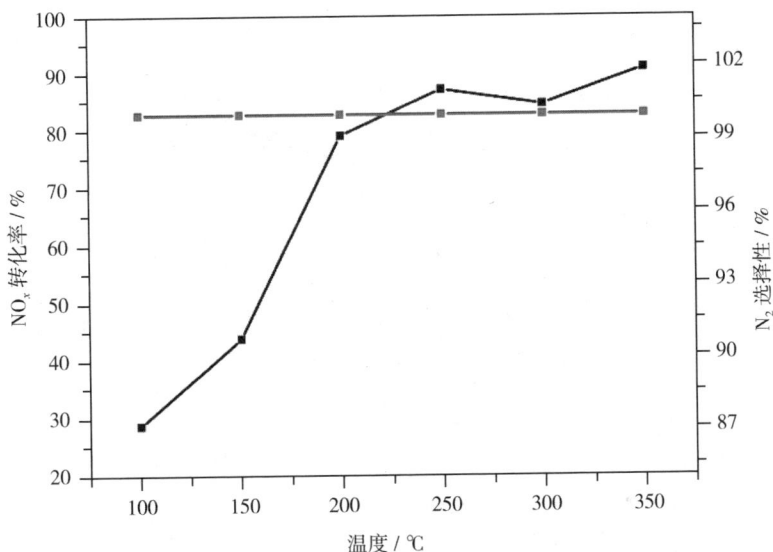

图 4.3　催化剂 Co@ N-Gr-800 的 NH$_3$-SCR 活性和 N$_2$ 选择性

　　笔者通过 ICP 对催化剂 Cu@ N-Gr-800 和 Co@ N-Gr-800 中的金属含量进行了测试。结果表明，Cu 的含量（0.031 mol · g^{-1}）低于 Co（0.318 mol · g^{-1}）的含量。而 Cu@ N-Gr-800 和 Co@ N-Gr-800 的转化频率（TOF）分别为 1315 mmol · mol^{-1} · h^{-1} 和 128 mmol · mol^{-1} · h^{-1}。这一现象可以用 SCR 活性主要与催化剂的氧化还原性质有关的事实来解释。此外，与碳载体（AC 和 Gr）负载的 Cu 或 Co 纳米粒子催化剂相比（图 4.4），核壳结构催化剂 Cu@ N-Gr-800 表现出优异的 NO$_x$ 转化率，这是因为石墨烯壳层能有效阻止 Cu 纳米粒子的聚集，使活性中心高度分散。

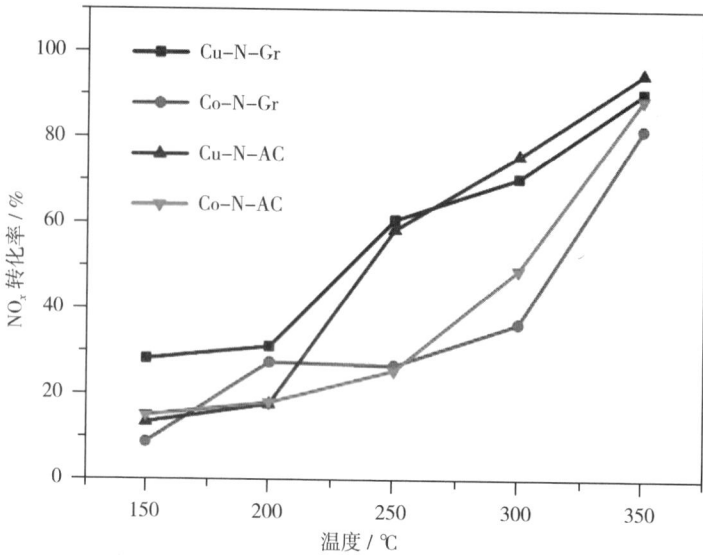

图 4.4　Cu-N-Gr、Co-N-Gr、Cu-N-AC 和 Co-N-AC 的 NH_3-SCR 活性

　　笔者还测定了 Cu@N-Gr-800 和 Co@N-Gr-800 在 NH_3-SCR 中不同反应温度和时间下的 SO_2 耐受性，如图 4.5 所示。在 SO_2 存在下，Cu@N-Gr-800 在反应温度为 250 ℃ 上下 NO_x 转化率均略有下降，如图 4.5（a）所示。然而，引入 SO_2 后 Co@N-Gr-800 催化剂在 100~250 ℃ 范围内 NO_x 的转化率较低，250 ℃ 之后逐渐升高。结果表明，NH_4HSO_4 在催化剂表面沉积，低温时阻碍和破坏了 Cu 和 Co 纳米颗粒的活性中心，这是催化剂失活的原因。在高温时 NH_4HSO_4 分解，催化剂在高温下的催化性能几乎没有变化。此外，催化剂在 SO_2 存在下的失活程度似乎与温度和时间有关，如图 4.5（b）和图 4.5（c）所示。其中，Cu@N-Gr-800 和 Co@N-Gr-800 分别在 200 ℃ 和 350 ℃ 下通入 100 ppm SO_2 的时间为 10 h。然后关闭 SO_2，反应继续进行 2 h，随着 SO_2 的引入，Cu@N-Gr-800 的 NO_x 转化率急剧下降，从最初的 89% 降至 55.6%，在 200 ℃ 下反应 3 h 后保持稳定。在 350 ℃ 随着反应时间的延长，催化剂活性从 90.9% 逐渐增加到 98.8%，这是硫酸氢盐在高温下分解所致。此外，当关闭 SO_2 时，SCR 活性在反应温度分别为 200 ℃ 和 350 ℃ 时基本保持不变。Co@N-Gr-800 催化剂在抗硫方面也能达到同样的效果。

因此,在较宽的温度范围内,Cu@ N-Gr-800 表现出比 Co@ N-Gr-800 更好的抗硫性。随着反应时间的延长,Cu@ N-Gr-800 和 Co@ N-Gr-800 在高温下表现出优异的抗硫性。

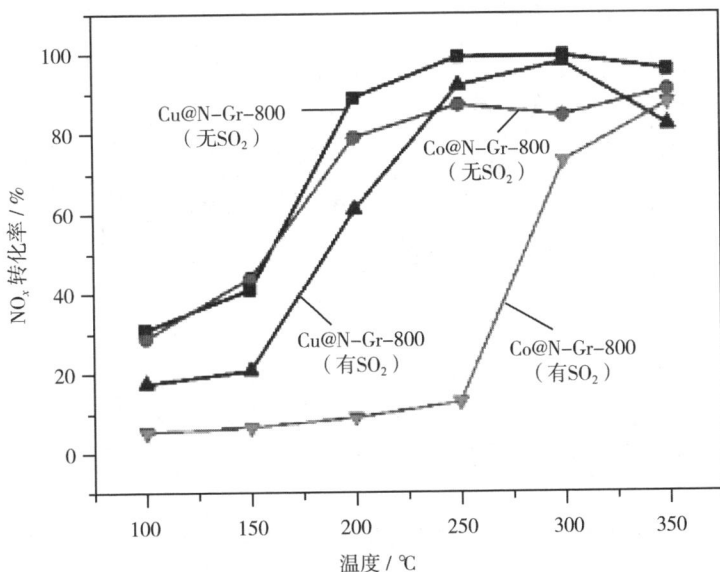

（a）

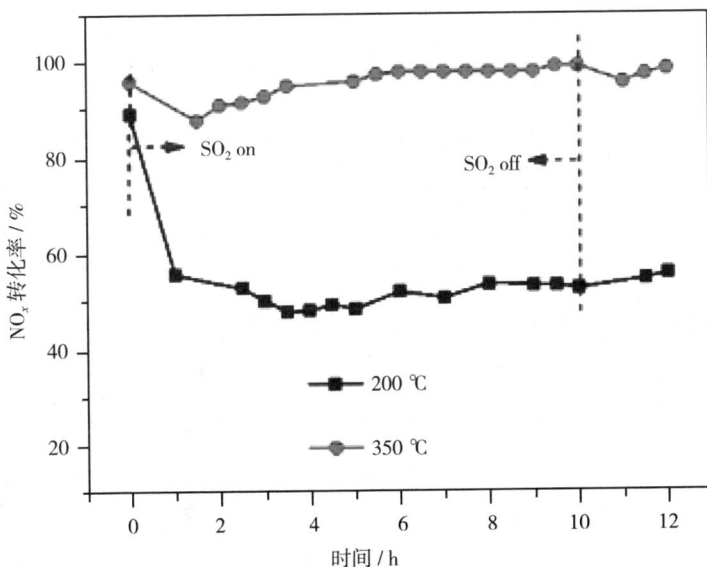

（b）

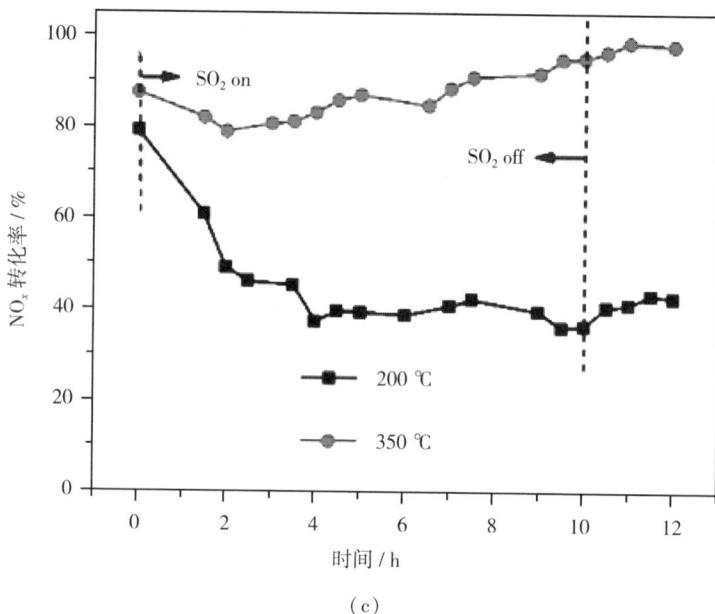

（c）

图 4.5　（a）不同反应温度下 SO$_2$ 对不同催化剂 NO$_x$ 转化率的影响；（b）Cu@ N-Gr-800
和（c）Co@ N-Gr-800 在反应温度为 200 ℃和 350 ℃不同反应时间下 SO$_2$ 对 NO$_x$ 转化率的影响

4.3.2　结构和成分表征

图 4.6 为不同温度下煅烧的新鲜催化剂和使用后的催化剂 Cu@ N-Gr 和 Co@ N-Gr 的 XRD 图谱。如图 4.6（a）和图 4.6（b）所示，600 ℃和 800 ℃热解后的催化剂 Cu@ N-Gr 在 43.3°、50.4°、74.1°处的特征衍射峰归属于金属铜的（111）、（200）和（220）晶面。此外，在 25.7°处观察到了宽且弱的特征峰，表明形成了石墨碳。如图 4.6（c）所示，在 Co@ N-Gr 催化剂的 XRD 中观察到的衍射峰归属于金属 Co 的（201）、（105）、（401）和（512）晶面，而石墨碳的衍射峰由于金属 Co 的峰强度较强而消失。结果表明，Cu-8-Q 和 Co-8-Q 分别成功地转化为 Cu@ N-Gr-800 和 Co@ N-Gr-800。此外，没有同时出现金属氧化物的峰，这是因为纳米颗粒粒径小且分布均匀。对于新鲜的催化剂来说，很难区分金属氧化物，但我们可以通过结合其他特征来研究。在 100～350 ℃温

度范围内,对于不存在 SO_2 反应后的 Cu@ N-Gr-800 催化剂,没有观察到金属 Cu 和 CuO 的特征峰,如图 4.6(e) 所示,表明壳层转变为无定形碳。在 $100 \sim 350$ ℃ 的温度范围内,对于不存在 SO_2 反应后的 Co@ N-Gr-800 催化剂出现了除了金属 Co 之外的其他的特征峰,这是 Co_3O_4 的特征峰,如图 4.6(d) 所示,表明催化剂的表面被部分氧化,纳米颗粒的聚集导致尺寸变大。

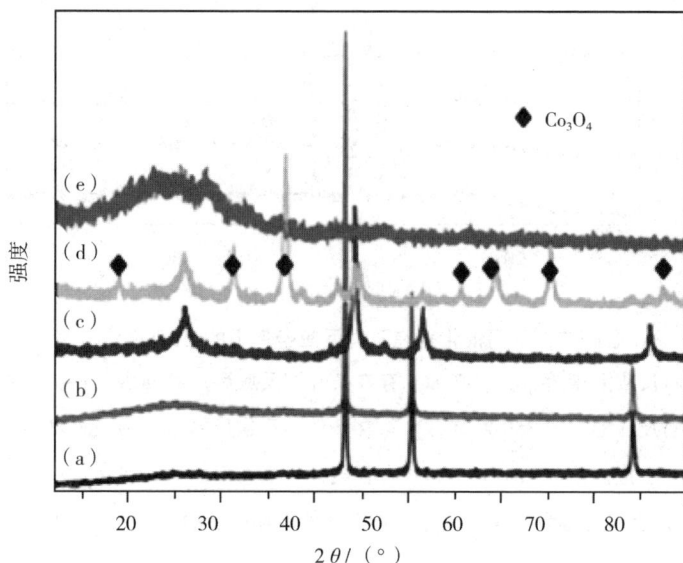

图 4.6 在 100~350 ℃温度范围内不同催化剂的 XRD 图谱
(a)新鲜的 Cu@ N-Gr-600;(b)Cu@ N-Gr-800;(c)Co@ N-Gr-800;
(d)使用过的 Co@ N-Gr-800 和(e)Cu@ N-Gr-800

如图 4.7(a) 和图 4.7(b) 所示,这些特征峰表明催化剂中金属 Cu 和 CuO 共存。此外,反应温度为 200 ℃ 时,在 SO_2 存在下反应后的催化剂 Co@ N-Gr-800 中只观察到金属 Co 的特征峰,如图 4.7(c) 所示。然而,反应温度为 350 ℃ 时在 SO_2 存在下反应后的催化剂 Co@ N-Gr-800 中只出现了 Co_3O_4 特征峰,如图 4.7(d) 所示,这是因为所有的 Co 都在长时间高温下被氧化了,并且纳米颗粒的聚集导致了大尺寸物质的出现。

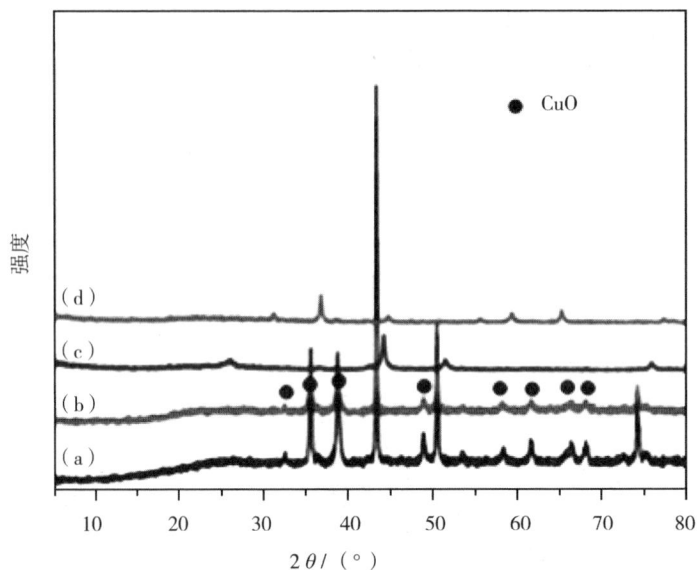

图 4.7   不同催化剂在不同反应条件下的 XRD 图谱

（a）反应温度为 200 ℃在 SO_2 存在条件下反应后的 Cu@N-Gr-600；

（b）反应温度为 350 ℃在 SO_2 存在条件下反应后的 Cu@N-Gr-800；

（c）反应温度为 200 ℃在 SO_2 存在条件下反应后的 Co@N-Gr-800；

（d）反应温度为 350 ℃在 SO_2 存在条件下反应后的 Co@N-Gr-800

图 4.8 为催化剂 Cu@N-Gr-800 和 Co@N-Gr-800 的 TEM 和 HRTEM 图。从图 4.8（a）和图 4.8（b）中可以明显看出 Cu 和 Co 纳米粒子分散均匀，表明 Cu@N-Gr-800 和 Co@N-Gr-800 具有较高的 SCR 活性。如图 4.8（c）和图 4.8（d）所示，图像清楚地验证了金属纳米颗粒核心被石墨烯层壳包围，Cu@N-Gr-800 和 Co@N-Gr-800 的石墨烯壳层厚度分别为 4.840 nm 和 3.481 nm，分别对应于 13 层和 9 层。此外，在 HRTEM 图中测得 Cu@N-Gr-800 和 Co@N-Gr-800 的晶面间距分别为 0.183 nm 和 0.205 nm，对应于 Cu 的（200）晶面和 Co 的（220）晶面。

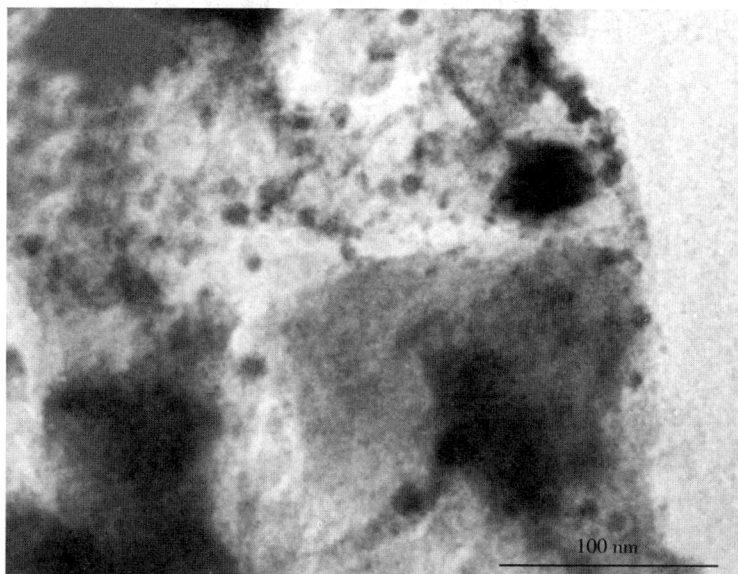

100 nm

（a）

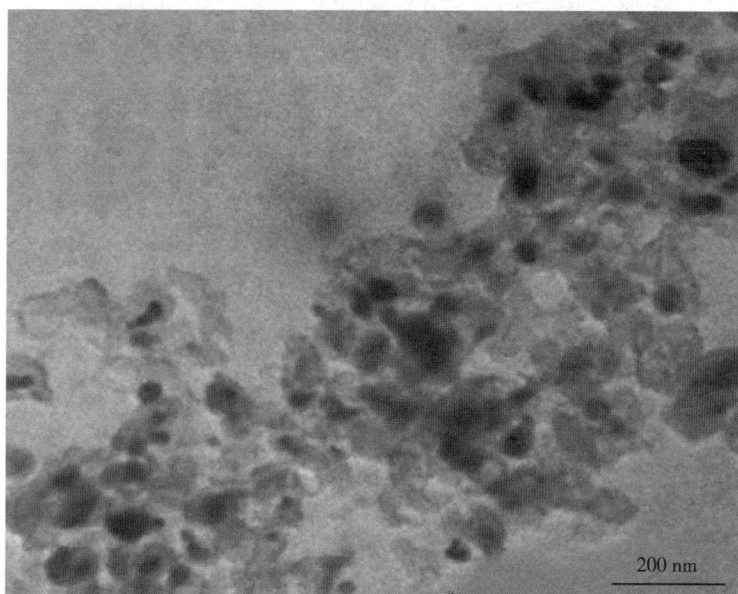

200 nm

（b）

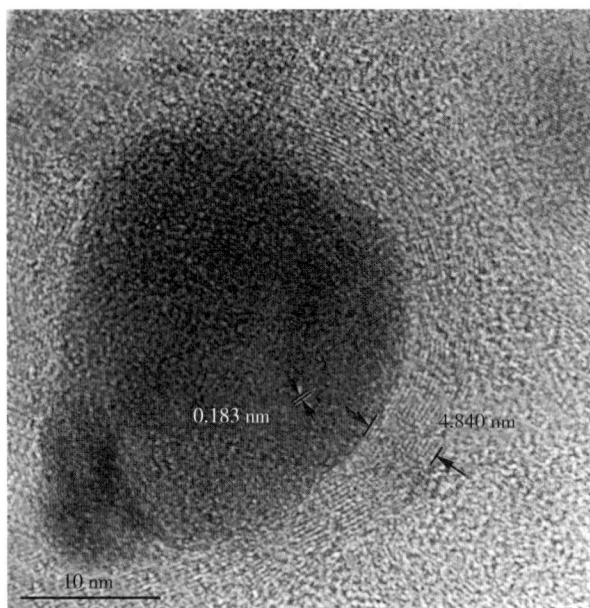

（c）

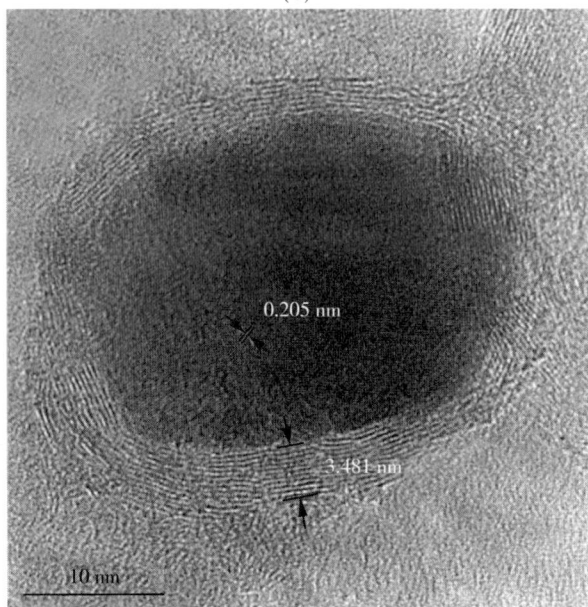

（d）

图 4.8　（a）Cu@ N-Gr-800 和（b）Co@ N-Gr-800 的 TEM 图；
（c）Cu@ N-Gr-800 和（d）Co@ N-Gr-800 的 HRTEM 图

表 4.1 列出了 Cu@ N-Gr-800 和 Co@ N-Gr-800 的比表面积和平均孔径。结果表明,Cu@ N-Gr-800 的比表面积小于 Co@ N-Gr800 的比表面积,但催化效果正好相反,说明影响催化剂催化性能的因素很多。

表 4.1　Cu@ N-Gr-800 和 Co@ N-Gr-800 的比表面积和平均孔径

催化剂	比表面积/ (m² · g⁻¹)	平均孔径/nm
Cu@ N-Gr-800	<5	4.1
Co@ N-Gr-800	174	4.2

图 4.9 为配体 8-Q、前驱体、Cu@ N-Gr-800 以及 Co@ N-Gr-800 的 FT-IR。8-Q 的光谱在 3094 cm^{-1}、1205 cm^{-1}、1579 cm^{-1}、1375 cm^{-1} 和 1099 cm^{-1} 处出现特征谱带,分别归属于—OH、C=N、C—N 和 C—O。与配体 8-Q 相比,Cu-8-Q 和 Co-8-Q 配合物中的这些特征峰发生了蓝移,如图 4.9(b)和图 4.9(c)所示,表明 8-Q 与 Cu 和 Co 发生了配位。Cu@ N-Gr-800 和 Co@ N-Gr-800 的 FT-IR 中在 1625 cm^{-1}、1585 cm^{-1}、1379 cm^{-1} 和 1128 cm^{-1} 的谱带归属于 C=O、C—O、C=C 和 C—C,如图 4.9(d)和图 4.9(e)所示,表明石墨碳是由 Cu-8-Q 和 Co-8-Q 前驱体热解形成的。

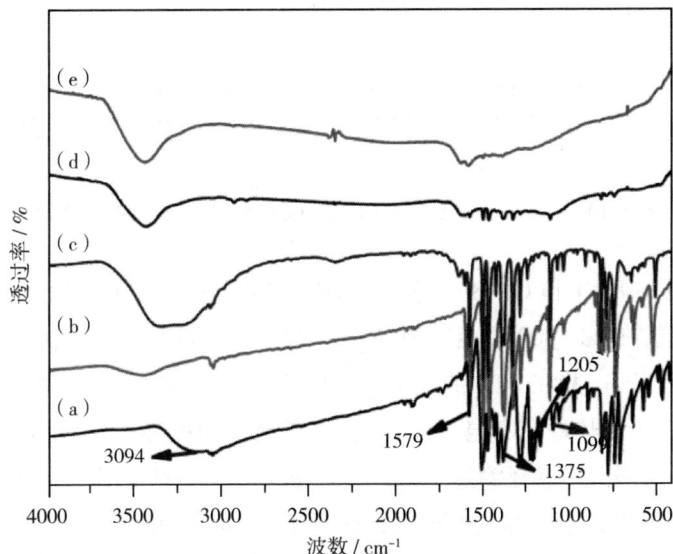

图 4.9　(a) 8-Q、(b) Cu-8-Q、(c) Co-8-Q、(d) Cu@ N-Gr-800
和(e) Co@ N-Gr-800 的 FT-IR

　　笔者还利用拉曼光谱研究了 Cu@ N-Gr-800 和 Co@ N-Gr-800 的有序/无序结构,如图 4.10 所示。Cu@ N-Gr-800 在 1357 cm^{-1} 和 1592 cm^{-1} 处的谱带可分别归因于缺陷和无序碳的 D 带和有序的 sp^2 碳的 G 带,如图 4.10(a)所示。与 Cu@ N-Gr-800 相比,Co@ N-Gr-800 相对较强的 D 带和 G 带的移动证实了小部分无序石墨烯薄片发生了堆叠,如图 4.10(b)所示。此外,石墨烯拉曼光谱中最显著的特征峰的 2D 形状可以用来判断石墨烯的层数。Cu@ N-Gr-800 的谱带在 2500~3000 cm^{-1} 范围内有一个较宽的 2D 峰,表明成功地制得了多层石墨烯。与 Cu@ N-Gr-800 相比,Co@ N-Gr-800 的 2D 峰位移表明得到的石墨烯层数较少。

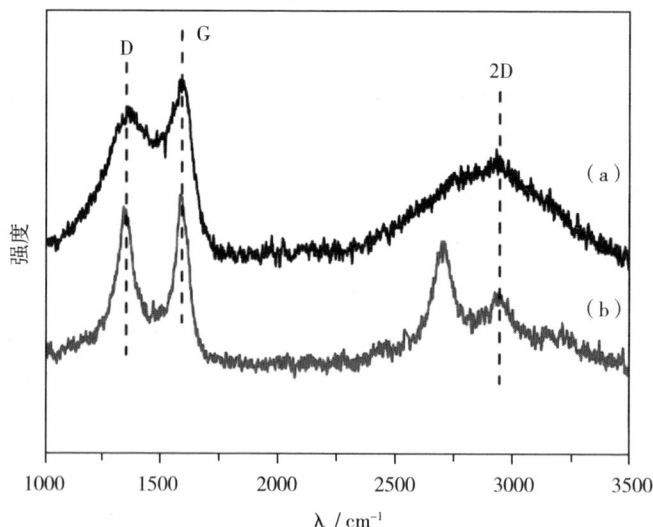

图 4.10　(a)Cu@ N-Gr-800 和(b)Co@ N-Gr-800 的拉曼光谱

　　8-Q、Cu-8-Q 和 Co-8-Q 的 TG/DTA 曲线如图 4.11 所示。对于 8-Q 的热重曲线,在 20~900 ℃ 范围内,N$_2$ 下的两步失重归因于有机配体 8-Q 的物理吸附和分解,并在 DTA 曲线上分别伴随着两个明显的放热峰。Cu-8-Q 和 Co-8-Q 的放热峰向高温方向移动,清楚地表明配体 8-Q 与金属配位形成配合物。此外,笔者还测定了 Cu-8-Q 和 Co-8-Q 中的碳、氢、氮、铜和钴的含量(未列出),进一步表明成功地合成了 Cu-8-Q 和 Co-8-Q。

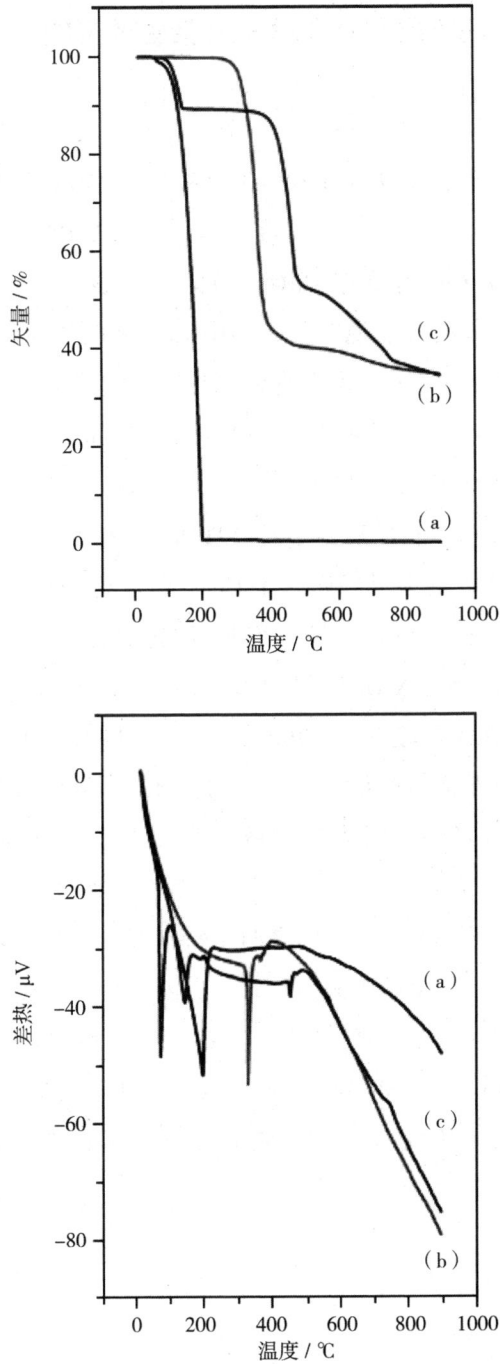

图 4.11　(a) 8-Q、(b) Cu-8-Q 和 (c) Co-8-Q 的 TG/DTA 图

4.3.3 催化剂的组成和酸性对 SCR 活性的影响

为了确定化学价态,笔者测试了铜、钴、氮、氧的 XPS 谱和 Cu LMM 谱,如图 4.12 所示。在 934.1 eV 和 954.1 eV 处的特征峰分别归属于 Cu $2p_{3/2}$ 和 Cu $2p_{1/2}$,如图 4.12(a)所示。此外,在 942.7 eV 处观察到一个卫星峰,证实了 Cu^{2+} 存在于 Cu@N-Gr-800 表面。位于 931.9 eV 和 951.8 eV 的 Cu 2p 结合能说明催化剂中 Cu^0 和 Cu^{1+} 共存。然而,仅基于 XPS 很难区分 Cu^0 和 Cu^{1+},因为它们的结合能非常接近。因此,为了区分 Cu^0 和 Cu^{1+} 笔者进行了俄歇 Cu LMM 测试,如图 4.12(b)所示。在 568.2 eV 和 569.9 eV 处可以观察到特征峰,说明催化剂中 Cu^0 和 Cu^{1+} 共存。在图 4.12(c)中观察到了约 781.9 eV 和 803.7 eV 处的特征峰以及约 787.0 eV 处的卫星峰归属于 Co^{2+},而在约 780.5 eV 和 796.7 eV 处出现的特征峰归属于 Co^0。结果表明,催化剂表面与吸附的 O_2 相互作用导致部分氧化,这与 XRD 结果一致。N 1s 谱峰的拟合表明,Cu@N-Gr-800 催化剂中存在吡啶 N(397.9 eV)、吡咯 N(399.2 eV)、四元 N(400.6 eV)和石墨质 N(403.1 eV),如图 4.12(d)所示。由于 N 与金属的相互作用,这 4 种不同 N 物种的结合能发生了移动。对于图 4.12(e)中的 O 1s 峰,也适用于类似的拟合过程。在图 4.11(e)中可以明显看出在 531.0 eV 和 532.6 eV 处有两个特征峰,分别归属于 Cu@N-Gr-800 的晶格氧(O_β)和化学吸附氧(O_α)。Co@N-Gr-800 也得到了类似的结果。根据峰面积计算,Cu@N-Gr-800 和 Co@N-Gr-800 中 $O_\alpha/(O_\alpha+O_\beta)$ 分别为 37.8% 和 65.9%。O_α 有利于 NO 氧化成 NO_2,导致快速的 NH_3-SCR。因此,由于 O_α 具有较高的迁移率,与 O_β 相比,它可以提高低温活性。

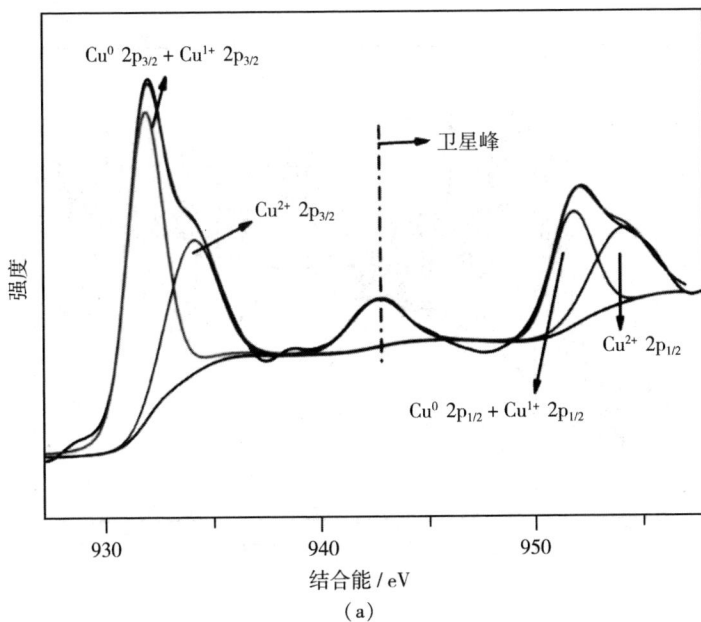

（a）

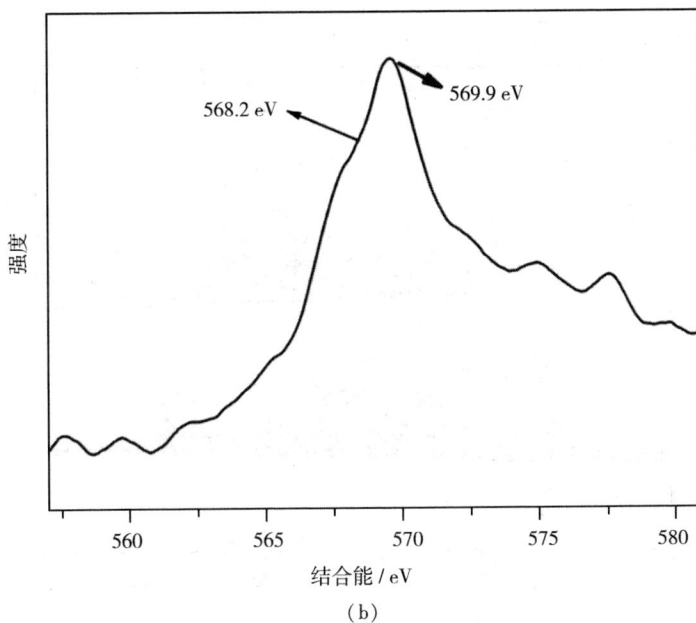

（b）

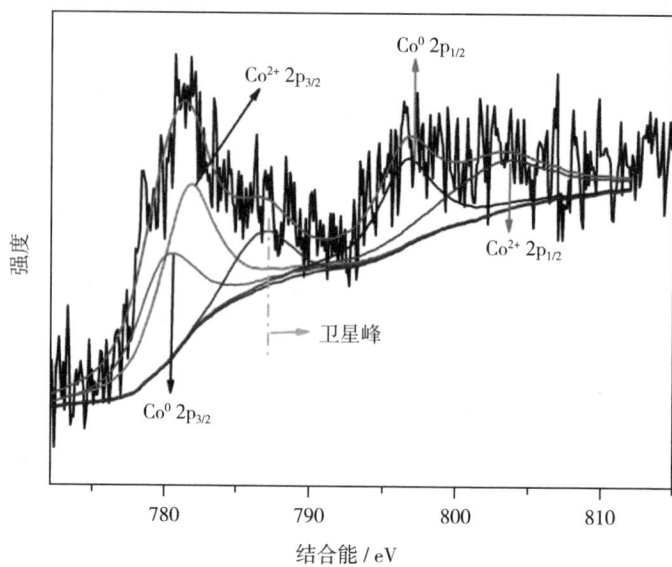

（c）

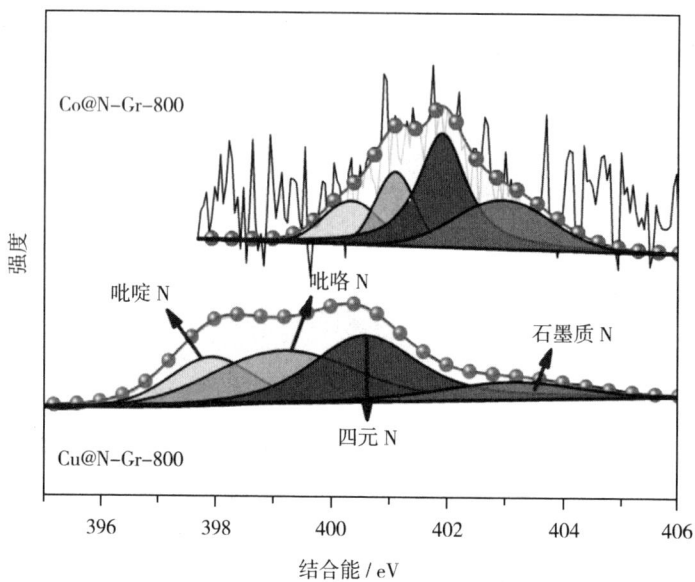

（d）

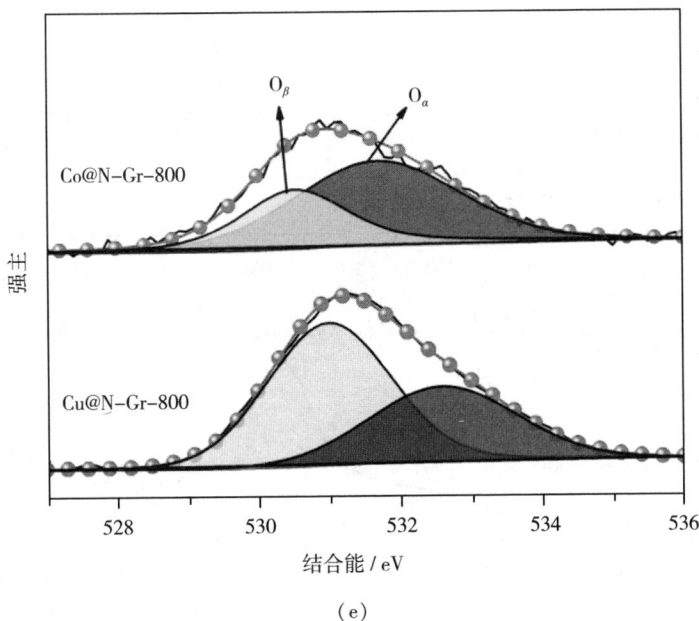

（e）

图 4.12　Cu@ N-Gr-800 的（a）Cu-XPS 谱图和（b）Cu LMM 谱图；

（c）Co@ N-Gr-800 的 Co XPS 谱图；

（d）Cu@ N-Gr-800 和 Co@ N-Gr-800 的 N 谱和（e）O 谱

如图 4.13 所示,在 NH₃-TPD 图中 Co@ N-Gr-800 和 Cu@ NGr-800 在高温下观察到一个明显的宽 NH₃ 脱附峰,归因于 NH₃ 从酸性中心的脱附。根据脱附峰面积计算了 Co@ N-Gr-800 和 Cu@ N-Gr-800 的酸量,酸量大小顺序为:Co@ N-Gr-800（11 mmol · g⁻¹）<Cu@ N-Gr-800（24 mmol · g⁻¹）。此外,根据 CuO 和 Co₃O₄ 的 NH₃-TPD 图（未列出）得知,CuO 和 Co₃O₄ 的酸量分别为 102 mmol · g⁻¹ 和 35 mmol · g⁻¹。NH₃-TPD 结果表明,CuO 和 Co₃O₄ 被壳层包围。此外,与 Co@ N-Gr-800 相比,Cu@ N-Gr-800 催化剂具有更多的酸中心。

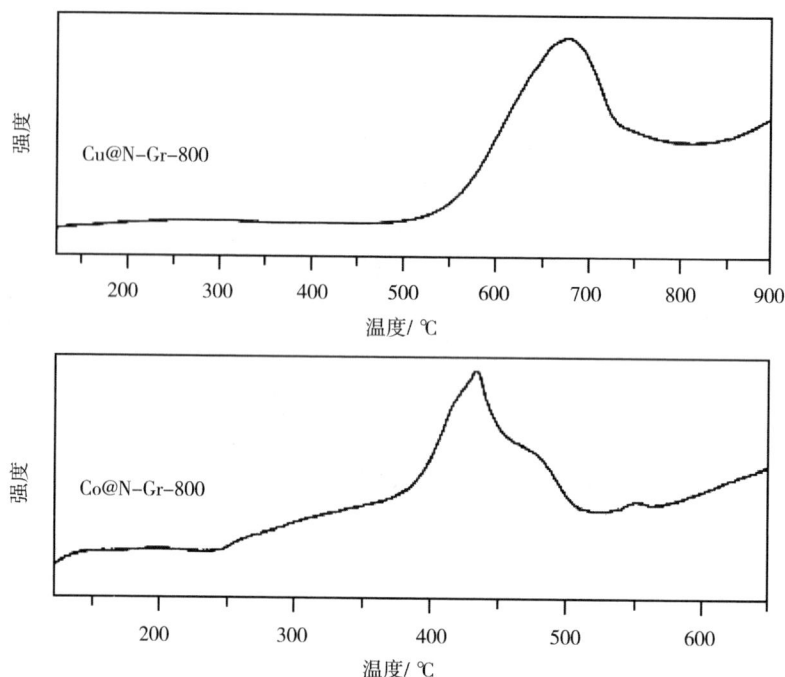

图 4.13 Cu@ N-Gr-800 和 Co@ N-Gr-800 的 NH₃-TPD 图

图 4.14 为 Cu@ N-Gr-800 和 Co@ N-Gr-800 样品的 H_2-TPR 图。Cu@ N-Gr-800 的还原峰出现在较低温度(<350 ℃),对应于 $Cu^{2+} \rightarrow Cu^{1+} \rightarrow Cu^0$ 的还原。与文献报道的铜相比,将铜纳米颗粒包覆在石墨烯催化剂中后,铜的还原温度降低,这表明铜纳米颗粒与石墨烯之间的协同作用提高了催化剂的氧化还原能力,从而促进了 NH_3-SCR 的性能。Co@ N-Gr-800 的峰位明显向高温方向移动,表明还原性能变差。然而,在 597 ℃ 处观察到了与大尺寸铜的还原有关的弱而宽的峰。Co@ N-Gr-800 在 554 ℃ 处的峰变得更加尖锐。以上结果表明,小颗粒 CuN-Gr-800 具有较好的还原性能,这与 NH_3-SCR 催化剂较高的催化活性相吻合。

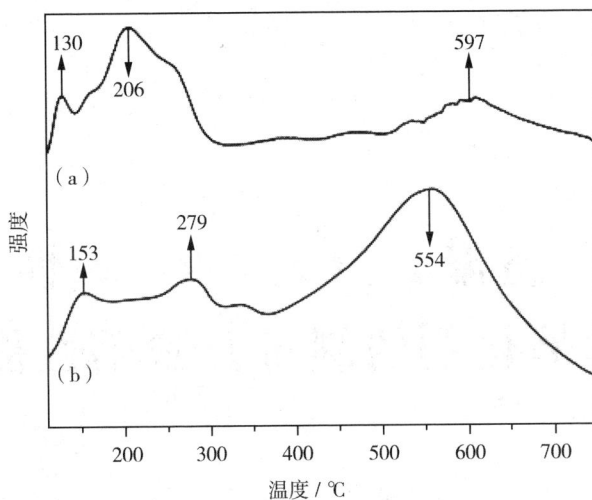

图 4.14　(a) Cu@ N-Gr-800 和 (b) Co@ N-Gr-800 的 H$_2$-TPR 图

4.4　本章小结

　　本章成功地合成了具有铜、钴纳米粒子核和石墨烯壳层结构的新型核壳材料(分别记为 Cu@ N-Gr 和 Co@ N-Gr)。Cu@ N-Gr 在 200~350 ℃ 的宽温度范围内的 NH$_3$-SCR 中 NO$_x$ 转化率超过 89%。与 Co@ N-Gr 相比，Cu@ N-Gr 具有更高的表面酸位，更好的吸附 NO$_x$ 物种的能力和更强的氧化还原能力，因此表现出优异的催化活性。此外，高温使生成的 NH$_4$HSO$_4$ 减少，因此 Cu@ N-Gr 具有良好的耐硫性能。

第 5 章　宽温 $Fe_x Ce_{1-x} VO_4$ 改性 TiO_2－石墨烯催化剂的制备及脱硝性能研究

5.1　引言

　　NH_3 选择性催化还原 NO_x（NH_3-SCR）是降低 NO_x 排放最常用的方法之一。V-W-Ti 催化剂在 300～400 ℃ 温度范围内具有良好的 NO_x 去除效率，已在 NH_3-SCR 装置上得到了工业应用，但目前还存在以下缺点：(1) 在高温下产生有毒的 N_2O，由于熔点低而排放有毒的 V 物种。(2) 在低温下活性较差。此外，在低温下存在 SO_2 时，硫酸铵/硫酸氢铵和金属硫酸盐的沉积会阻碍和破坏催化剂的活性中心。从工业发展和环境保护的角度来看，阻碍了它们进一步的广泛应用。因此，人们致力于消除这些有害因素，如开发低温下的高抗硫抗水催化剂，开发宽窗口温度催化剂。

　　与传统的钒系催化剂相比，低成本的钒酸盐具有良好的热稳定性和环境友好性，也引起了人们的广泛关注。特别是 $FeVO_4$ 基和 $CeVO_4$ 基催化剂在 NH_3-SCR 中表现出较好的催化活性。贺鸿课题组研究发现，$FeVO_4/TiO_2$ 在中温下表现出优异的 NH_3-SCR 活性和抗硫/水性。钒原子配位数较低的 Fe^{3+}—O—V^{5+} 键的生成有利于反应物的吸附和活化，从而提高了催化活性。Fe^{3+} 和 V^{5+} 之间的电子诱导效应可以有效减少 NH_3 的非选择性氧化，从而在高温下获得良好的 N_2 选择性。已有研究表明，$FeVO_4/TiO_2$-WO_3-SiO_2 催化剂在 NH_3-SCR 中具有良好的催化活性，在 246～476 ℃ 温度范围内，NO_x 转化率可达 90%，N_2 选择性好，抗硫/水性强。$FeVO_4$ 微晶尺寸小导致 $FeVO_4/TiO_2$-WO_3-SiO_2 催化剂具有较多的酸性中心、较强的氧化还原能力和较高的吸氧能力,从而使催化剂具有良好的脱硝效率。块状 $CeVO_4$ 催化剂由于低浓度 Ce^{4+} 物种稳定为 CeO_2 和块状 $CeVO_4$ 的共存而将 NO 氧化为 NO_2,从而获得了良好的性能。张登松课题组报道了 $Zr-CeVO_4/TiO_2$-NS 催化剂由于 NH_3-SCR 中存在较多的活性氧和 Bronsted 酸中心而提高了催化性能。此外,由于催化剂表面生成的硝酸盐和硫酸盐较少,还提高了催化剂的抗水性及抗硫性,但低温下的抗硫性并不理想。据报道,掺杂 Fe 的 $CeVO_4$ 在反应温度为 240 ℃时比 $CeVO_4$ 具有更强的抗硫性,这是因为 Fe 的引入显著阻止了 SO_2 的吸附进而减少了硫酸盐物种的形成。然而,仍然存在一些不可避免的问题,如宽窗口温度下 SO_2/H_2O 的耐受性等。

石墨烯是一种二维 sp^2 杂化碳,具有较高的比表面积、良好的稳定性和独特的结构,常被认为是理想的载体。此外,由于石墨烯具有良好的电子迁移率,通过电子的得失过程提高了氧化还原性能,从而增强了 SCR 活性。此外,改进的 Hummer 法制备的石墨烯中含有少量的 SO_4^{2-} 和亲水基团,从而提高了石墨烯对 H_2O 和 SO_2 的耐受性。有人对二氧化钛-石墨烯负载 CeO_x-MnO_x、石墨烯负载 MnO_x-CeO_2 以及石墨烯负载 N 掺杂 $CoFe_2O_4$ 进行了 NH_3-SCR 研究,它们均表现出优异的 SCR 性能。然而,Fe 掺杂 $CeVO_4$ 负载在二氧化钛-石墨烯上的研究尚未见报道。

本章制备了一系列以二氧化钛-石墨烯为载体的 Fe 掺杂 $CeVO_4$ 催化剂($Fe_xCe_{1-x}VO_4/TiO_2$-Ge),并将其应用于 NH_3-SCR。结合 XPS、H_2-TPR、NH_3-TPD 等表征手段,探讨了组成与 SCR 活性的关系。结果表明,所合成的 $Fe_{0.5}Ce_{0.5}VO_4/TiO_2$-Ge 催化剂在较宽的温度范围(200~400 ℃)内表现出良好的催化性能、N_2 选择性和抗硫/水性,这是由于石墨烯的疏水性以及 Fe 的引入提高了氧化还原活性、Ce^{3+} 的表面浓度和化学吸附氧。此外,所制得的催化剂还表现出了突出的稳定性。

5.2　实验部分

5.2.1　催化剂的制备过程

催化剂的制备如图 5.1 所示。

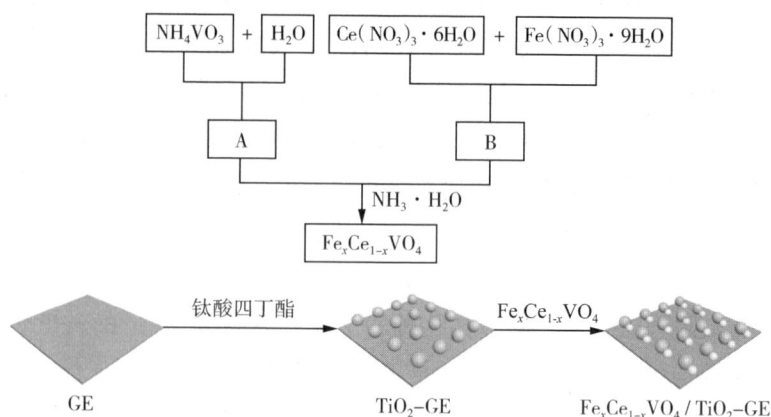

图 5.1　$Fe_xCe_{1-x}VO_4$ 改性二氧化钛-石墨烯催化剂的制备过程

5.2.2　$Fe_{1-x}Ce_xVO_4$ 的合成

通过共沉淀法合成了一系列 $Fe_{1-x}Ce_xVO_4$。将 5 mmol NH_4VO_3 溶解在 50 mL 去离子水中,在 80 ℃下猛烈搅拌,形成溶液 A。在室温下,将 $5x$ mmol $Ce(NO_3)_3 \cdot 6H_2O$ 和 $(5-5x)$ mmol $Fe(NO_3)_3 \cdot 9H_2O$ 溶解在 50 mL 去离子水中,形成溶液 B。然后,将溶液 B 缓慢加入到溶液 A 中,小心地将氨水滴到混合溶液中,直至 pH 值为 6~7,得到的混合物在室温下搅拌 6 h。产品经过滤、洗涤、干燥。制得的一系列催化剂被标记为 $Fe_xCe_{1-x}VO_4$,其中 x 为 0、0.25、0.5、0.75 和 1.0。

5.2.3　$Fe_xCe_{1-x}VO_4/TiO_2$-石墨烯($Fe_xCe_{1-x}VO_4/TiO_2$-GE)的合成

按照以下工艺制备 TiO_2-GE。首先,将 26.7 mL 钛酸四丁酯溶解在 40 mL 乙醇中形成 A。其次,将 50 mg 石墨烯(GE)用超声波分散在 50 mL H_2O 中,然后在分散的 GE 中加入 1.35 mL 乙酸形成 B。再次,将 B 缓慢加入 A 中,搅拌 1.5 h,在室温下静置 24 h。最后,在 80 ℃下干燥 12 h,然后在 450 ℃下 N_2 中煅烧 6 h,得到 TiO_2-GE。

按照以下工艺制备了一系列 $Fe_{1-x}Ce_xVO_4/TiO_2$-GE。将一定量的 $Fe_{1-x}Ce_xVO_4$、TiO_2-GE 和 H_2O 的混合物搅拌 12 h 120 ℃下烘干,在 650 ℃ N_2

中煅烧 2 h。得到的催化剂记为 $Fe_xCe_{1-x}VO_4/TiO_2$–GE。

5.3　结果与讨论

5.3.1　催化性能

5.3.1.1　Fe 的引入对脱硝性能的影响

笔者在 200~400 ℃的温度范围内研究了具有不同 Fe 与 Ce 物质的量比的一系列催化剂的 NO_x 转化率。如图 5.2(a)所示，$CeVO_4/TiO_2$–GE 催化剂表现出优异的中高温催化性能，但在低温时的脱硝活性令人不满意，反应温度为 200 ℃时 NO_x 转化率为 63.6%。$Fe_{0.5}Ce_{0.5}VO_4/TiO_2$–GE 催化剂在 200~400 ℃的宽温度范围内比其他的催化剂表现出更好的活性，表明适当的 Fe 与 Ce 物质的量比可以提高催化活性。与 $CeVO_4/TiO_2$–GE 相比，$Fe_{0.5}Ce_{0.5}VO_4/TiO_2$–GE 的 NO_x 转化率在 200 ℃时从 63.6%显著提高到 85.9%，这是由于 $Fe^{3+}+Ce^{3+}\longleftrightarrow Fe^{2+}+Ce^{4+}$ 氧化还原循环的存在促进 NO 在低温下氧化为 NO_2 并导致"快速 SCR"反应，从而提高 SCR 性能。为了验证这一假设，笔者对 $Fe_{0.5}Ce_{0.5}VO_4/TiO_2$–GE 和 $CeVO_4/TiO_2$–GE 进行了 NO 氧化实验。$CeVO_4/TiO_2$–GE 的 NO 转化率接近于 0（未显示）。$Fe_{0.5}Ce_{0.5}VO_4/TiO_2$–GE 表现出比 $CeVO_4/TiO_2$–GE 更优异的 NO 氧化能力（图 5.3），表明 Fe 的引入促进了 NO 向 NO_2 的转化，从而产生了"快速 SCR"反应。此外，催化剂 $Fe_{0.5}Ce_{0.5}VO_4/TiO_2$–GE 在 300~400 ℃的 NO_x 去除效率基本保持不变。$Fe_{0.5}Ce_{0.5}VO_4/TiO_2$–GE 在 200~400 ℃ NH_3–SCR 反应中的 N_2 选择性大于 95.1%，如图 5.2(b)所示。结果表明，$Fe_{0.5}Ce_{0.5}VO_4/TiO_2$–GE 在测试温度范围内是一种优异的宽温脱硝催化剂。更重要的是，由于石墨烯具有优异的电子迁移率，$Fe_{0.5}Ce_{0.5}VO_4/TiO_2$–GE 表现出比 $Fe_{0.5}Ce_{0.5}VO_4/TiO_2$ 更好的催化活性。此外，与报道的基于石墨烯的脱硝催化剂相比，$Fe_{0.5}Ce_{0.5}VO_4/TiO_2$–GE 显示出良好的宽温活性（表 5.1）。此外，NO_x 转化率随着总流量的增加而降低（图 5.4）。

5.3.1.2　抗水和硫性

SO_2 和 H_2O 被认为是引起 NH_3–SCR 催化剂失活的主要物质。因此，在

具有代表性的 $Fe_{0.5}Ce_{0.5}VO_4/TiO_2$-Ge 催化剂中也讨论了 SO_2 和 H_2O 对活性的影响,如图 5.2(c~e)和图 5.6 所示。值得注意的是,当在 350 ℃中引入 10^{-4} ppm SO_2 时,NO_x 转化率基本保持不变。关闭 SO_2 后反应继续进行 2 h,催化活性保持不变,这是亚硫酸氢铵在高温下分解所致,这与 $Fe_{0.5}Ce_{0.5}VO_4/TiO_2$-GE 的 S 2p 的 XPS 谱图的结果一致(图 5.5)。同时,在反应 3 h 后,当加入 10% H_2O 时,200 ℃反应 1 h 后 NO_x 转化率显著降低(图 5.6)。此外,在引入 H_2O 后再次反应 5 h,NO_x 转化率保持不变。当 H_2O 关闭时,NO_x 的转化率基本保持不变。然而,当反应在 350 ℃中加入 10% H_2O 反应 2 h 后,再次反应 10 h 催化活性保持不变,如图 5.2(d)所示。结果表明,水对 $Fe_{0.5}Ce_{0.5}VO_4/TiO_2$-GE 催化剂活性的影响在低温下表现为竞争吸附,而在高温下影响不大。同时,$Fe_{0.5}Ce_{0.5}VO_4/TiO_2$-GE 表现出良好的抗水和硫性,这主要是由于石墨烯具有疏水性,如图 5.2(e)所示。

5.3.1.3 催化剂的稳定性

催化剂的稳定性对 NH_3-SCR 的应用至关重要。笔者进一步研究了代表性催化剂 $Fe_{0.5}Ce_{0.5}VO_4/TiO_2$-GE 在 200 ℃和 350 ℃时的稳定性,如图 5.2(f)所示。结果表明,$Fe_{0.5}Ce_{0.5}VO_4/TiO_2$-GE 催化剂在 200 ℃和 350 ℃连续反应 12 h 后没有明显的性能损失,说明 $Fe_{0.5}Ce_{0.5}VO_4/TiO_2$-GE 催化剂在低温和高温下都具有良好的稳定性。

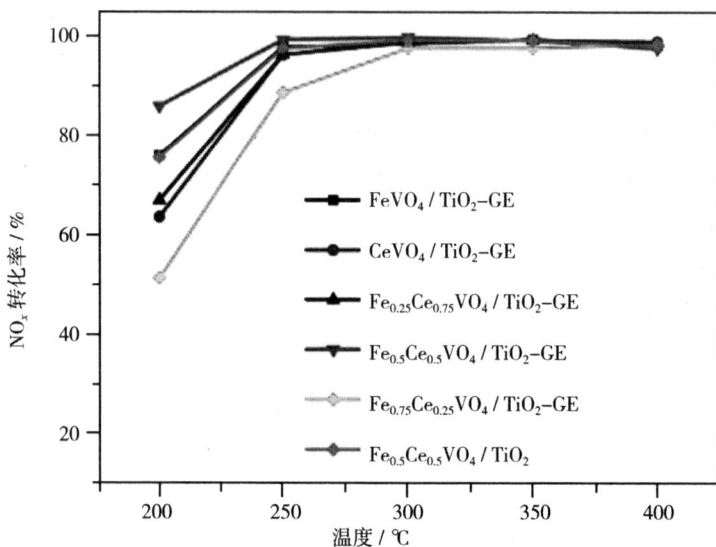

(a)

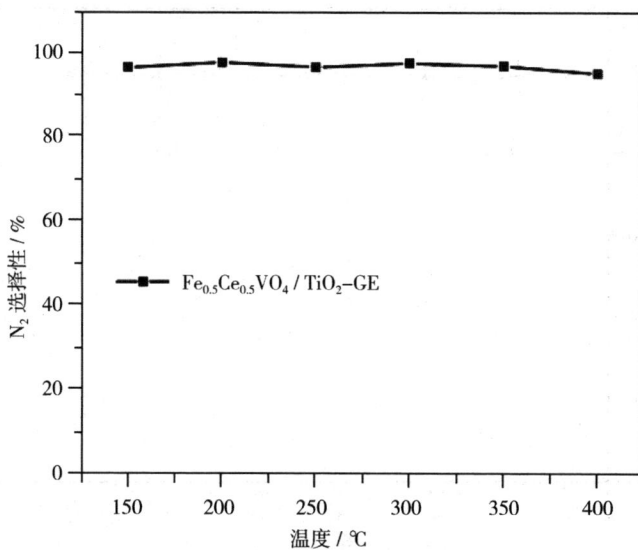

（b）

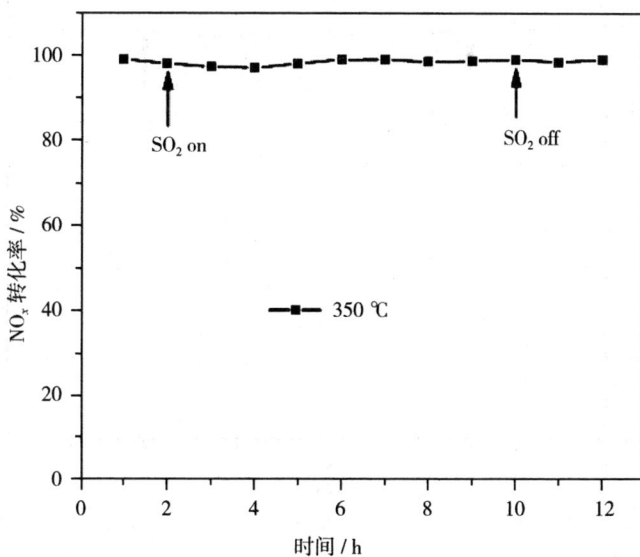

（c）

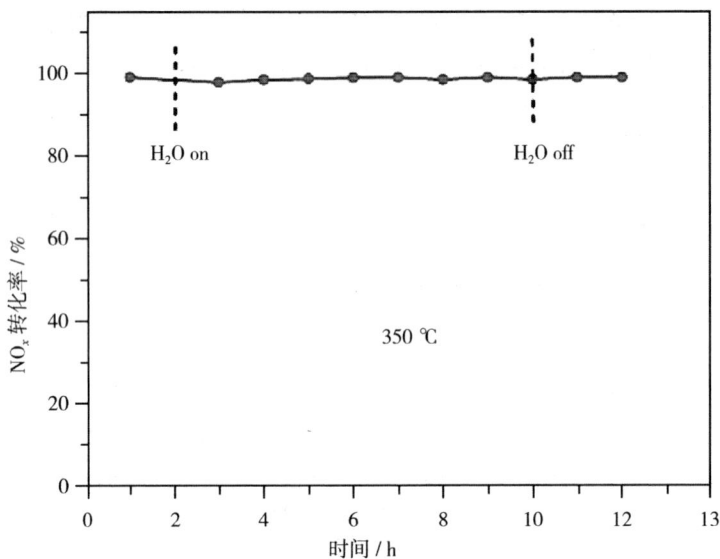

（d）

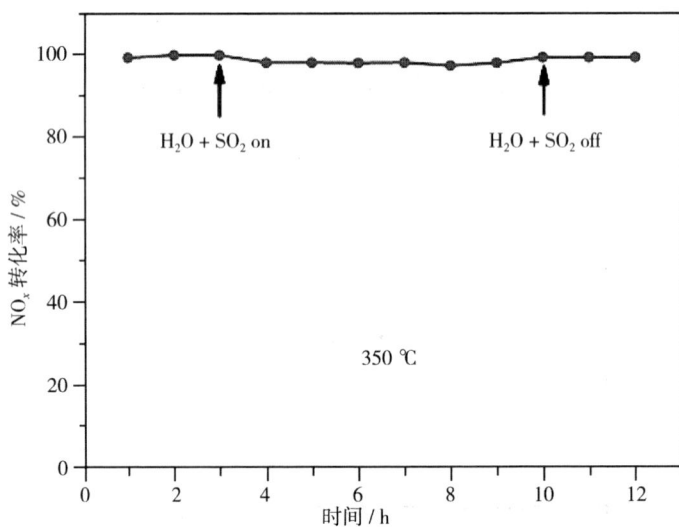

（e）

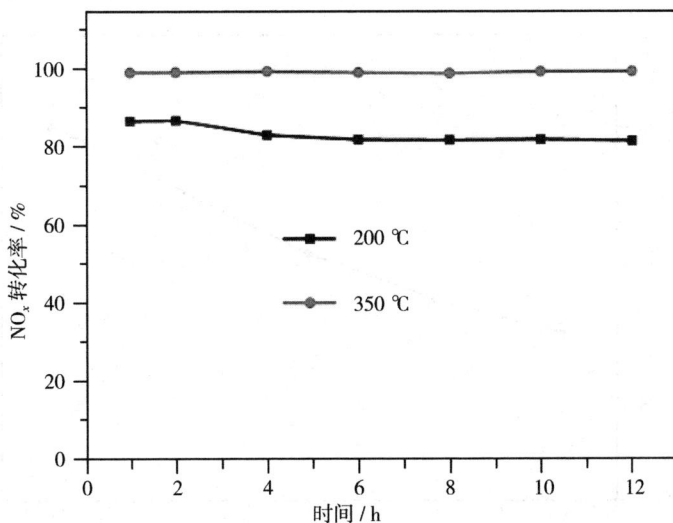

(f)

图 5.2 （a）$CeVO_4/TiO_2$-Ge 及 Fe 引入不同催化剂的 NO_x 转化率；

（b）$Fe_{0.5}Ce_{0.5}VO_4/TiO_2$-GE 的 N_2 选择性；

（c）350 ℃下 SO_2 对 $Fe_{0.5}Ce_{0.5}VO_4/TiO_2$-GE 催化剂 NO_x 转化率的影响；

（d）H_2O 对 $Fe_{0.5}Ce_{0.5}VO_4/TiO_2$-Ge 催化剂在 350 ℃不同时间 NO_x 转化率的影响；

（e）350 ℃下 H_2O 和 SO_2 对 $Fe_{0.5}Ce_{0.5}VO_4/TiO_2$-Ge 催化剂的 NO_x 转化率的影响；

（f）无水无硫 $Fe_{0.5}Ce_{0.5}VO_4/TiO_2$-Ge 在 200 ℃和 350 ℃下的稳定性

表 5.1 代表性石墨烯基脱硝催化剂的性能

催化剂	反应条件	转化率/%	温度/℃
V_2O_5/rGO	10^{-3} NO，10^{-3} NH_3，2% O_2	>70%	200~260
$MnCe/GO$-r/TiO_2	5×10^{-4} NO_x，5% O_2，5×10^{-4} NH_3	>82%	100~300
Co@ N-Gr-800	5×10^{-4} NO，5% O_2，5×10^{-4} NH_3	>79.1%	200~300
$Mn_{10}Ce_5/N$-rGO-$(NH_4NO_3)/TiO_2$	5×10^{-4} NO，5% O_2，6×10^{-4} NH_3	>90%	200~300

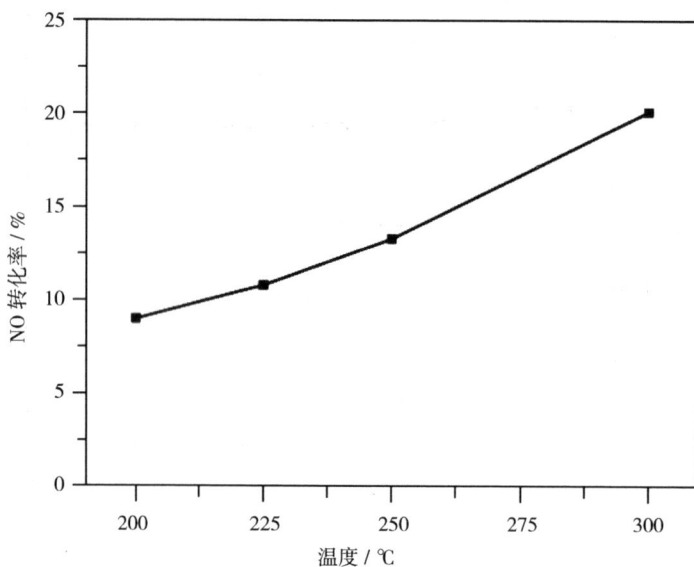

图 5.3　$Fe_{0.5}Ce_{0.5}VO_4/TiO_2$-GE 的 NO 氧化

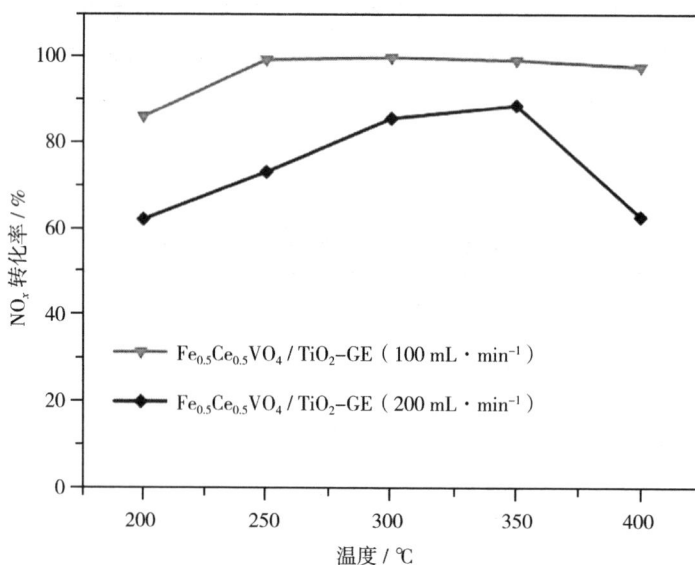

图 5.4　气体流量对催化剂 $Fe_{0.5}Ce_{0.5}VO_4/TiO_2$-GE 的 NO_x 转化率的影响

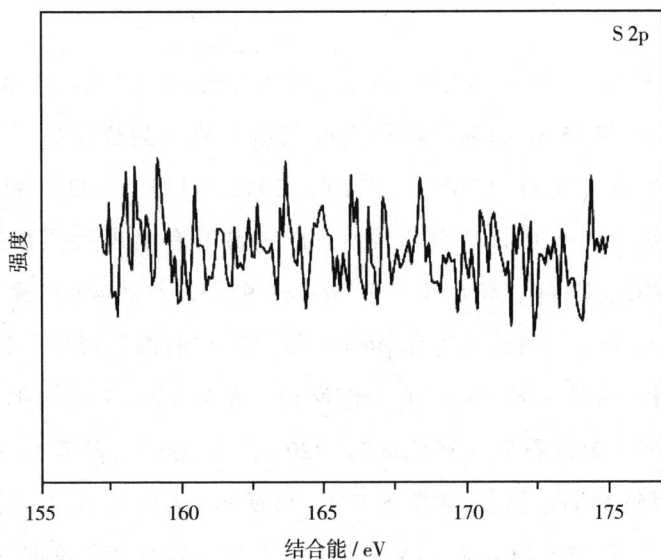

图 5.5　在 350 ℃时催化剂 $Fe_{0.5}Ce_{0.5}VO_4/TiO_2$-GE 抗硫测试后的 S 2p 的 XPS 谱图

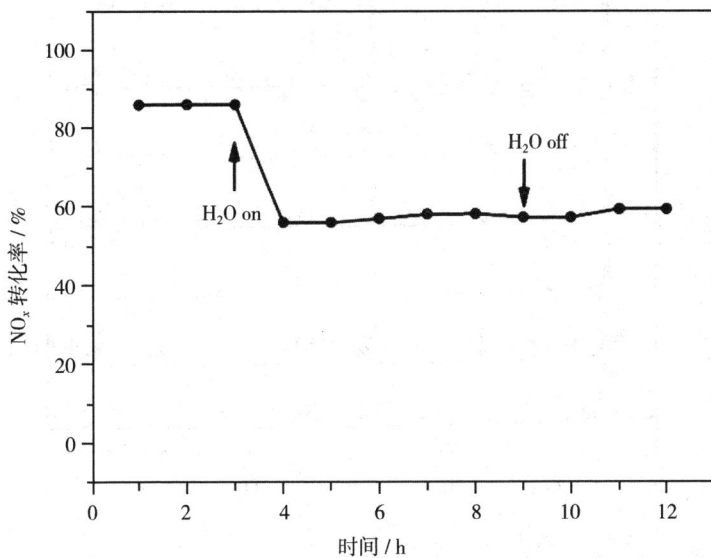

图 5.6　在 200 ℃时 H_2O 对催化剂 $Fe_{0.5}Ce_{0.5}VO_4/TiO_2$-GE 的 NO_x 转化率的影响

5.3.2 结构特性

如图 5.7(a)所示，在 $2\theta = 25.2°$、$37.8°$、$48.0°$、$53.9°$、$55.0°$、$62.6°$、$68.8°$、$70.3°$ 和 $75.0°$ 的强特征衍射峰归属于典型的锐钛矿二氧化钛的（101）、（004）、（200）、（105）、（211）、（204）、（116）、（220）和（215）晶面。然而由于二氧化钛的强度很强，石墨烯没有出现特征衍射峰。与 TiO_2-GE 相比，$CeVO_4/TiO_2$-GE 在 $2\theta = 23.9°$、$32.3°$ 和 $49.1°$ 处的新衍射峰归属于 $CeVO_4$ 的典型立方结构，而 $2\theta = 28.4°$ 的衍射峰则归属于 CeO_2 的典型结构，这是一部分 $CeVO_4$ 分解所致。在 $2\theta = 56.5°$ 处出现额外的弱衍射峰归属于金红石型二氧化钛的（220）晶面。此外，随着 Fe 负载量的增加，观察到 $FeVO_4$ 物种，如图 5.7(c~f)所示，这为 Fe 的引入提供了证据。随着 Fe 负载量的增加，$CeVO_4$ 的特征衍射峰强度逐渐减弱，同时没有检测到 CeO_2。

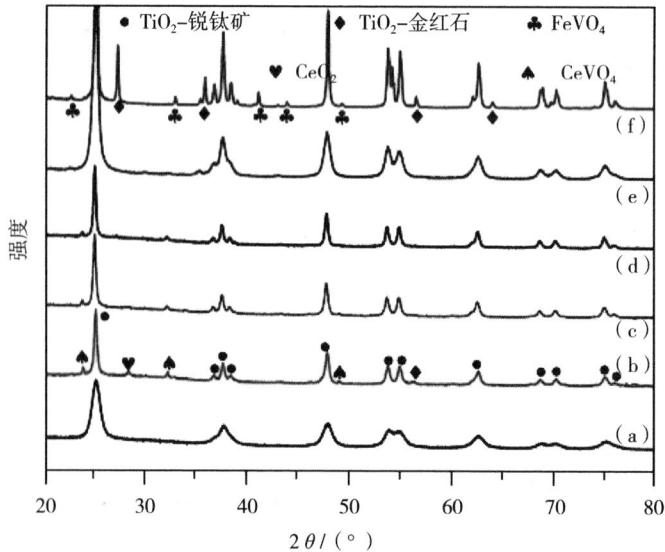

图 5.7　(a)TiO_2-GE、(b)$CeVO_4/TiO_2$-GE、(c)$Fe_{0.25}Ce_{0.75}VO_4/TiO_2$-GE、(d)$Fe_{0.5}Ce_{0.5}VO_4/TiO_2$-GE、(e)$Fe_{0.75}Ce_{0.25}VO_4/TiO_2$-GE、(f)$FeVO_4/TiO_2$-GE 的 XRD 图谱

5.3.3　氧化还原性能和化学吸附性能

金属的价态对 SCR 反应非常重要。笔者利用 XPS 研究了催化剂的价态。Ti 2p、Ce 3d、V 2p、Fe 2p 和 O 1s 的 XPS 谱图如图 5.8 所示。结合能为 463.3 eV 的 $Ti\ 2p_{1/2}$ 和结合能为 457.5 eV 的 $Ti\ 2p_{3/2}$ 归属于 Ti^{4+}。此外,结合能随 Fe 负载量的增加没有明显变化。归属于 Ce 3d 的峰被拟合成 8 个峰,标记为 v、v′、v″、v‴、u、u′、u″以及 u‴。已标记的 v、v″、v‴、u、u″以及 u‴归属于表面 Ce^{4+} 物种,v′ 和 u′归属于表面 Ce^{3+} 物种。有文献报道称 Ce^{3+} 的存在可以形成更多的活性氧,促进 SCR 反应,从而改善 SCR 性能。笔者还根据相应特征峰的面积计算了 Ce^{3+} 物种[$Ce^{3+}/(Ce^{3+}+Ce^{4+})$]的表面浓度,如表 5.2 所示。在这些 Fe 掺杂催化剂中,$Fe_{0.5}Ce_{0.5}VO_4/TiO_2$-Ge 的 $Ce^{3+}/(Ce^{3+}+Ce^{4+})$ 的比例最高(32.2%),表明 Ce^{3+} 物种的高表面浓度可以产生更多的活性氧,加速 $Fe^{3+}+Ce^{3+}\longleftrightarrow Fe^{2+}+Ce^{4+}$ 的氧化还原循环,从而促进"快速 SCR"反应,提高活性。

在图 5.8 的 V 2p XPS 谱图中,为了鉴别 V^{4+} 和 V^{5+} 的相对百分含量,重叠的 V 2p 峰被拟合成 4 个峰。$CeVO_4/TiO_2$-GE 在 515.5 eV 和 522.6 eV 处的峰归属于 V^{4+},而 V^{5+} 在 516.3 eV 和 523.9 eV 处有特征峰。随着 Fe 的引入,V 2p 的结合能发生了明显的变化,表明 Fe 和 V 之间可能存在相互作用。已有报道称高价 V 氧化物起着两个重要作用:一是通过生成 V^{5+}—O—…NH_4^+ 或 V^{5+}…NH_3 提供 Bronsted 酸中心(V^{5+}—OH)或 Lewis 酸中心(V^{5+})与 NH_3 结合,二是通过氧化还原循环促进 NO_x 转化。V^{5+} 位点(V^{5+}=O)与 NO 结合生成 V^{4+}…NO_2 中间体,在形成氮气和水的时候转化为 V^{4+}…OH。通过氧化来终止循环,在释放 H_2O 的同时重新获得 V^{5+}=O。$V^{5+}/(V^{4+}+V^{5+})$ 的值是通过拟合峰面积计算的,如表 5.2 所示。在这些样品中,$Fe_{0.5}Ce_{0.5}VO_4/TiO_2$-GE 的 $V^{5+}/(V^{4+}+V^{5+})$ 值最高(55.3%),与脱硝效率相关。

在图 5-8 的 Fe 2p 的 XPS 谱图中,$Fe_{0.25}Ce_{0.75}VO_4/TiO_2$-GE 的 Fe 2p 谱

图在 Fe $2p_{3/2}$ 的 714.6 eV 和 Fe $2p_{1/2}$ 的 728.8 eV 处有两个明显的信号,并在 721.9 eV 处有一个卫星峰。Fe $2p_{3/2}$ 峰和 Fe $2p_{1/2}$ 峰分别被拟合成 2 个峰。拟合的 Fe $2p_{3/2}$ 和 Fe $2p_{1/2}$ 结合能分别为 714.6 eV 和 728.2 eV 归属于 Fe^{2+},716.2 eV 的 Fe $2p_{3/2}$ 和 729 eV 的 Fe $2p_{1/2}$ 归属于 Fe^{3+}。比较 Fe 2p 的峰位,也可以看出 Fe 2p 的结合能随着 Fe 掺杂量的增加而变化。结果表明,Fe 和 Ce 之间的相互作用改变了 Fe 周围的化学环境。同时,$Fe^{3+}+Ce^{3+} \longleftrightarrow Fe^{2+}+Ce^{4+}$ 之间的氧化还原循环加速了 NO 氧化成 NO_2,从而导致 SCR 活性增加。Fe^{3+} 的相对百分比见表 5.2。$Fe_{0.5}Ce_{0.5}VO_4/TiO_2$-GE 在一系列 Fe 掺杂样品中 $Fe^{3+}/(Fe^{3+}+Fe^{2+})$ 最高,与 SCR 结果一致。

归属于 O 1s 的峰被分为 2 个峰,如图 5.8 所示。化学吸附氧(O_α)的峰位于 528.7 eV,而晶格氧(O_β)的峰出现在 529.9 eV。据报道,O_α 在将 NO 氧化成 NO_2 的过程中具有很高的活性,这是因为与 O_β 相比 O_α 具有更高的迁移率,有利于低温 SCR。从表 5.2 中给出的 $O_\alpha/(O_\alpha+O_\beta)$ 值来看,$Fe_{0.5}Ce_{0.5}VO_4/TiO_2$-GE 上的 O_α 浓度高于其他催化剂上的浓度。

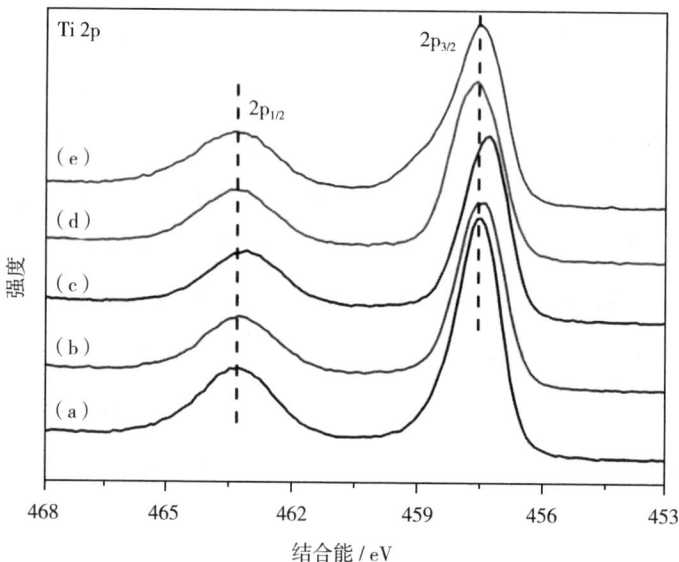

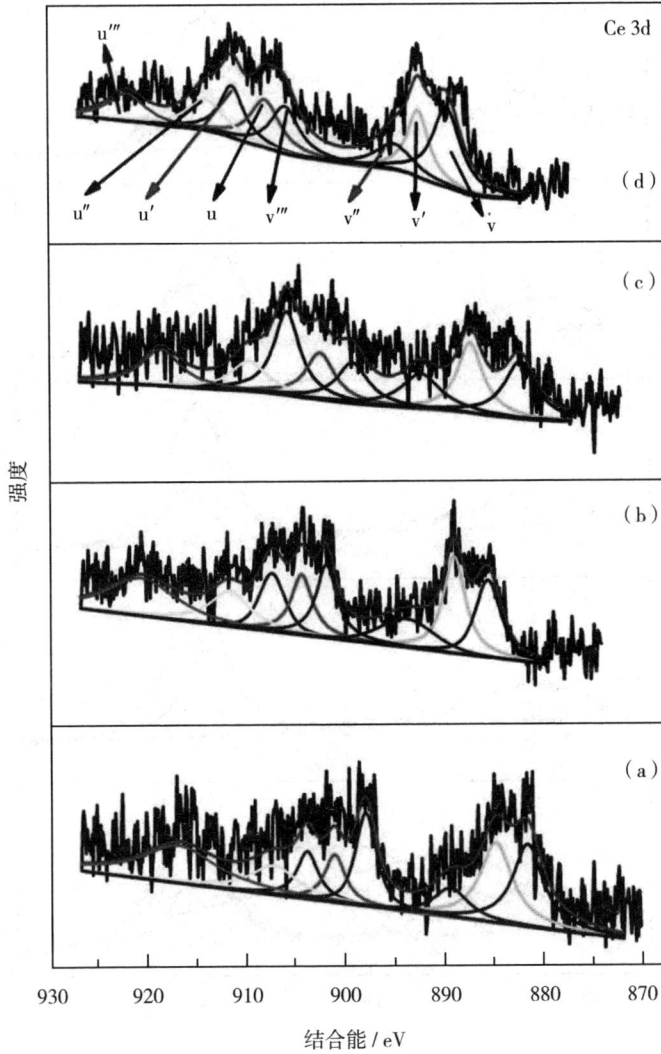

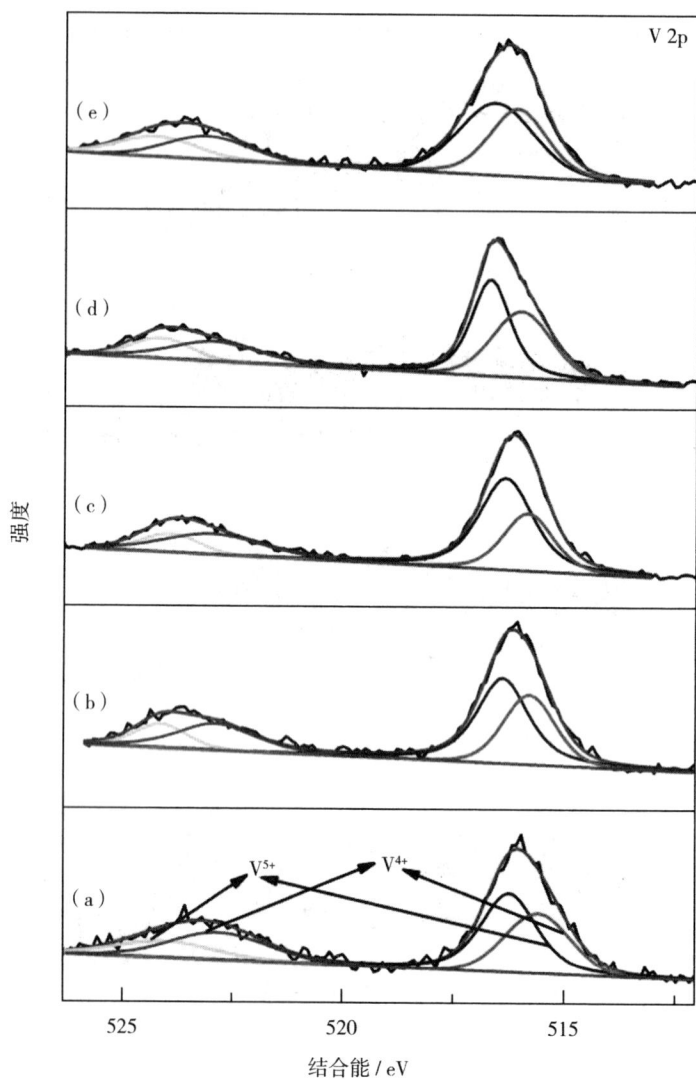

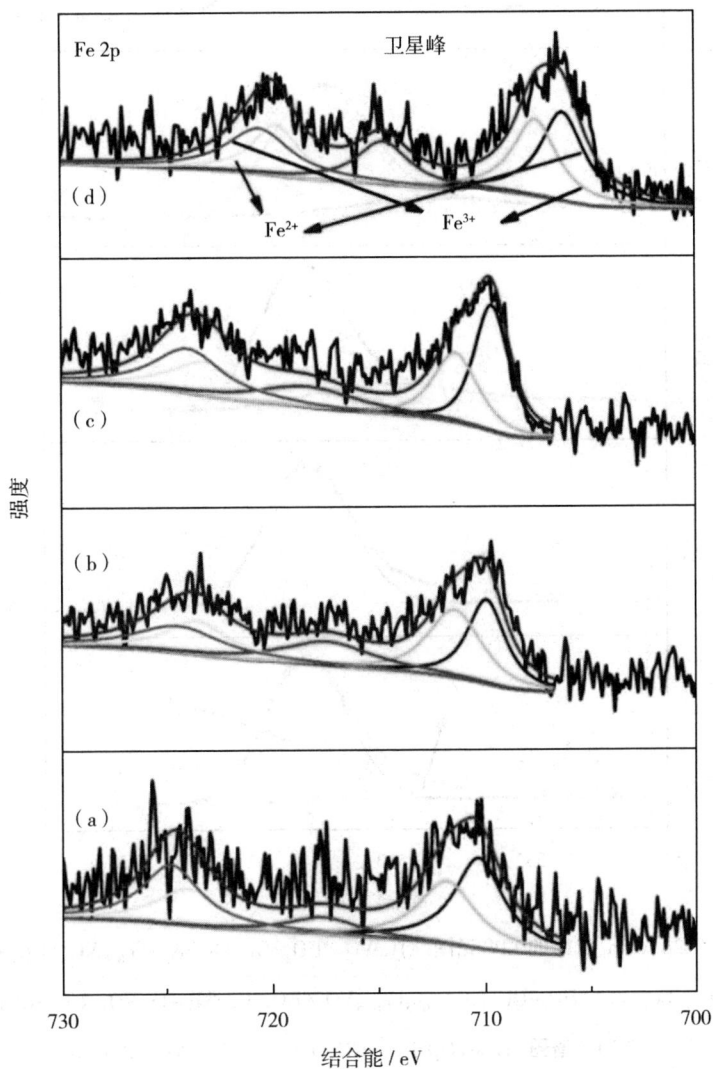

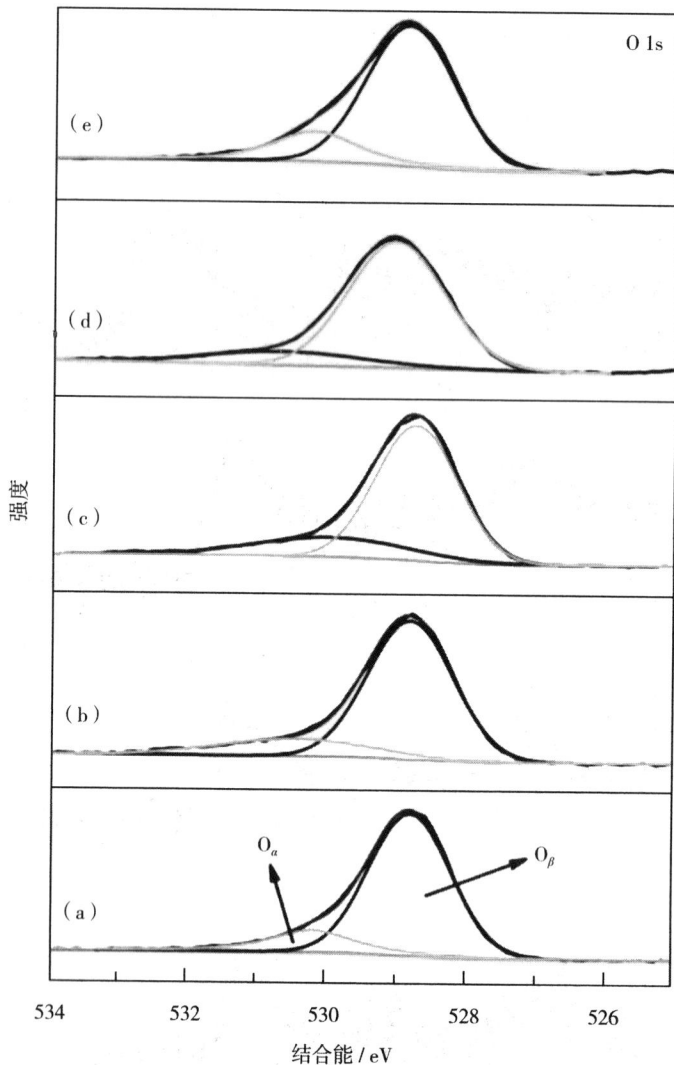

图 5.8　Ti 2p、V 2p、O 1s 的 XPS 谱图(a)CeVO$_4$/TiO$_2$-GE,(b)Fe$_{0.25}$Ce$_{0.75}$VO$_4$/TiO$_2$-GE,

(c)Fe$_{0.5}$Ce$_{0.5}$VO$_4$/TiO$_2$-GE,(d)Fe$_{0.75}$Ce$_{0.25}$VO$_4$/TiO$_2$-GE 和(e)FeVO$_4$/TiO$_2$-GE;

Ce 3d 的 XPS 谱图(a)CeVO$_4$/TiO$_2$-GE,(b) Fe$_{0.25}$Ce$_{0.75}$VO$_4$/TiO$_2$-GE,

(c)Fe$_{0.5}$Ce$_{0.5}$VO$_4$/TiO$_2$-GE 和(d)Fe$_{0.75}$Ce$_{0.25}$VO$_4$/TiO$_2$-GE ;

Fe 2p 的 XPS 谱图(a)Fe$_{0.25}$Ce$_{0.75}$VO$_4$/TiO$_2$-GE,

(b)Fe$_{0.5}$Ce$_{0.5}$VO$_4$/TiO$_2$-GE,(c)Fe$_{0.75}$Ce$_{0.25}$VO$_4$/TiO$_2$-GE 和(d)FeVO$_4$/TiO$_2$-GE

表 5.2　催化剂的表面组成

催化剂	$Ce^{3+}/$ $(Ce^{3+}+Ce^{4+})$	$V^{5+}/$ $(V^{4+}+V^{5+})$	$Fe^{3+}/$ $(Fe^{3+}+Fe^{2+})$	$O_\alpha/$ $(O_\alpha+O_\beta)$
$CeVO_4/TiO_2$-GE	25.4%	51.4%	—	17.8%
$Fe_{0.25}Ce_{0.75}VO_4/TiO_2$-GE	26.0%	52.3%	50.8%	18.1%
$Fe_{0.5}Ce_{0.5}VO_4/TiO_2$-GE	32.2%	55.3%	52.1%	21.6%
$Fe_{0.75}Ce_{0.25}VO_4/TiO_2$-GE	24.9%	48.2%	48.8%	15.3%
$FeVO_4/TiO_2$-GE	—	53.7%	50.4%	20.5%

　　酸度是影响 SCR 性能的主要因素。笔者用 NH_3-TPD 测定了样品的表面酸性。Fe 掺杂催化剂的 NH_3-TPD 曲线如图 5.9 所示。NH_3 脱附峰在 250 ℃ 左右为弱酸中心,300~400 ℃ 为中强酸中心。此外,信号的增强是由于在 450 ℃ 后的 NH_3-TPD 过程中,石墨烯中含有大量的剩余氧官能团释放出二氧化碳和一氧化碳。所有催化剂在 250 ℃ 和 400 ℃ 以下出现两个峰,这可能是弱酸性中心和中强酸性中心配位的氨的脱附所致。由 NH_3-TPD 计算的表面酸量的顺序为 $CeVO_4/TiO_2$-GE(69.6 μmol · g^{-1}) > $Fe_{0.25}Ce_{0.75}VO_4/TiO_2$-GE($57.5$ μmol · g^{-1}) > $Fe_{0.5}Ce_{0.5}VO_4/TiO_2$-GE($23.5$ μmol · g^{-1}) > $Fe_{0.75}Ce_{0.25}VO_4/TiO_2$-GE($22.5$ μmol · g^{-1}) > $FeVO_4/TiO_2$-GE(12.6 μmol · g^{-1}),表明酸度肯定不是影响 SCR 活性结果的唯一因素。

　　笔者用 H_2-TPR 表征了样品的表面氧化还原性能。Fe 掺杂催化剂的 H_2-TPR 谱图如图 5.10 所示。$CeVO_4/TiO_2$-GE 在约 434 ℃ 的重叠峰对应于 Ti^{4+} 还原为 Ti^{3+},而约 677 ℃ 的峰可能与 $CeVO_4$ 的还原有关。然而,Fe 掺杂催化剂这些还原峰位移到了较低的温度,拟合峰 Ⅰ、Ⅱ、Ⅲ、Ⅳ 分别归属于 $Fe^{3+}{\rightarrow}Fe^{2+}$、$Ti^{4+}{\rightarrow}Ti^{3+}$、$Fe^{2+}{\rightarrow}Fe^0$ 和大块钒酸盐的还原。通过 H_2-TPR 计算的总 H_2 消耗量的顺序为 $Fe_{0.5}Ce_{0.5}VO_4/TiO_2$-GE($6.85{\times}10^3$ μmol · g^{-1}) > $FeVO_4/TiO_2$-GE($6.06{\times}10^3$ μmol · g^{-1}) > $Fe_{0.25}Ce_{0.75}VO_4/TiO_2$-GE($5.22{\times}10^3$ μmol · g^{-1}) > $CeVO_4/TiO_2$-GE($4.31{\times}10^3$ μmol · g^{-1}) > $Fe_{0.75}Ce_{0.25}VO_4/TiO_2$-GE($4.04{\times}10^3$ μmol · g^{-1}),这与 SCR 活性结果是一致的。

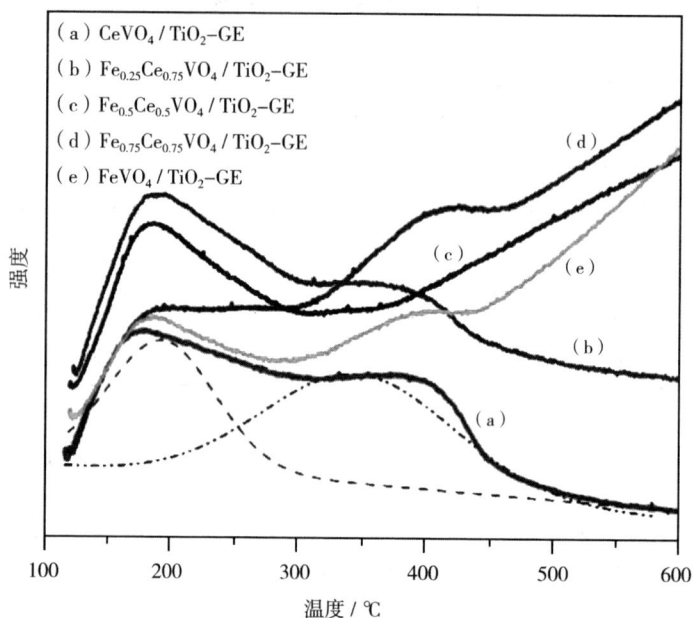

图 5.9　Fe 掺杂样品的 NH_3-TPD 图

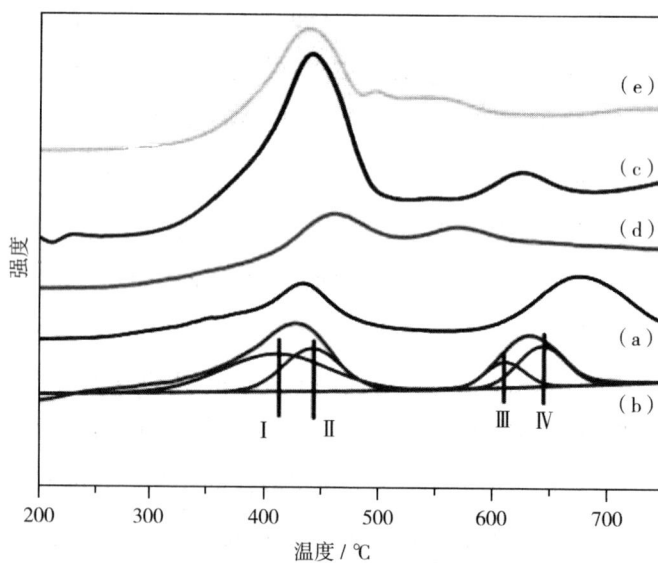

图 5.10　(a) $CeVO_4/TiO_2$-GE、(b) $Fe_{0.25}Ce_{0.75}VO_4/TiO_2$-GE、

(c) $Fe_{0.5}Ce_{0.5}VO_4/TiO_2$-GE、(d) $Fe_{0.75}Ce_{0.25}VO_4/TiO_2$-GE

和(e) $FeVO_4/TiO_2$-GE 的 H_2-TPR 图

5.4　本章小结

本章以二氧化钛-石墨烯为载体,成功制备了 Fe 掺杂 $CeVO_4$ 催化剂 ($Fe_xCe_{1-x}VO_4/TiO_2$-GE),研究 Fe 掺杂对其在 NH_3-SCR 中催化性能的影响。结果表明,Fe 掺杂催化剂的最佳 Fe 与 Ce 物质的量比为 0.5∶0.5,即 $Fe_{0.5}Ce_{0.5}VO_4/TiO_2$-GE 是一种性能优良的宽温催化剂。结合 XPS 和 H_2-TPR,Fe 的加入引发了 $Fe^{3+}+Ce^{3+}\longleftrightarrow Fe^{2+}+Ce^{4+}$ 的氧化还原循环,提高了催化剂的氧化还原活性和 O_α 的表面相对百分含量。$Fe^{3+}+Ce^{3+}\longleftrightarrow Fe^{2+}+Ce^{4+}$ 能产生"快速 SCR"反应,提高 SCR 性能。此外,在 SO_2/H_2O 存在下,$Fe_{0.5}Ce_{0.5}VO_4/TiO_2$-Ge 催化剂的催化活性没有明显变化。因此,$Fe_{0.5}Ce_{0.5}VO_4/TiO_2$-GE 在烟气脱硝中具有潜在的应用前景。

第6章 Ce-Cu/Al-FDU-12 催化剂的制备及脱硝性能研究

6.1 引言

单一金属催化剂的催化活性较低,引入其他金属助剂可提高催化剂活性中心在载体上的分散性和稳定性。人们发现 Fe/MnCe/Cu-SAPO-34 比 Fe/Mn/Ce/Cu-SSZ-13 具有更高的水热稳定性、优异的 N_2 选择性和良好的 SO_2 耐受性。Fe 和 MnCe 的加入增强了 Lewis 酸性,Fe^{2+} 促进了 SCR 活性的提高。在 Cu/ZSM-5 催化剂中加入 Zr 可以提高 Cu 的分散性和催化剂表面 Cu 物种的数量,达到提高催化剂低温活性和稳定性的目的。在 167~452 ℃ 范围内,NO_x 转化率近 100%。此外,可以通过调变双金属催化剂中某活性组分含量来控制活性温度窗口。双金属催化剂活性和稳定性高,主要是因为提高了活性组分分散度。笔者采用 F127 三嵌段共聚物模板合成了具有面心立方结构、直径为 16~26 nm 的球形介孔的大孔 FDU-12。近年来介孔材料由于具有良好的热稳定性、大孔径和窄孔径分布,在吸附、生物医学、检测和化学气相传感等领域具有巨大潜力。功能化后的介孔材料无疑是目前研究最深入的材料。

鉴于介孔材料的优点选用了具有三维(3D)立方孔的 FDU-12 介孔材料沸石笼状结构,从而改善催化剂中 Cu 物种的分散状态和催化剂的水热稳定性,通过掺杂 CeO_2 来提高铜基催化剂的耐硫性和抗水性。

本章以 Al 改性水热合成具有三维有序介孔结构的 Al-FDU-12 分子筛

作为载体,然后通过浸渍法制备了 Al-FDU-12 负载 Cu 催化剂。考察了不同的 Cu 负载量(15%、20%、25%)对 NH_3-SCR 性能的影响来确定 Cu 的最佳负载量,在此基础上研究 Ce 的引入量(7%、10%、15%)对催化活性的影响。通过对催化剂形貌结构和物理化学性质的表征,结合脱硝性能,建立催化剂结构与性能之间的关系。

6.2　实验部分

Al-FDU-12 分子筛制备的具体方法如下:将 0.5 g 三嵌段共聚物 F127、0.6 g 均三甲苯(TMB)和 1.25 g KCl 加入到 50 mL 盐酸(2 mol·L^{-1})中,搅拌至溶液澄清后加入 2.08 g 正硅酸乙酯(TEOS),继续搅拌 30 min 后加入硝酸铝(Si/Al=25),混合溶液室温搅拌 24 h,100 ℃晶化 24 h 后用去离子水洗涤 3~4 次,并在 60 ℃干燥,空气气氛条件下 550 ℃煅烧 6 h 得到 Al-FDU-12 分子筛。将 1 g Al-FDU-12 和不同质量的硝酸铜(硝酸铜和 Al-FDU-12 的质量比为 15%、20% 和 25%)加入 50 mL 去离子水中室温搅拌 24 h 后烘干,500 ℃煅烧 6 h 得到催化剂 Cu(x)/Al-FDU-12(x=15%、20%、25%)记为 Cu x/Al-F(x=15%、20%、25%),图中 Al-FDU 简写为 Al-F。作为对比,在同样条件下再加入不同质量的硝酸铈制备催化剂 Cu20Ce(x)/Al-FDU-12(x=7%、10%、15%)记为 Cu20Ce x/Al-F(x=7%、10%、15%)。催化剂 Cu-Ce/Al-FDU-12 的制备路线如图 6.1 所示。

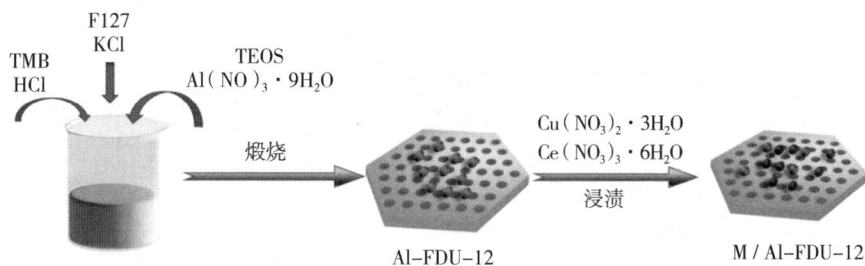

图 6.1　Cu-Ce/Al-FDU-12 催化剂的制备路线

6.3 结果与讨论

6.3.1 Ce-Cu/Al-FDU-12 催化剂的 NH$_3$-SCR 性能研究

图 6.2 为催化剂的 NH$_3$-SCR 活性和 N$_2$ 选择性。从图 6.2(a) 中可以看出,对于 FDU-12 负载单组元 Cu 催化剂来说,其催化活性随 Cu 负载含量的增加先提高后降低,即 Cu20/Al-F 在 150~275 ℃ 温度范围内的 NO$_x$ 转化率明显高于 Cu15/Al-F 和 Cu25/Al-F,在 250 ℃ 时 NO$_x$ 转化率达到 80%,说明 Cu 的最佳负载量为 20%。同时,在 150~250 ℃ 温度范围内 Ce 的引入明显提高了 Cu20/Al-F 催化剂的 NO$_x$ 转化率,随着 Ce 含量的增加 NO$_x$ 转化率呈现先提高再降低的趋势,Cu20Ce10/Al-F 在 250 ℃ 时 NO$_x$ 转化率达到 89%。此外,在 150~275 ℃ 温度范围内 Cu20Ce10/Al-F 的 N$_2$ 选择性高于 99%,如图 6.2(b) 所示,说明 Ce 的最佳负载量为 10%。Ce 的掺杂可以形成 Cu^{2+}+Ce^{3+}⟷Cu$^+$+Ce^{4+}氧化还原循环,促进催化剂中的电子转移,进一步促进 NO 氧化为 NO$_2$,形成"快速 SCR"反应,从而提高低温 SCR 活性。

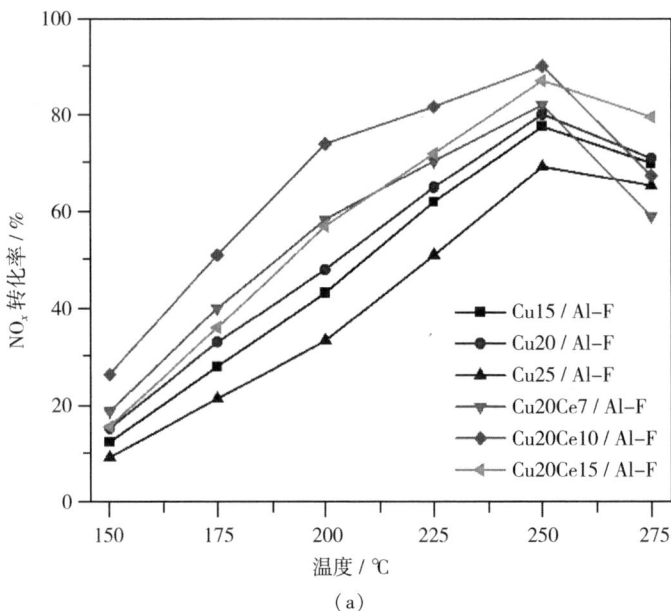

(a)

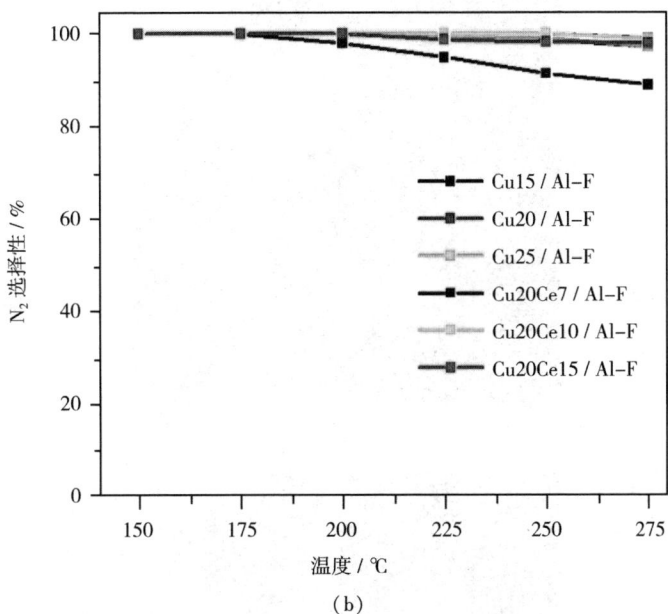

图 6.2　不同催化剂的(a)NH_3-SCR 活性和(b)N_2 选择性

6.3.2　Ce-Cu/FDU-12 催化剂的形貌及物化性质表征分析

图 6.3 为不同催化剂的 TEM 图,从图 6.3(a)中可以看出该样品具有 FDU-12 典型的有序介孔结构。在其他样品的 TEM 图中也可以观察到类似的结构,当活性组分负载量过多时,载体固有的有序性结构受到破坏,表明 Al 的改性及适量 Cu 和 Ce 的加入对 FDU-12 的有序介孔结构几乎没有太大影响,而过量的负载则会引起结构坍塌。此外,图 6.3(b)~(f)中深色的区域为改性的 Al 及 Cu 和 Ce 活性物质。Cu20Ce7/Al-F 和 Cu20Ce15/Al-F 与 Cu20Ce10/Al-F 相比,活性组分的聚集较为明显。结果表明,适量 Ce 的加入有利于活性组分的分散,降低了组分间的团聚,从而提高催化剂的脱硝活性,这与催化剂活性测试结果一致。

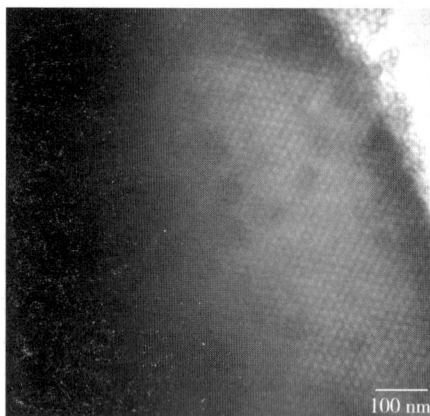

（a）

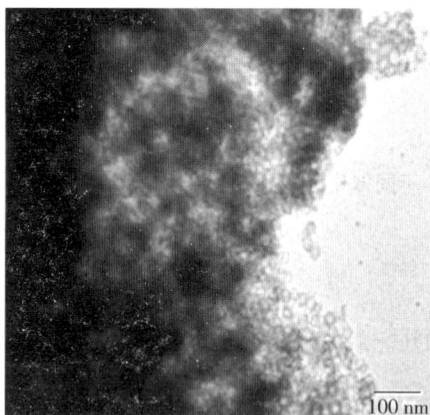

（b）

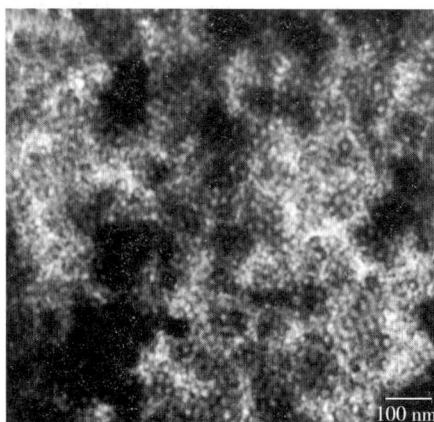

（c）

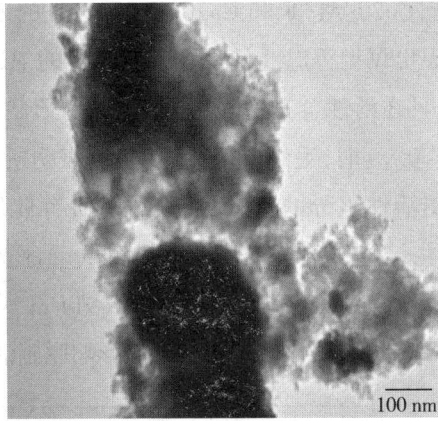

（d）

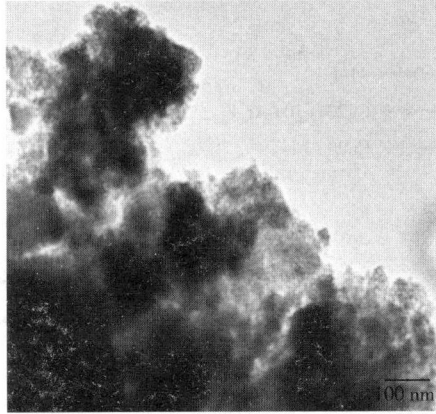

（e）

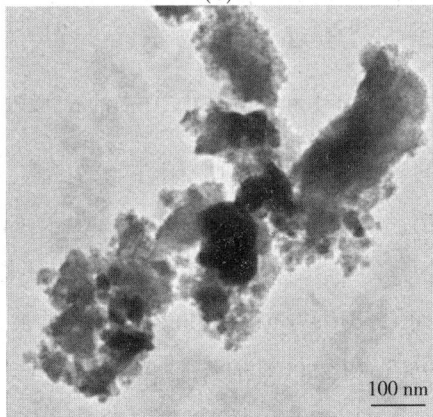

（f）

图 6.3　（a）FDU-12、（b）Al-F、（c）C20/Al-F、（d）Cu20Ce7/Al-F、
（e）Cu20Ce10/Al-F 和（f）Cu20Ce15/Al-F 催化剂的 TEM 图

图 6.4 为 Al-F、Cu20/Al-F 和 Cu20Ce10/Al-F 的 N_2 吸附-脱附曲线图。所有样品都表现出Ⅳ型等温线且具有一个明显的 H2 型滞后环,这是典型的有序介孔特征,且在活性金属引入后,滞后环的形状几乎不变。在相对压强(p/p_0)为 0.45~0.90 时,毛细凝聚特征明显,表明所有样品中均存在均匀的孔隙。由于金属活性组分的引入,负载后的所有催化剂与 Al-F 相比,都保持了有序的介孔结构。此外,比表面积高低顺序为:Cu20Ce10/Al-F($360 \ m^2 \cdot g^{-1}$)<Al-F($556 \ m^2 \cdot g^{-1}$) < C20/Al-F($914 \ m^2 \cdot g^{-1}$)。但比表面积的结果与催化性能不一致,表明比表面积并不是影响脱硝活性的唯一因素。

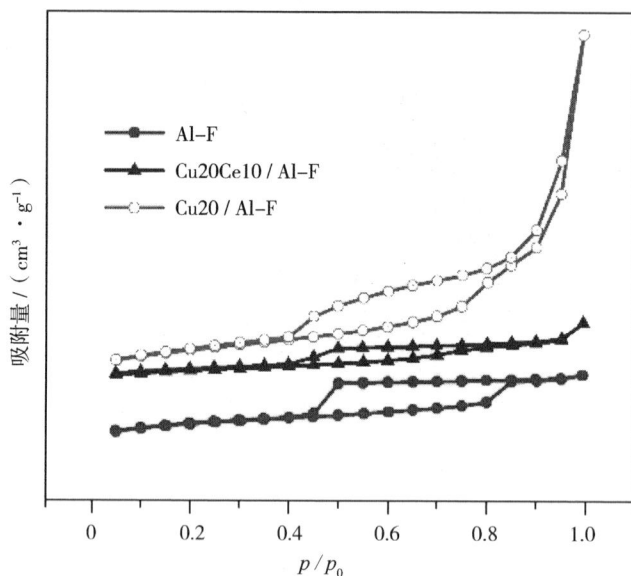

图 6.4   Al-F、Cu20/Al-F 和 Cu20Ce10/Al-F 的 N_2 吸附-脱附曲线图

为了研究催化剂氧化还原能力对脱硝性能的影响,笔者对催化剂进行了 H_2-TPR 测试分析。由图 6.5 可得出 Cu15/Al-F、Cu20/Al-F 和 Cu25/Al-F 催化剂分别位于 212 ℃、212 ℃ 和 180 ℃ 的还原峰归属于分散在 Al-F 表面的 Cu^0。而 Cu20Ce7/Al-F、Cu20Ce10/Al-F 和 Cu20Ce15/Al-F 分别位于 230 ℃、195 ℃ 和 200 ℃ 的还原峰则归属于 CuO 和 CeO 物种的相互作用形成的 Cu-O-Ce 活性中心。此外,与 Cu20Ce7/Al-F 和 Cu20Ce15/Al-F 相比,Cu20Ce10/Al-F 的还原峰温度降低,这可能是因为适量 Ce 的引入促进 CuO 更好地分散,并增强了 Cu 和 Ce 之间的相互作用。

所有催化剂的 H_2 消耗量顺序如下:Cu25/Al-F($5.1×10^2$ μmol·g^{-1}) < Cu15/Al-F($6.6×10^2$ μmol·g^{-1}) < Cu20/Al-F($6.7×10^2$ μmol·g^{-1}) < Cu20Ce7/Al-F($8.0×10^2$ μmol·g^{-1}) < Cu20Ce15/Al-F($1.4×10^3$ μmol·g^{-1}) < Cu20Ce10/Al-F($6.7×10^3$ μmol·g^{-1}),Cu20Ce10/Al-F 在所有催化剂中具有最高的 H_2 消耗量。综上结果,Cu20Ce10/Al-F 的催化还原性最佳,且这与催化性能结果一致,表明氧化还原能力有利于脱硝的活性。

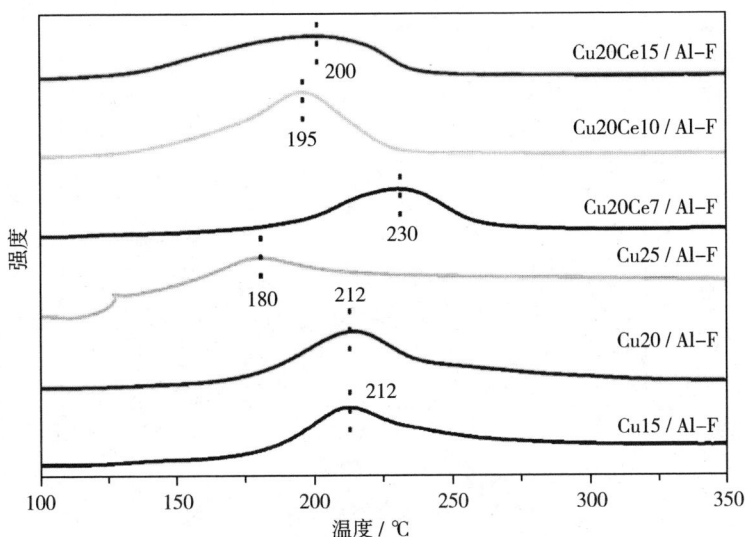

图 6.5　催化剂的 H_2-TPR 图

笔者通过 NH_3-TPD 对催化剂表面酸性进行了表征。图 6.6 为不同催化剂在 100~400 ℃温度范围内的 NH_3-TPD 图。Cu15/Al-F 催化剂在 190 ℃和 340 ℃下可观察到两个脱附峰,190 ℃时的解吸峰为物理吸附的 NH_3,340 ℃时的解吸峰为 NH_3 在中强酸位点上的吸附,且随着 Cu 含量增加和 Ce 的引入,NH_3-TPD 曲线发生了明显变化。Cu15/Al-F、Cu20/Al-F、Cu20Ce7/Al-F、Cu20Ce10/Al-F 和 Cu20Ce15/Al-F 催化剂的脱附峰向低于 340 ℃的峰位移动,产生这种现象的原因是随着 Cu 含量增加以及 Ce 的引入,部分 Bronsted 酸质子被金属离子取代,并且金属氧化物纳米颗粒产生 Lewis 中强酸位点。此外,这些催化剂的 NH_3 消耗量趋势为:Cu20Ce7/Al-F(12.5 μmol·g^{-1}) < Cu20Ce15/Al-F(15.9 μmol·g^{-1}) < Cu20Ce10/Al-F(19.4 μmol·g^{-1}),Cu25/Al-F(12.7 μmol·g^{-1}) < Cu15/Al-

F(16.1 μmol·g^{-1}) < Cu20/Al-F(16.8 μmol·g^{-1});这与催化剂在高于 250 ℃ 的催化活性不一致,这可能是温度的升高使活性组分间团聚,导致酸性位点及酸量的减少,降低了催化活性。这表明酸位点对脱硝性能有促进作用,但不是影响 NH$_3$-SCR 活性的唯一因素。

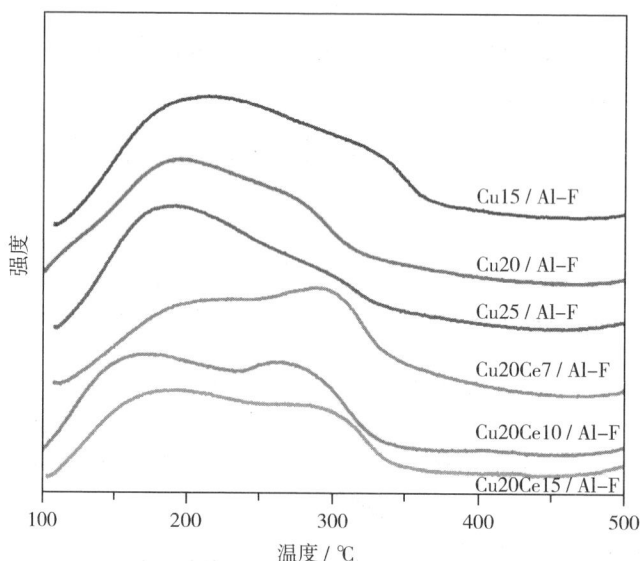

图 6.6　不同催化剂的 NH$_3$-TPD 图

笔者通过 XPS 对催化剂表面 Cu、Ce 和 O 的化学状态和元素价态的相对含量进行了表征分析(图 6.7 和表 6.1)。Cu 2p 的 XPS 如图 6.7(a)所示,在结合能介于 950~956 eV 和 930~937 eV 之间时,可分别观察到归属于 Cu 2p$_{1/2}$ 和 Cu 2p$_{3/2}$ 的特征峰,以及 943 eV 相应的卫星峰,表明样品中存在 Cu^{2+}。结合能在 932.5 eV 和 952.5 eV 处的峰归属于 Cu$^+$/Cu^0,934.1 eV 和 955 eV 处的峰归属于 Cu^{2+}。Cu$^+$ 优先被氧化形成 Cu^{2+},NO$_x$ 与 Cu^{2+} 结合为活性中间体 Cu^{2+}-N$_x$O$_y$,进一步与 NH$_3$ 反应生成 N$_2$ 和 H$_2$O,从而促进催化循环提高 SCR 活性。

Ce 3d$_{5/2}$ 和 Ce 3d$_{3/2}$ 的 XPS 谱图被拟合为 v、v′、v″、v‴、u、u′、u″和 u‴8 个峰,如图 6-7(b)所示,其中 v′ 和 u′ 归属于 Ce^{3+},v、v″、v‴、u、u″和 u‴ 归属于 Ce^{4+},表明 Ce 改性的催化剂中共同存在 Ce^{3+} 和 Ce^{4+}。Ce^{4+}/Ce^{3+} 氧化还原循环可以促进 Cu$^+$ 向 Cu^{2+} 转化,形成 Cu^{2+}+Ce^{3+}⟷Cu$^+$+Ce^{4+} 氧化还原循环,从而使催化剂中的 Cu^{2+} 含量增加。同时,由于 Ce^{3+}/Ce^{4+} 氧化还原循环,催化剂

形成的配位不饱和物质导致还原不再局限于表面,会深入到大部分材料中,从而加速还原过程。O 1s XPS 谱图如图 6.7(c)所示,在 531.8 eV 和 532.7 eV 处的峰分别归属于表面晶格氧(O_β)和化学吸附氧(O_α),O_α 作为最活跃的氧物种在氧化反应阶段发挥重要作用。

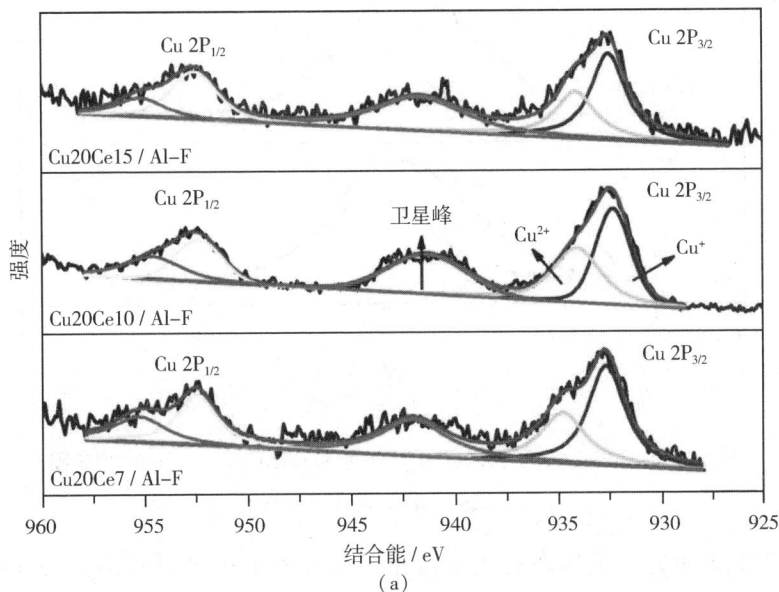

(a)

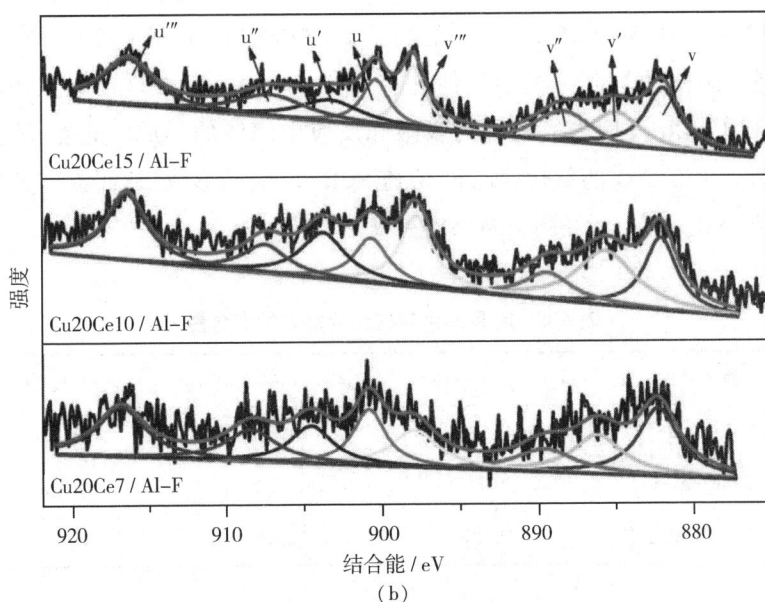

(b)

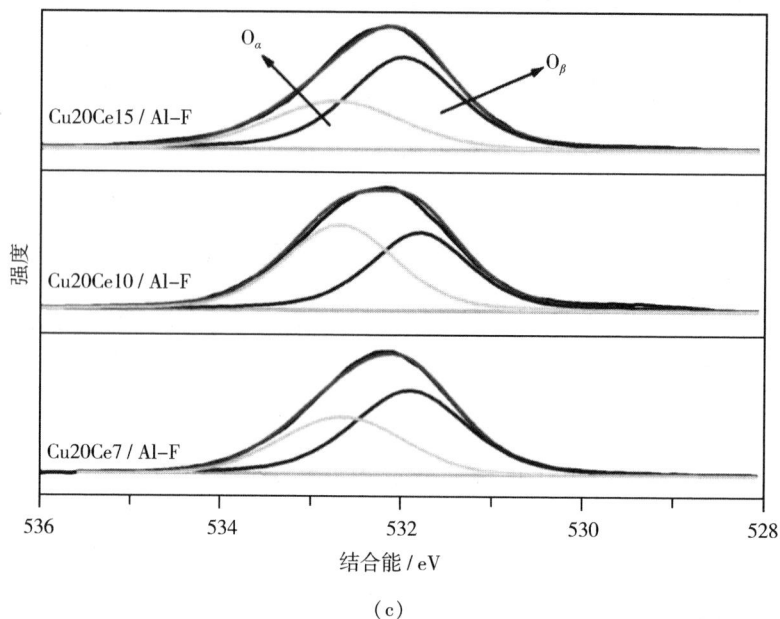

（c）

图 6.7 Cu20Ce7/Al-F、Cu20Ce10/Al-F 和 Cu20Ce15/Al-F 的 XPS 图

（a）Cu 2p；（b）Ce 3d；（c）O 1s

表 6.1 为各元素价态的相对含量。从表 6.1 中可以看出，Cu20Ce10/Al-F 催化剂中 $Cu^{2+}/(Cu^{2+}+Cu^{+})$、$Ce^{3+}/(Ce^{3+}+Ce^{4+})$ 和 $O_{\alpha}/(O_{\alpha}+O_{\beta})$ 的值分别为 47.1%、31.3% 和 53.1%，明显高于 Cu20Ce7/Al-F 和 Cu20Ce15/Al-F 催化剂。这表明适量 Ce 的引入促进了 $Ce^{3+}+Cu^{2+} \longleftrightarrow Ce^{4+}+Cu^{+}$ 氧化还原循环，有利于 SCR 反应内氧物种的吸附和反应中间体的形成。此外，较多的 O_{α} 物种有利于 NO 的氧化，促进"快速 SCR"反应的形成，从而提高催化性能，这与 NH_3-SCR 活性测试结果相一致。

表 6.1 所有催化剂的元素价态相对含量

催化剂	$Cu^{2+}/(Cu^{2+}+Cu^{+})$	$Ce^{3+}/(Ce^{3+}+Ce^{4+})$	$O_{\alpha}/(O_{\alpha}+O_{\beta})$
Cu20Ce10/Al-F	47.1%	31.3%	53.1%
Cu20Ce7/Al-F	39.8%	23.2%	38.9%
Cu20Ce15/Al-F	36.1%	21.9%	36.9%

6.4　本章小结

本章首先通过水热法成功制备了 Al 改性的 FDU-12 分子筛(Al-FDU-12),然后通过浸渍法制备了不同负载量的 Cu(x)/Al-FDU-12(x = 15%、20%、25%)和 Cu20Ce(x)/Al-FDU-12(x = 7%、10%、15%)脱硝催化剂。催化剂在 150~200 ℃温度范围内的催化活性顺序为:Cu25/Al-FDU-12 < Cu15/Al-FDU-12 < Cu20/Al-FDU-12 < Cu20Ce15/Al-FDU-12 < Cu20Ce7/Al-FDU-12 < Cu20Ce10/Al-FDU-12。Cu20Ce10/Al-FDU-12 在 250 ℃时 NO_x 转化率达到 80%,N_2 选择性高达 99%,这表明 Cu 和 Ce 的最佳负载量分别为 20% 和 10%。TEM 结果表明 Al 改性及适量 Cu 和 Ce 的加入对 FDU-12 的有序介孔结构几乎没有太大影响,过量负载则会破坏其载体结构。H_2-TPR、NH_3-TPD 和 XPS 结果表明,Ce 掺杂和活性组分的适量负载促进了 Cu^{2+}、Cu^+/Cu^0 元素价态间的相互转化,增强了氧化还原性能,有利于形成更多的酸性位点和表面化学吸附氧,促进"快速 SCR"反应的进行,从而提高了催化活性。

第7章　La 改性 Ce-Cu/ZSM-5 催化剂的制备、表征及脱硝性能研究

7.1　引言

近年来,沸石基脱硝催化剂因其突出的催化性能和 N_2 选择性而被广泛应用于 NH_3-SCR。金属交换微孔沸石最近也引起了广泛的关注,因为它们具有高 SCR 性能、宽温度窗口和出色的结构稳定性。Cu 交换沸石由于孤立的 Cu 离子和二聚体 Cu 物种目前最受关注。此外,与含 Fe 的沸石催化剂相比,Cu-沸石催化剂在低温下表现出更好的 SCR 性能。尽管如此,含 Cu 沸石的高温(HT)催化性能和水热稳定性仍然存在一些缺陷。因此,许多研究人员试图优化含 Cu 催化剂的沸石性能。用其他阳离子改性/掺杂可以提高含 Cu 催化剂的水热稳定性和抗水/硫性。通过 Ce、Fe 和 La 等阳离子改性或掺杂对 Cu 交换沸石的脱硝活性和水热稳定性有非常有益的影响。二氧化铈因其氧化还原性能以及在氧化或还原条件下通过 $Ce^{4+} \longleftrightarrow Ce^{3+}$ 储存和释放氧气的能力而具有吸引力。此外,它还促进了 NO 氧化为 NO_2。据报道 Ce 的引入提高了 CuO 的氧化还原性,并增强了 CuO 与载体之间的相互作用。同时,Ce 的加入增加了活性氧并增强了酸度,活性成分与载体的相互作用促进了金属氧化物的分散。CuCe-SAPO-34 表现出比 Cu-SAPO-34 更好的 NH_3-SCR 活性,是因为添加 Ce 抑制了 CuO 的形成并促进了大量活性 Cu^{2+} 的形成。此外,Ce 可以稳定沸石的结构,防止活性 Cu^{2+} 转化为非活性物

质,从而大大增强了催化剂的抗水性。Ce 的引入还可以扩宽 NH_3-SCR 反应温度并增强 Cu/ZSM-5 的抗水/硫性,增强了 Lewis 酸位点和氧化还原性能。La 是一种高效的促进剂,已被应用于脱硝反应,这是因为它可以增强表面氧缺陷、活性位点的稳定性和氧化还原,从而提高 SCR 性能。La 的改性有利于减小 Cu 和 Mn 的粒径并防止它们团聚,从而提高催化剂的还原性,促进活性中心与反应物(NO 和 CO)之间的反应。La 物种还可以促进 NO 在催化剂表面的吸附/解离,从而提高 NO-CO 反应的催化活性和选择性。此外,La 可以保护 La-SAPO-11 的结构在 800 ℃下 4 h 不被破坏。添加少量 Ce 或 La 可以显著提高 Cu-SAPO-34 的水热稳定性。但最重要的是,与老化的 Cu-SAPO-34 相比,老化的 Ce 或 La 改性的 Cu-SAPO-34 在 175~350 ℃温度范围内表现出更好的活性(NO_x 转化率>93%)。稀土改性是一种有效的方法以提高含有 Cu 催化剂的沸石的稳定性和催化活性。ZSM-5 沸石由于其酸性高、无腐蚀性、易回收等特点,在脱硝领域引起了广泛关注。然而,很少有报道使用 La 掺杂 Ce 和 Cu 改性的 ZSM-5 沸石催化剂用于 NH_3-SCR。

本章成功合成了不同质量 La 掺杂 Ce 和 Cu 改性的 ZSM-5 催化剂(CC-Lx/Z5,x=1%、1.5%、2%、2.5%、3%),阐明了添加 La 对 SCR 性能的影响,还研究了其的抗硫性和抗水性。此外,使用原位漫反射傅里叶变换红外光谱研究了 Ce-Cu-La2/Z5(CCL2/Z5)对 NH_3-SCR 的反应机理。

7.2　实验部分

催化剂 Ce-Cu-La/ZSM-5 的制备过程如图 7.1 所示。首先,将一定量的 Na/ZSM-5(Na/Z5)加入 NH_4NO_3(0.5 mol·L^{-1})溶液(固∶液=1∶4)中,混合后的溶液 90 ℃搅拌 5 h,过滤、洗涤、干燥、500 ℃煅烧 4 h,得到样品 H/ZSM-5,记为 H/Z5。然后将 Ce(NO_3)$_3$·$6H_2O$、Cu(NO_3)$_2$·$3H_2O$ 和 La(NO_3)$_3$·$6H_2O$ 加入到 H/Z5 水溶液中,室温搅拌 24 h,过滤、洗涤、干燥、500 ℃空气中煅烧 4 h,得到样品 Ce-Cu-La(x)/ZSM-5(x=

1%、1.5%、2%、2.5% 和 3%），记为 CC-L(x)/Z5（x = 1%、1.5%、2%、2.5% 和 3%）。作为对比，在同样条件下只是不加 Cu(NO$_3$)$_2$·3H$_2$O 和 La(NO$_3$)$_3$·6H$_2$O 或 La(NO$_3$)$_3$·6H$_2$O 制备 Ce/ZSM-5（Ce/Z5）和 Ce-Cu/ZSM-5（CC/Z5）。

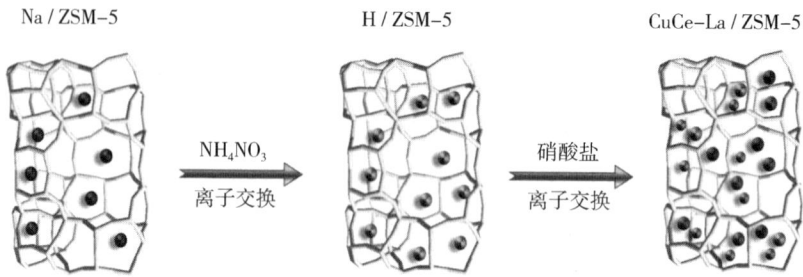

图 7.1 La 掺杂 Ce-Cu/ZSM-5 催化剂的制备过程

7.3 结果与讨论

7.3.1 La 添加对 Ce-Cu/ZSM-5 宽温脱硝性能影响及催化机理的研究

图 7.2 为不同催化剂的催化活性、CC-L2/Z5 的 NH$_3$-SCR 稳定性和 N$_2$ 选择性。由图 7.2(a) 可以看出，CC-L2/Z5 在 200~450 ℃ 宽温度范围内 NO$_x$ 转化率高于 Ce/Z5 和 CC/Z5。同时，CC-L2/Z5 的 NO$_x$ 转化率在 250 ℃ 时为 88.6%，在 300 ℃ 时达到 99.5%，随后 NO$_x$ 转化率随着反应温度的升高基本保持不变，当温度达到 500 ℃ 时，CC-L2/Z5 的 NO$_x$ 转化率仍保持在大约 99.2%。在 200~450 ℃ 温度范围内其 N$_2$ 选择性高于 97.4%，如图 7.2(c) 所示，说明 CC-L2/Z5 是一种催化性能优良的宽温脱硝催化剂。

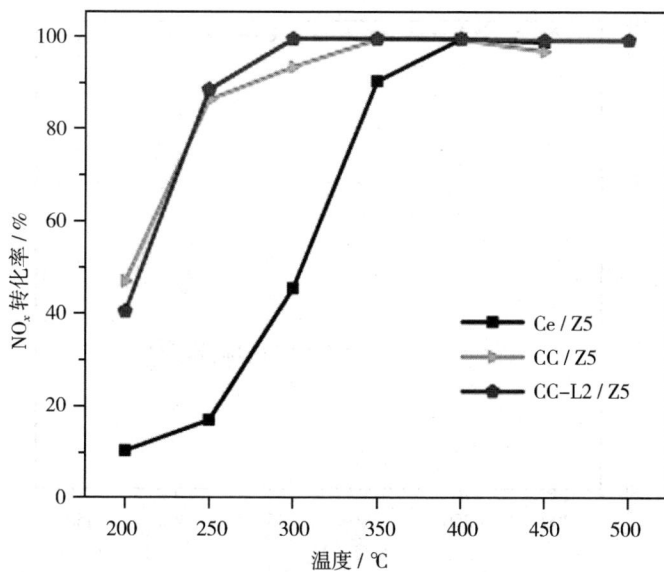

（a）

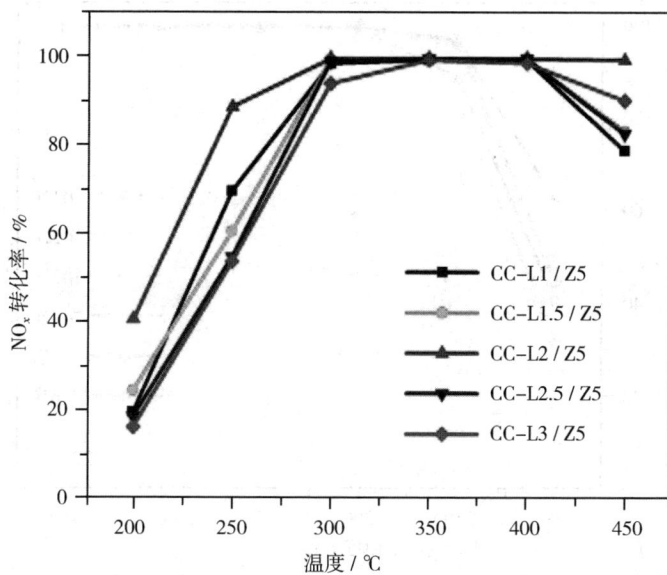

（b）

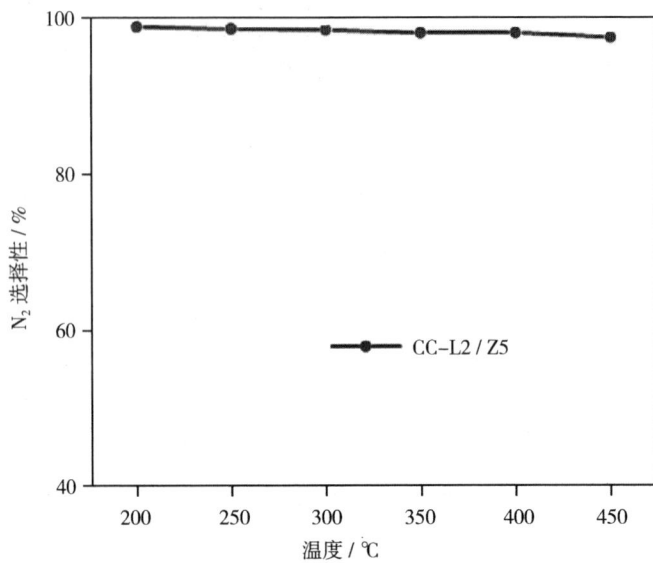

（c）

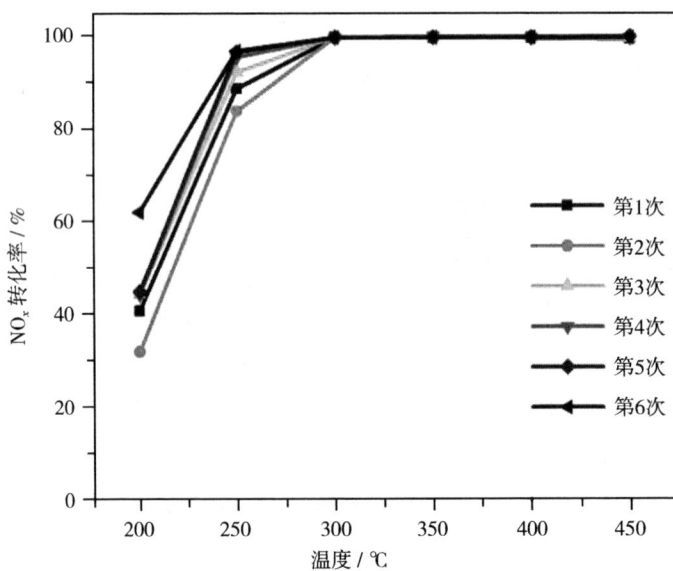

（d）

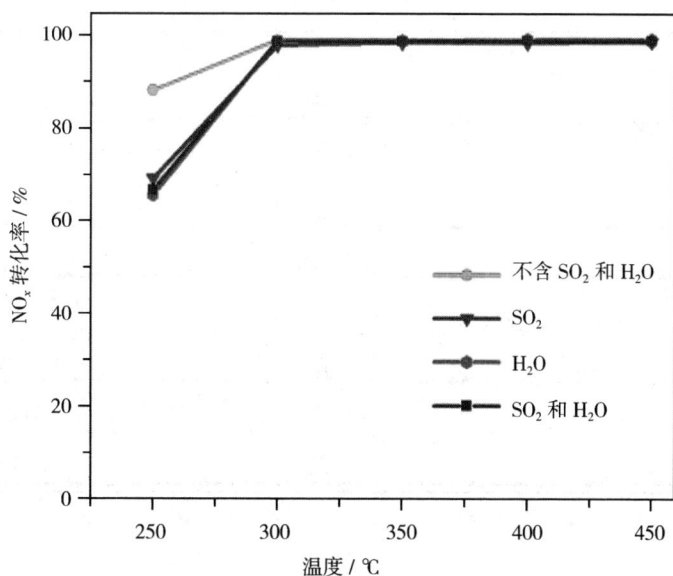

（e）

图 7.2 （a）、（b）不同催化剂的 NH_3-SCR 活性；（c）CC-L2/Z5 的 N_2 选择性；

（d）CC-L2/Z5 循环使用 6 次的 NH_3-SCR 活性

和（e）不同温度下 SO_2 和 H_2O 对 CC-L2/Z5 催化剂 NO_x 转化率的影响

7.3.2　形貌及物化性质表征分析

图 7.3 为 NH_3 选择性催化还原活性测试前后所有样品的 XRD 图谱。从图 7.3 可以看出，所有样品均呈现出 MFI（ZSM-5）典型的衍射峰。Ce/Z5、CC/Z5、CC-L1/Z5、CC-L1.5/Z5、CC-L2/Z5、CC-L2.5/Z5、CC-L3/Z5 与 Na/Z-5 相比，衍射峰没有发生明显变化，表明载体结构并没有被破坏。此外，在负载型催化剂中并没有观察到金属和金属氧化物的峰，表明活性组分 Ce、Cu 和 La 的颗粒相对较小且分布均匀。此外，经一次脱硝测试后催化剂 CC-L2/Z5 的特征衍射峰没有明显变化，说明 CC-L2/Z5 在反应过程中载体结构没有被破坏。

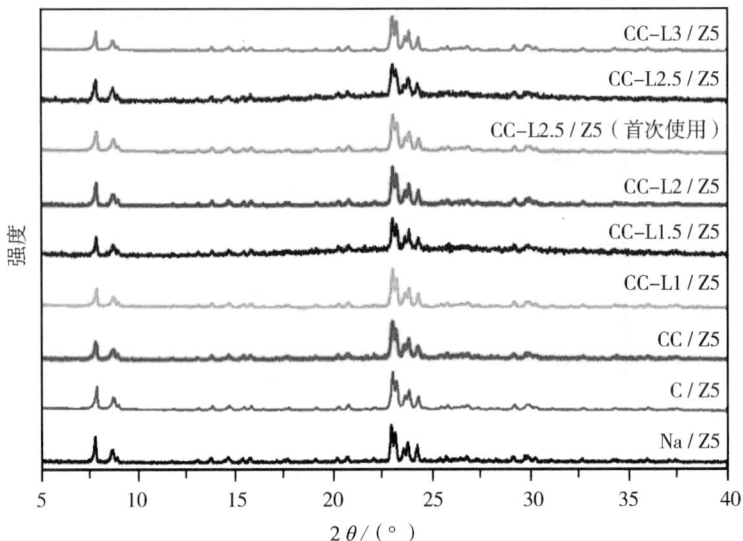

图 7.3　新制备样品和经一次脱硝测试后的催化剂 CC-L2/Z5 的 XRD 图谱

图 7.4 为催化剂的 SEM 图,从图 7.4(a)可以看出 Na/Z5 的形貌呈现立方体晶体形貌。此外,从 CC-L2/Z5 的 SEM 图中可以看出,添加活性组分 Ce、Cu 和 La 后,分子筛的形貌基本保持不变,说明活性组分引入后并没有改变分子筛载体的形貌。然而,负载后催化剂的载体表面的小颗粒归属于金属氧化物。CC-L1.5/Z5 和 CC-L2.5/Z5 与 CC-L2/Z5 相比,催化剂表面活性组分的聚集较为明显,如图 7.4(d)～(f)所示。结果表明,适量 La 的加入可改善活性组分的分散性,减少团聚。

(a)

(b)

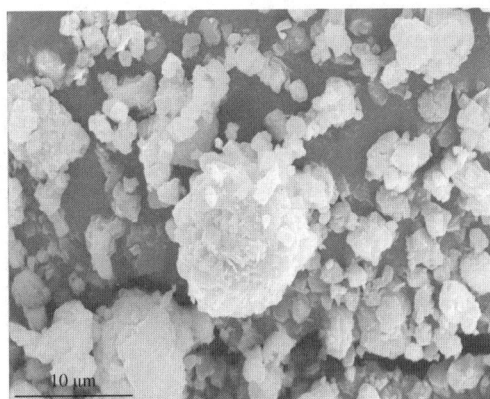

(c)

(d)

（e）

（f）

图 7.4 （a）Na/Z5、（b）Ce/Z5、（c）CC/Z5、
（d）CC-L2/Z5、（e）CC-L1.5/Z5 和（f）CC-L2.5/Z5 催化剂的 SEM 图

　　图 7.5 为 CC-L2/Z5 和 CC/Z5 的 SEM-Mapping 图。从图中可以看出 CC-L2/Z5 催化剂由 Ce、Cu、La、Si、Al、O 等元素组成,这些元素在催化剂中分布均匀,La 的掺杂提高了 Ce 和 Cu 在 ZSM-5 中的分散性,这与催化活性的结果相一致。

（a）

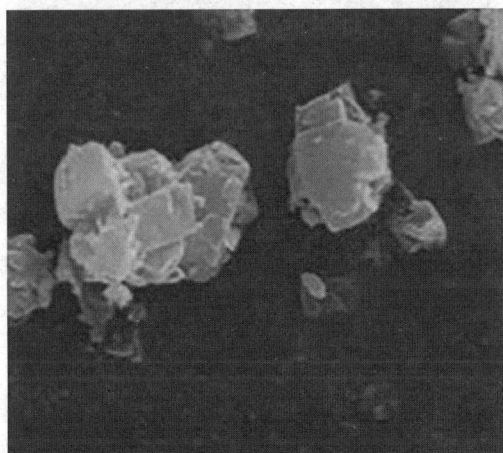

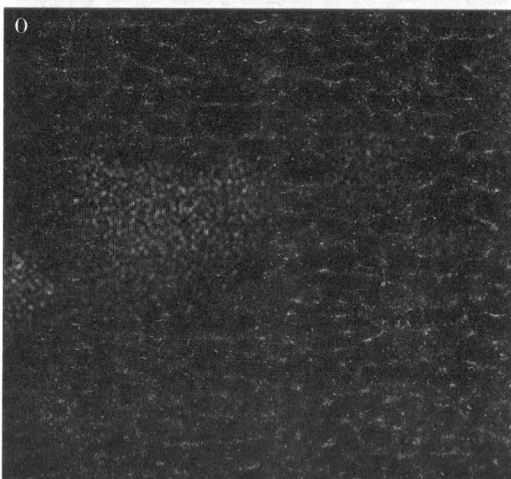

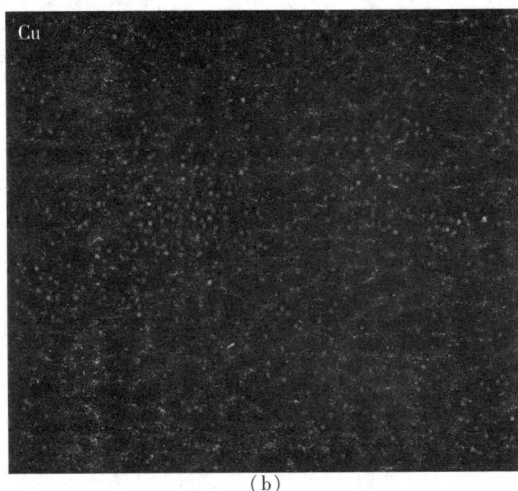

(b)

图 7.5　(a) CC-L2/Z5 和 (b) CC/Z5 催化剂的 SEM-Mapping 图

图 7.6 为 H/Z5、CC/Z5 和 CC-L2/Z5 的 N_2 吸附-脱附等温线。H/Z5 表现为 Ⅳ 型等温线和 H1 型滞后环（$0.4 < p/p_0 < 1.0$），这是介孔内的毛细凝聚作用造成的。此外，H/Z5 中还存在着微孔，表明 H/Z5 是一种多级孔材料。比表面积高低顺序为：CC-L2/Z5（303 $m^2 \cdot g^{-1}$）< CC/Z5（311 $m^2 \cdot g^{-1}$）< H/Z5（321 $m^2 \cdot g^{-1}$），比表面积的降低是由于活性组分引入到载体中。此外，复合孔（微孔/介孔）和高比表面积有利于反应的扩散控制。

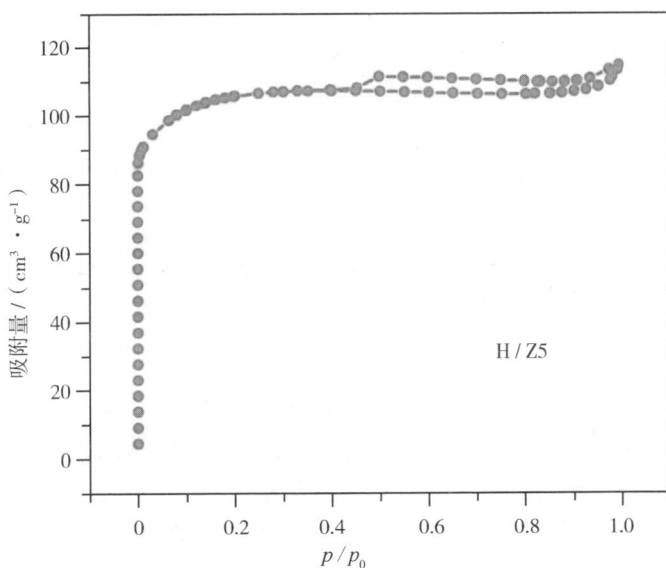

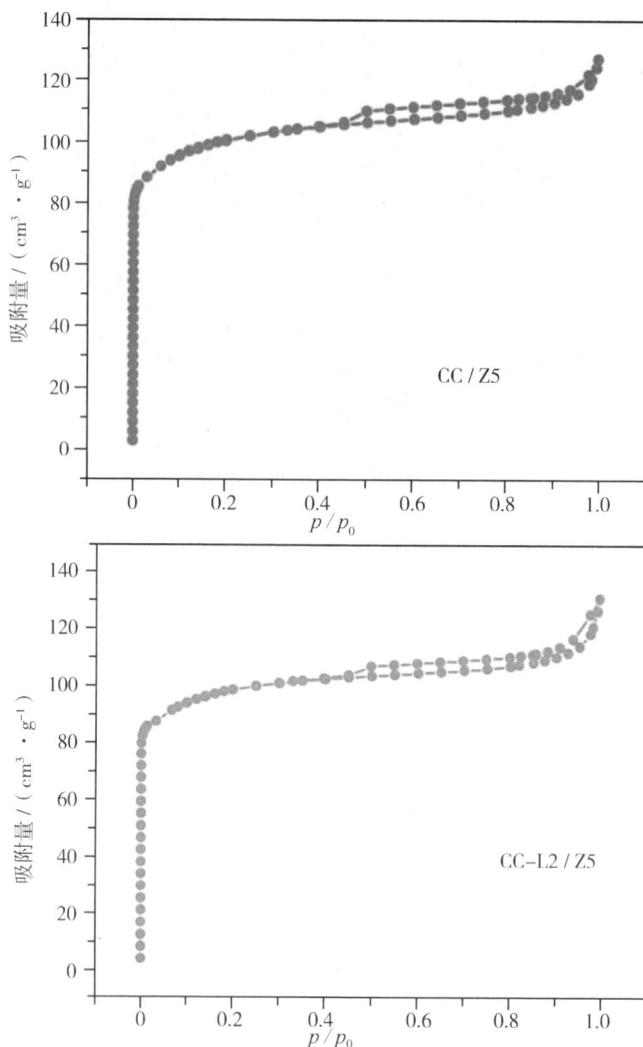

图 7.6　H/Z5、CC/Z5 和 CC-L2/Z5 的 N_2 吸附-脱附等温线

图 7.7(a)为 Ce/Z5、CC/Z5 和 CC-L2/Z5 催化剂的 H_2-TPR 图。Ce/Z5 在 409 ℃的还原峰归属于 $Ce^{4+} \rightarrow Ce^{3+}$，CC/Z5 在 360 ℃和 663 ℃出现的还原峰分别归属于 $Cu^{2+} \rightarrow Cu^+ \rightarrow Cu^0$ 和 $Ce^{4+} \rightarrow Ce^{3+}$。CC-L2/Z5 在 357 ℃出现的还原峰归属于 $Cu^{2+} \rightarrow Cu^+ \rightarrow Cu^0$，516 ℃的还原峰归属于 $Ce^{4+} \rightarrow Ce^{3+}$。CC-L2/Z5 催化剂与 Ce/Z5 和 CC/Z5 相比，还原峰向低温移动，说明 La 的引入显著提高了 CC-L2/Z5 催化剂的氧化还原能力。CC-L1/Z5、CC-L1.5/Z5、CC-L2.5/Z5 和 CC-L3/Z5 也得到了相似的结果，如图 7.7(b)所示。此外，

催化剂的 H_2 消耗量依次为 Ce/Z5（1.73×10^2 μmol · g^{-1}）< CC-L3/Z5（1.78×10^2 μmol · g^{-1}）< CC-L2.5/Z5（1.80×10^2 μmol · g^{-1}）< CC/Z5（3.26×10^2 μmol · g^{-1}）< CC-L1.5/Z5（3.44×10^2 μmol · g^{-1}）< CC-L1/Z5（3.69×10^2 μmol · g^{-1}）< CC-L2/Z5（3.72×10^2 μmol · g^{-1}），表明氧化还原能力是影响低温 NH_3-SCR 活性的因素之一。

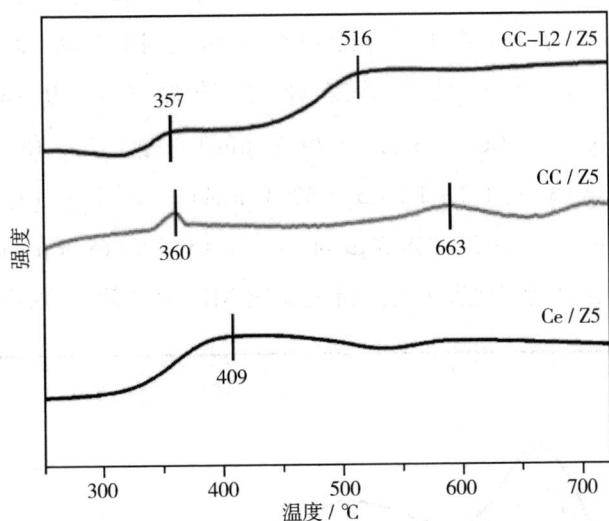

（a）

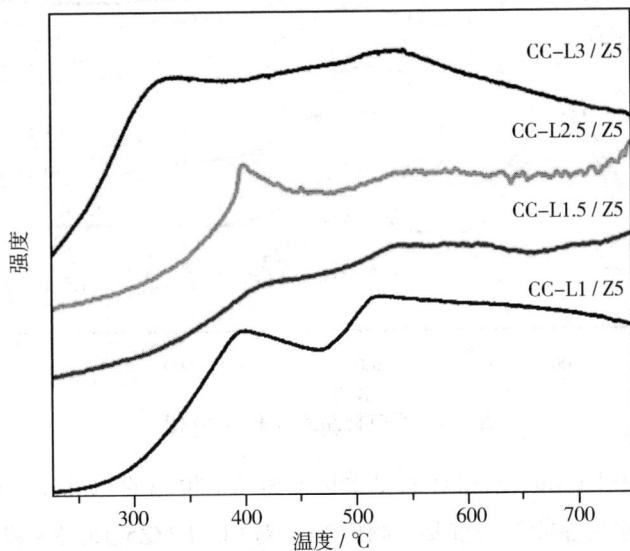

（b）

图 7.7　（a）C/Z5、CC/Z5 和 CC-L2/Z5 的 H_2-TPR 图；
（b）CC-L1/Z5、CC-L1.5/Z5、CC-L2.5/Z5 和 CC-L3/Z5 的 H_2-TPR 图

酸性位点在反应过程中有利于氨的吸附和活化,提高脱硝活性。通过 NH_3-TPD 对催化剂表面酸性进行了表征。图 7.8 为 Ce/Z5、CC/Z5、CC-L1/Z5、CC-L1.5/Z5、CC-L2/Z5、CC-L2.5/Z5 和 CC-L3/Z5 的 NH_3-TPD 图。400 ℃ 以下的解吸峰为 NH_3 在弱酸位点上的吸附,400 ℃ 以上的解吸峰为 NH_3 在强酸位点上的吸附,在高温(>400 ℃)下,随着 La 元素的加入催化剂上出现了一些新的峰,表明更多的强酸位点在催化剂上形成。此外,这些催化剂的 NH_3 消耗呈现下降趋势,其顺序依次为 CC-L2/Z5(46.1 $\mu mol \cdot g^{-1}$) < CC-L1/Z5(49.2 $\mu mol \cdot g^{-1}$) < CC-L2.5/Z5(51.6 $\mu mol \cdot g^{-1}$) < CC-L3/Z5(52.3 $\mu mol \cdot g^{-1}$) < CC-L1.5/Z5(53.8 $\mu mol \cdot g^{-1}$) < Ce/Z5(58.3 $\mu mol \cdot g^{-1}$)< CC/Z5(68.6 $\mu mol \cdot g^{-1}$),表明酸位点对脱硝性能有促进作用,但不是影响 NH_3-SCR 活性的唯一因素。

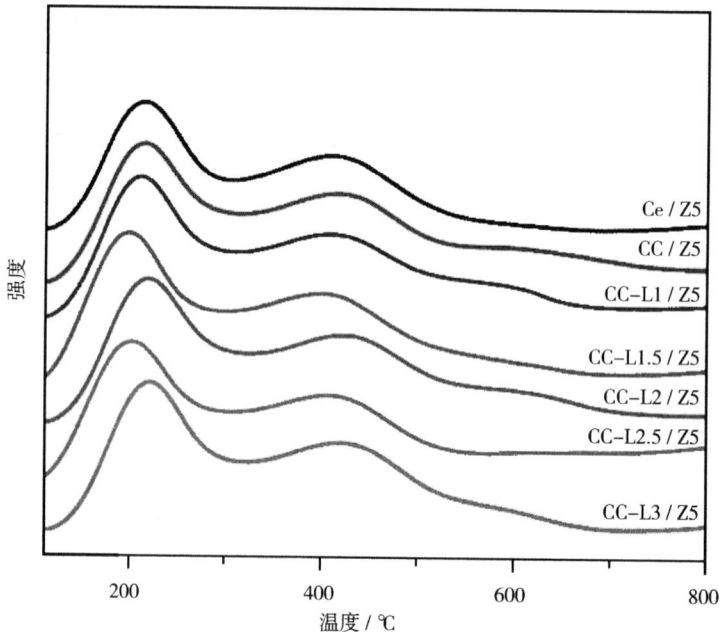

图 7.8　所有样品的 NH_3-TPD 图

催化剂中 La、Cu、Ce 和 O 的化学状态和元素价态的相对含量对 NH_3 选择性催化还原的性能至关重要。利用 XPS 对 CC-L2/Z5、CC/Z5 和 Ce/Z5 三种催化剂的 La、Cu、Ce 和 O 元素的化学状态进行了研究。图 7.9 为 CC-L2/Z5、CC/Z5 和 Ce/Z5 的 La 3d、Cu 2p、Ce 3d 和 O 1s 的 XPS 谱图。根据拟合峰面积计算了各元素价态的相对百分含量(表 7.1)。

如图 7.9(a)所示,CC-L2/Z5 催化剂的 La $3d_{5/2}$ 归属于 La^{3+}。CC-L2/Z5 的 Cu $2p_{1/2}$ 和 Cu $2p_{3/2}$ 的 XPS 谱图分别被拟合为两个特征峰,如图 7.9(b)所示。在 933.3 eV 和 953.1 eV 结合能处出现的两个峰可归属于 Cu^{2+}。此外,还观察到一个非常小的卫星峰,表明在 CC-L2/Z5 催化剂中存在 Cu^{2+}。在 931.6 eV 和 952.0 eV 结合能处的峰归属于 Cu^+。CC-L2/Z5 与 CC/Z5 相比,Cu $2p_{1/2}$ 和 Cu $2p_{3/2}$ 的结合能有较大变化,这种变化是 Cu^{2+} 还原为 Cu^+ 造成的。Ce 3d 的 XPS 谱图被拟合为 v、v′、v″、v‴、u、u′、u″和 u‴ 8 个特征峰,如图 7.9(c)所示,其中 v′和 u′归属于 Ce^{3+},v、v″、v‴、u、u″和 u‴归属于 Ce^{4+},表明在 CC-L2/Z5、CC/Z5 和 Ce/Z5 催化剂中 Ce^{3+} 和 Ce^{4+} 共同存在。图 7.9(d)为 CC-L2/Z5、CC/Z5 和 Ce/Z5 催化剂的 O 1s XPS 谱图,CC-L2/Z5 在 531.9 eV 和 531.5 eV 处的特征峰分别为表面化学吸附氧(O_α)和晶格氧(O_β),CC-L2/Z5 与 CC/Z5 和 Ce/Z5 相比,O_α 和 O_β 特征峰向较低结合能处移动,表明 Cu、Ce 和 La 之间存在较强的相互作用。

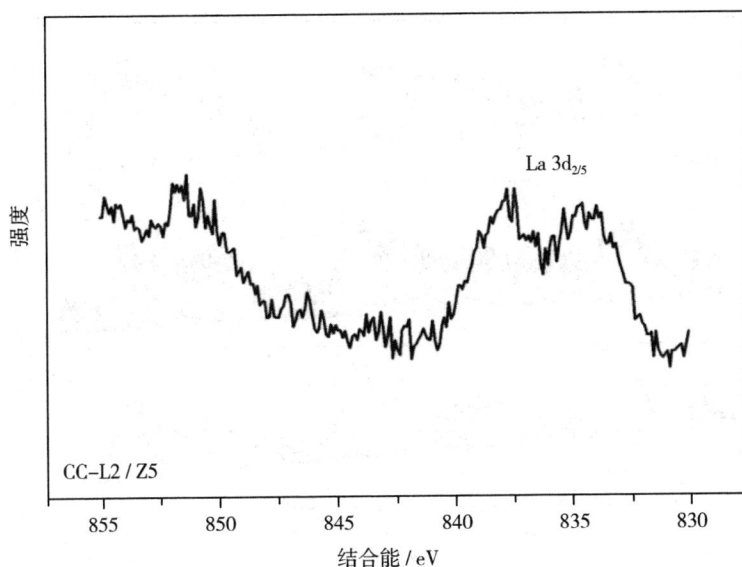

(a)

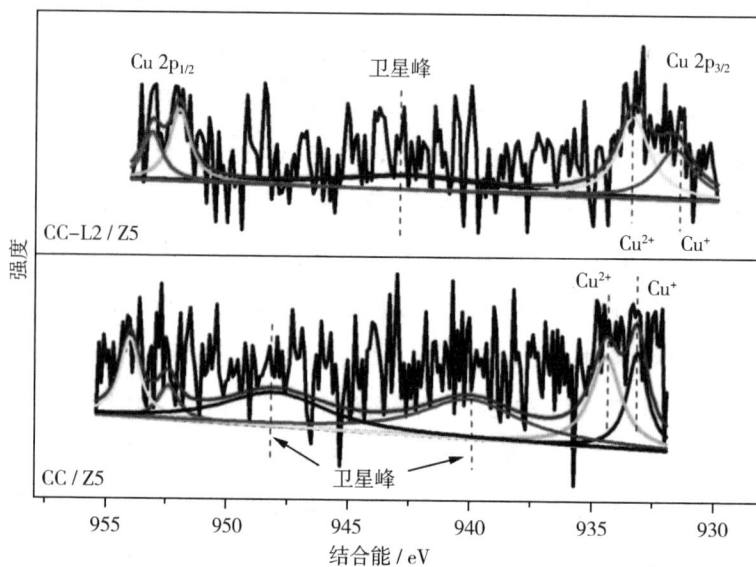

(b)

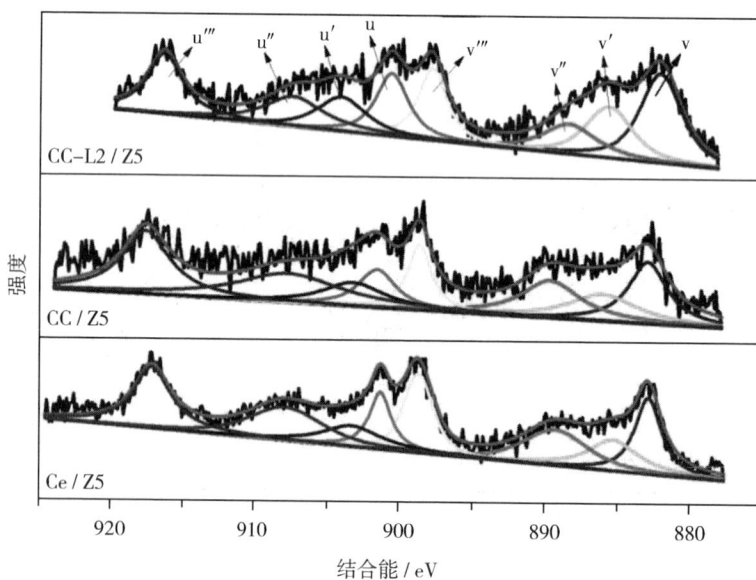

(c)

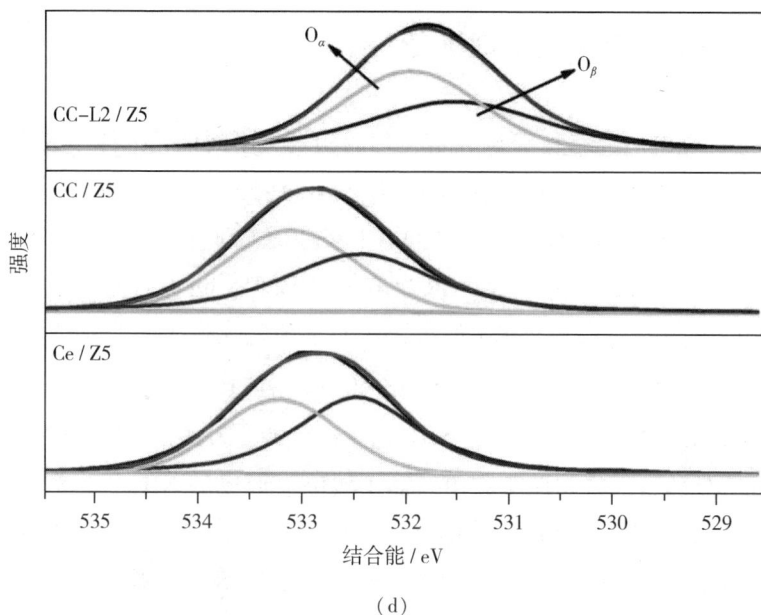

（d）

图 7.9　CC-L2/Z5、CC/Z5 和 Ce/Z5 的 XPS 谱图

（a）La 3d;（b）Cu 2p;（c）Ce 3d 和（d）O 1s

从表 7.1 中可以看出,CC-L2/Z5 催化剂中 $Cu^{2+}/(Cu^{2+}+Cu^+)$ 和 $Ce^{3+}/$ $(Ce^{3+}+Ce^{4+})$ 的值分别为 51.7% 和 22.3%,是这三种催化剂中最高的。这是由于 La 的引入增强了 Cu 和 Ce 之间的协同效应,形成了 $Ce^{3+}+Cu^{2+} \longleftrightarrow Ce^{4+}+Cu^+$ 氧化还原循环。而且 $Ce^{4+} \longleftrightarrow Ce^{3+}$ 的转换会造成电荷不平衡,产生氧空位,促进选择性催化还原内氧离子的吸附和反应物的活化。O_α 有利于 NO 氧化为 NO_2,产生"快速 SCR"反应,提高脱硝性能,在所制备的催化剂中 CC-L2/Z5 的 $O_\alpha/(O_\alpha+O_\beta)$ 含量相对最高,这与 NH_3 选择性催化还原结果一致。

表 7.1　三种催化剂中元素价态相对含量

催化剂	$Cu^{2+}/(Cu^{2+}+Cu^+)$	$Ce^{3+}/(Ce^{3+}+Ce^{4+})$	$O_\alpha/(O_\alpha+O_\beta)$
CC-L2/Z5	51.7%	22.3%	52.4%
CC/Z5	44.4%	19.6%	49.8%
Ce/Z5	—	19.2%	42.7%

7.3.3　NH₃-SCR 反应机理研究

反应机理的研究有利于 SCR 催化剂的构筑。不同催化剂体系具有不同的氧化还原能力和酸性，它们生成的 NH_x/NO_x 活性中间产物主要影响反应路径和反应效率。为了研究催化剂的 NH_3-SCR 机理，笔者采用原位红外测试了 CC-L2/Z5 催化剂在 NH_3-SCR 反应中的中间体，进而研究其反应机理。

图 7.10 为 CC-L2/Z5 催化剂在 350 ℃下预先吸附 NH_3 后通入 $NO+O_2$ 的原位红外谱图。当通入 NH_3 预吸附 60 min 后，1619 cm^{-1}、1203 cm^{-1} 和 1300 cm^{-1} 处的特征峰是由于 NH_3 在 Lewis 酸位上的吸附，1389 cm^{-1}、1660 cm^{-1} 处的特征峰归属于在 Bronsted 酸位上形成的 NH_4^+。随着 $NO+O_2$ 的引入，所有种类氨的峰强均逐渐减弱，甚至消失。同时，检测到桥接硝酸盐和双齿硝酸盐物种（1212 cm^{-1} 和 1595 cm^{-1}）、单齿硝酸盐（1304 cm^{-1} 和 1413 cm^{-1}）和吸附态 NO_2（1629 cm^{-1}）等新特征峰，表明 CC-L2/Z5 催化剂在 NH_3 选择性催化还原反应过程中主要以吸附态的 NH_3 与吸附的 NO_x 发生反应，遵循 L-H 反应机理。此外，吸附在 Lewis 酸上的 NH_3 和吸附在 Bronsted 酸位点上的 NH_4^+ 同样参与了 NH_3 选择性催化还原反应。

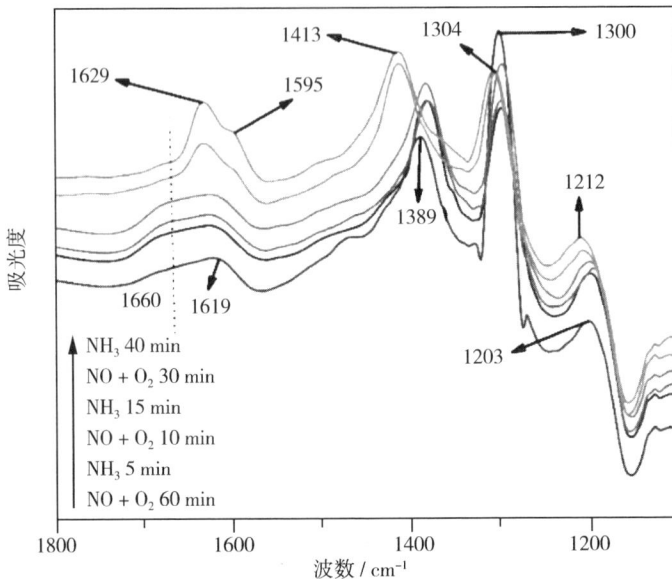

图 7.10　CC-L2/Z5 在 350 ℃下预吸附 NH_3 然后与 $NO+O_2$ 反应的原位红外谱图

　　图 7.11 为在 350 ℃下预先吸附 NO+O$_2$ 后通入 NH$_3$ 的 In-situ DRIFTS 测试光谱图。在 NO+O$_2$ 通入 60 min 后,检测到双齿硝酸盐(1541 cm^{-1})、桥接硝酸盐(1627 cm^{-1})、单齿硝酸盐(1270 cm^{-1}、1507 cm^{-1} 和 1480 cm^{-1})、表面亚硝酸盐物种(1437 cm^{-1})的特征吸收峰。当 NH$_3$ 加入参与反应后,1270 cm^{-1} 处的单齿硝酸盐吸收峰立即消失,并在 1254 cm^{-1} 处出现了新的特征配位 NH$_3$ 的吸收峰,而在 1480 cm^{-1}、1541 cm^{-1}、1627 cm^{-1} 和 1507 cm^{-1} 波段处的峰逐渐减小甚至消失,在 1613 cm^{-1} 处出现新的 NH$_3$ 特征配位键吸收峰,而 1437 cm^{-1} 处的表面亚硝酸盐在反应中并不活跃。结果表明,吸附的 NO+O$_2$ 也可以与吸附的 NH$_3$ 发生反应,进而说明 CC-L2/Z5 上的 SCR 反应主要遵循 L-H 机理。此外,CC-L2/Z5 吸附 NO$_x$ 的能力较强,生成的硝酸盐参与了 SCR 反应。

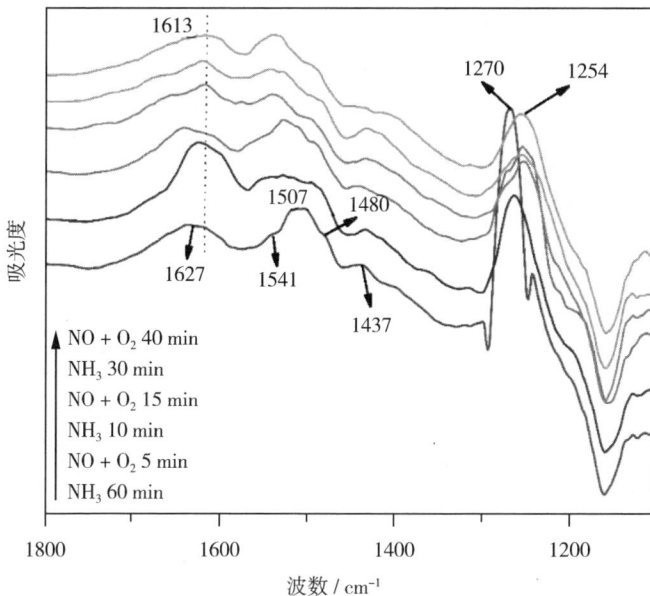

图 7.11　CC-L2/Z5 在 350 ℃下预吸附 NO+O$_2$ 然后与 NH$_3$ 反应的原位红外谱图

为了更进一步研究其反应机理,在反应中同时引入 NO、O_2 和 NH_3,并在不同反应温度(150~400 ℃)下采集其原位红外谱图,以此确定反应中间体在 CC-L2/Z5 催化剂上的形成路径。如图 7.12 所示,当反应温度为 150 ℃时,并未检测到 NH_3 在 Lewis 酸位上吸附的峰,在 1517 cm^{-1} 和 1254 cm^{-1} 处出现了不同硝酸盐的吸收峰,而在 1430 cm^{-1} 出现的峰是由于在 Bronsted 酸位点上形成的 NH_4^+。然而,当温度从 150 ℃升高到 300 ℃时,吸附在 Bronsted 酸位点上的 NH_4^+ 和硝酸盐均消失。由此可见,CC-L2/Z5 在 NH_3-SCR 反应过程中,在低温和高温下主要遵循 E-R 机理和 L-H 机理,这与文献报道一致。

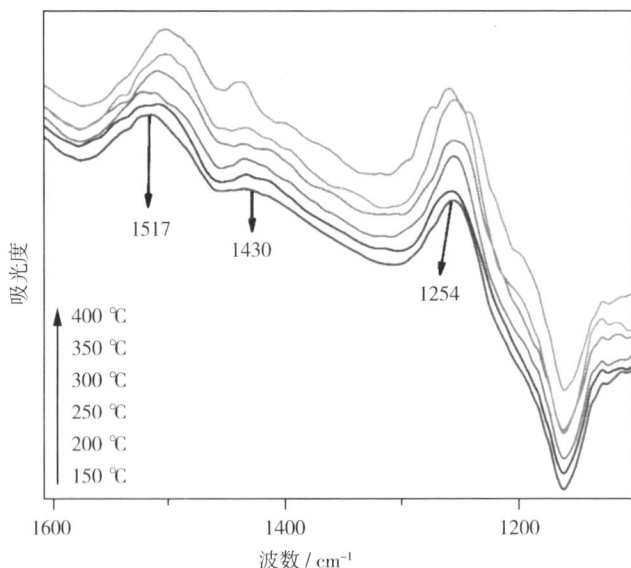

图 7.12　CC-L2/Z5 在 $5×10^{-4}NH_3+5×10^{-4}NO+5\% \, O_2$ 和不同温度下的原位红外谱图

7.4　本章小结

本章采用简单的离子交换法合成了一系列 La 掺杂改性 Ce-Cu/ZSM-5 催化剂,并对其催化活性进行了评价。在所制备的催化剂中,CC-L2/Z5 在 250~500 ℃宽温度窗口表现出良好的脱硝活性,即 250 ℃时 NO_x 转化率为

88.6%,300~500 ℃时 NO_x 转化率为 99% 同时具有优异的 N_2 选择性(＞98%),还具有较强的抗水性(和)硫性和较好的循环稳定性,循环使用 6 次后其催化活性并没有明显下降,表明 2% 的 La 为最佳掺杂量。XRD、SEM 和 SEM-Mapping 表明活性组分的负载并未改变 ZSM-5 载体自身结构和形貌,La 的掺杂提高了催化剂活性组分的分散性。H_2-TPR、NH_3-TPD 和 XPS 结果表明,La 的加入可以改善氧化还原性能和酸性,可以提高 O_α 的浓度,促进 NO 氧化为 NO_2,加速"快速 SCR"反应,提高了 NH_3-SCR 的催化活性。原位红外实验表明,当温度高于 250 ℃时,CC-L2/Z5 催化剂上所吸附的硝酸盐与吸附的 NH_3 发生反应,主要遵循 L-H 反应机理。

第 8 章　La 和 Ce 改性 Cu/TNU-9 宽温催化剂的脱硝性能研究

8.1　引言

沸石常被用作脱硝催化剂的载体,主要是因为它们具有较高的比表面积、良好的水热稳定性、特殊的孔结构和丰富的酸性。铜交换沸石,如 ZSM-5、SSZ-13、SAPO-34、USY 等,由于其特殊的孤立离子活性位点,对 SCR 反应具有吸引力。然而,虽然 Cu-沸石催化剂具有优异的低温催化性能,但其在高温下的热稳定性和抗硫性较弱。这些问题可以通过改性/掺杂其他阳离子或探索具有优化拓扑结构的新型沸石催化剂来解决。CeO_2 易硫酸化,因此可以通过构建 Ce 掺杂的 Cu-沸石催化剂构建牺牲位点保护主要活性位点来增强抗硫性。此外,Ce 还可以储存和释放氧气,并具有优异的氧化还原性能,可以拓宽铜基沸石催化剂的工作温度窗口,但其催化活性在较高温度下会降低。也有研究者发现稀土元素 La 的引入能够使 SAPO-11 骨架在高温下不变形,$[La(OH)_2]^+$ 补偿了结构张力并增加了 Al-O 的结合强度,抑制了热处理过程中的脱硅。他们还发现 La 的引入可以提高 Cu-SAPO-34 的水热稳定性,因为 La 有效减轻了脱铝并抑制了铜物种的聚集。此外,La 还可以改善氧化还原性能,稳定 Cu-SAPO-34 的表面酸位,进一步促进反应物的吸附和活化,从而提高 NH_3-SCR 活性。La 有利于减小铜和锰的尺寸并抑制团聚,提高了还原性,从而有利于增加暴露的活性位点。同时,La^{3+} 可以促进 $Mn^{4+}+Cu^+ \longleftrightarrow Mn^{3+}+Cu^{2+}$。Cu-Ce-La-SSZ-13 催化剂对 NH_3-SCR 表现出优异的活性和水热稳定性。Ce^{4+} 和 La^{3+} 的添加有助于更多孤立的 Cu^{2+} 在 SSZ-13 沸石中占据更多活性位点。

此外,还有人合成了具有三维十元环通道系统的高硅分子筛 TNU-9 沸石,其具有良好的水热稳定性和丰富的表面酸性,有利于反应物与活性中心的接触和产物的扩散。他们研究了 Cu 或 Co 交换的 TNU-9、Beta、IM-5 和 ZSM-5 催化剂对 C_3H_8 选择性催化还原 NO 的催化性能。TNU-9 沸石在反应过程中的活性与其他已知的高活性沸石相似,在水存在下几乎不失活。这是由于金属活性位点在 TNU-9 的孔隙中分布良好,孤立小颗粒是金属活性位点的主要存在形式。Tarach 等人还研究了 Cu-ZSM-5、Cu-TNU-9、Cu-FER 和 Cu-Y 对 NH_3-SCR 的催化性能和稳定性。尽管 Cu-TNU-9 催化剂活性低,但仍保持较高的 N_2 选择性。当 H_2O 存在时,Cu-TNU-9 的活性显著提高,但 N_2O 的产量也增加。在笔者之前的研究中,Mn-Ce/TNU-9 是通过简单的离子交换法制备的,Mn-Ce/TNU-9 在宽温度窗下具有优异的催化活性。然而,当水和二氧化硫同时存在时,Mn-Ce/TNU-9 的 NO_x 转化率并不理想。

本章成功合成了 La 和 Ce 掺杂的 Cu-TNU-9 催化剂(Ce-Cu-La/TNU-9)。此外,研究了 La 的引入对 SCR 活性的影响,还讨论了抗硫性和抗水性。

8.2　实验部分

催化剂的制备过程如图 8.1 所示。通过动态水热晶化法合成分子筛 TNU-9($SiO_2/Al_2O_3 = 60$),首先合成模板剂 1,4-MPB,然后将 $Al(NO_3)_3$ · $9H_2O$ 和 NaOH 加入水中溶解后再加入模板剂 1,4-MPB,边搅拌边缓慢加入白炭黑。室温下搅拌 24 h,160 ℃动态水热晶化 10 d,凝胶的化学组成为 30 SiO_2：11 Na_2O：0.5 Al_2O_3：4.5(1,4-MPB)：1200 H_2O。过滤、干燥、空气气氛下 550 ℃煅烧 6 h 得到样品 Na/TNU-9(Na/T9)。最后将一定量的 Na/T9 和 NH_4NO_3(0.5 mol · L^{-1})溶液进行两次离子交换后空气中 500 ℃煅烧 4 h 得到 H/TNU-9(H/T9)。

采用离子交换法引入金属活性中心。首先,将 H/T9 加入 $Cu(NO_3)_2$ · $3H_2O$ 水溶液中 80 ℃搅拌、过滤、洗涤、干燥(重复 3 次),获得的样品 500 ℃

空气中煅烧 4 h 得到催化剂 Cu/TNU-9（Cu/T9）。然后将 C/T9 与一定量的
Ce(NO₃)₃·6H₂O 进行离子交换（重复 3 次）。将上述离子交换后得到的样
品加入到 La(NO₃)₃·6H₂O 水溶液中混合、搅拌、过滤、洗涤、干燥、500 ℃ 空
气中煅烧 4 h 得到的材料记为 Ce-Cu-La/TNU-9（CCL/T9）。作为对比，在
相同条件下不添加 La(NO₃)₃·6H₂O 制备 Ce-Cu/TNU-9（CC/T9）。

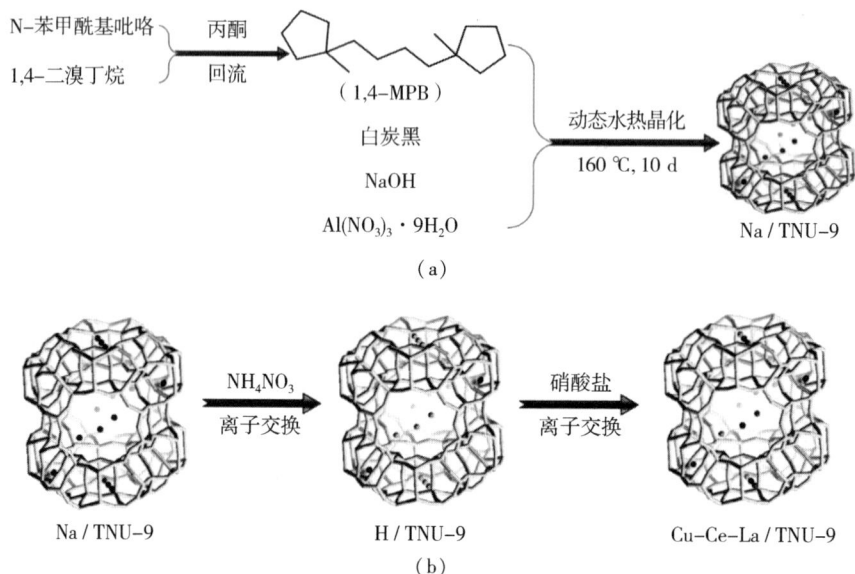

图 8.1 （a）Na/TNU-9、（b）Ce 和 La 掺杂 Cu/TNU-9 催化剂的制备过程

8.3 结果与讨论

8.3.1 催化剂活性及抗水、硫性的研究

图 8.2 为不同样品的催化活性和 N_2 选择性。从图 8.2(a) 可以看出，在
200~450 ℃ 温度范围内 CCL/T9 比 Cu/T9 和 CC/T9 表现出更高的 NO_x 转化
率。CCL/T9 在反应温度为 200 ℃ 和 400 ℃ 时的 NO_x 转化率分别为 99.3%
和 92.4%。此外，尽管 CCL/T9 在温度高于 350 ℃ 时 NO_x 转化率随温度的升

高而降低,但仍高于 Cu/T9 和 CC/T9。结果表明,CCL/T9 是一种优良的宽温脱硝催化剂。同时,在 200~450 ℃ 条件下所有催化剂的 N_2 选择性几乎接近 100%,如图 8.2(b)所示。La 的加入可以提高催化性能,是因为 La 有利于改善 CCL/T9 催化剂中 $Cu^{2+}+Ce^{4+}\longleftrightarrow Cu^++Ce^{3+}$ 的电子转移,进而促进 NO 氧化为 NO_2,形成快速 SCR 反应,从而提高活性。为了验证这一假设,笔者对 Cu/T9、CC/T9 和 CCL/T9 进行了 NO 氧化实验。从图 8.2(e)可以看出 CCL/T9 表现出比 Cu/T9 和 CC/T9 更优异的 NO 氧化能力,说明 La 的加入促进了 NO 向 NO_2 的转化,从而产生了快速 SCR 反应。此外,La 在氧缺陷的产生方面具有优势。有文献报道 $Cu^{2+}+Ce^{3+}\longleftrightarrow Cu^++Ce^{4+}$ 和 $Cu^{2+}+Ti^{3+}\longleftrightarrow Cu^++Ti^{4+}$ 降低了电子传递的能量,提高了催化性能。La^{3+} 的加入促进了氧化还原循环反应,增加催化剂的表面酸性,从而形成更多的活性离子和表面氧缺陷。此外,活性组分和载体的协同作用也能提高 NH_3-SCR 活性。CCL/T9 催化剂与文献报道的 Cu 基分子筛催化剂相比,CCL/T9 在 NH_3-SCR 反应中的 NO_x 转化率较高(表 8.1)。

表 8.1 SCR 反应中具有代表性的 Cu 基分子筛催化剂

催化剂	反应条件	NO_x 转化率/%
Cu-SAPO-18 Ce-Cu-SAPO-18	$[NO]=[NH_3]=5\times10^{-4}$, $[O_2]=14\%$, GSHV = 130000 h^{-1}	>80 (200~400 ℃) >93 (200~400 ℃)
Cu-Ce/SAPO-34	$[NO]=[NH_3]=5\times10^{-4}$, $[O_2]=5\%$, WHSV = 20000 mL·g^{-1}·h^{-1}	>75 (200~400 ℃)
Cu-Beta Cu-Y Cu-ZSM-5	$[NO]=[NH_3]=10^{-3}$, $[O_2]=6\%$, GSHV = 300000 h^{-1}	58~91 (200~300 ℃) 40~98 (200~300 ℃) 39~97 (200~300 ℃)
Cu-TNU-9	$[NO]=5\times10^{-4}$, $[NH_3]=5.75\times10^{-4}$, $[O_2]=5\%$, GSHV = 30000 h^{-1}	98~88 (200~350 ℃)
Cu-Ce-La/TNU-9	$[[NO]=[NH_3]=5\times10^{-4}$, $[O_2]=5\%$, GSHV = 10000 h^{-1}	99~97 (200~400 ℃)

图 8.2(c)为 Cu/T9、CC/T9 和 CCL/T9 在 250 ℃时 SO_2 和 H_2O 存在下的 NO_x 转化率。从图 8.2(c)可以看出，在低温下由于 NH_4HSO_4 阻塞并破坏了活性位点，随着反应时间的延长 Cu/T9 和 CC/T9 催化剂的 NO_x 转化率略有下降，而 CCL/T9 催化剂的 NO_x 转化率几乎不受影响。Cu/T9、CC/T9 和 CCL/T9 在 250 ℃抗硫和水反应后的 TG-DSC 曲线如图 8.2(f)所示。三种样品的 TG 曲线在 30~800 ℃的区域表现为三次失重。250 ℃以下的失重归因于物理吸附水。在 250~390 ℃区间的失重(0.59%~1.02%)主要与硫酸氢铵的分解有关。在 390~700 ℃区间的失重(1.09%~1.59%)是金属硫酸盐/亚硫酸盐分解所致，顺序为 Cu/T9 >CCL/T9 >CC/T9。结果表明，Ce 和 La 可以作为牺牲剂与 SO_2 反应保护 Cu 活性位点。从图 8.2(d)可以明显看出 CCL/T9 催化剂在不同温度下的催化活性变化不大，CCL/T9 具有良好的抗硫和水性。

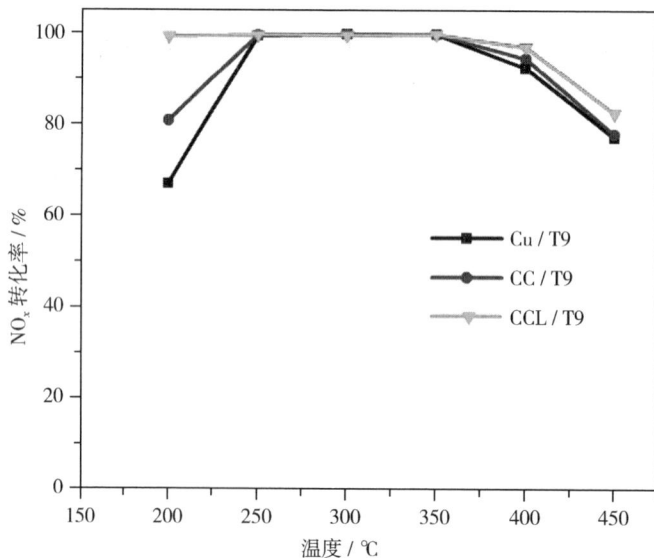

(a)

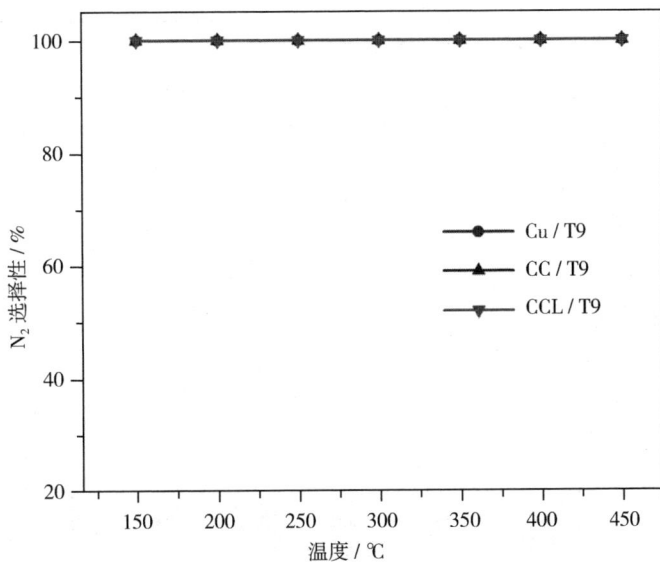

（b）

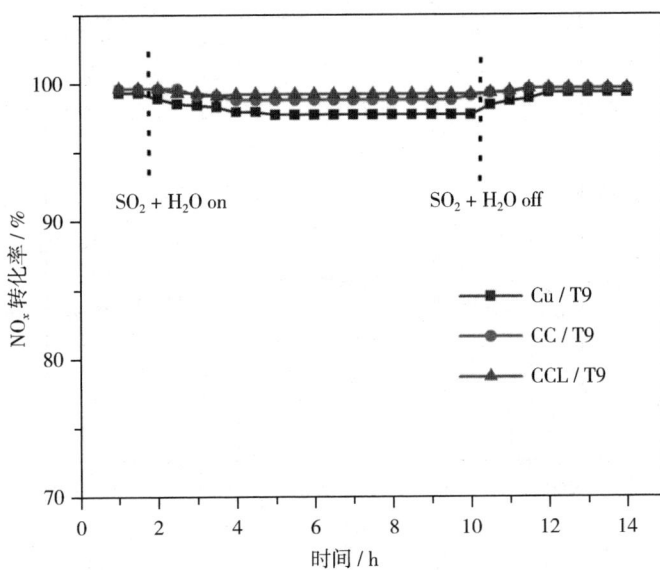

（c）

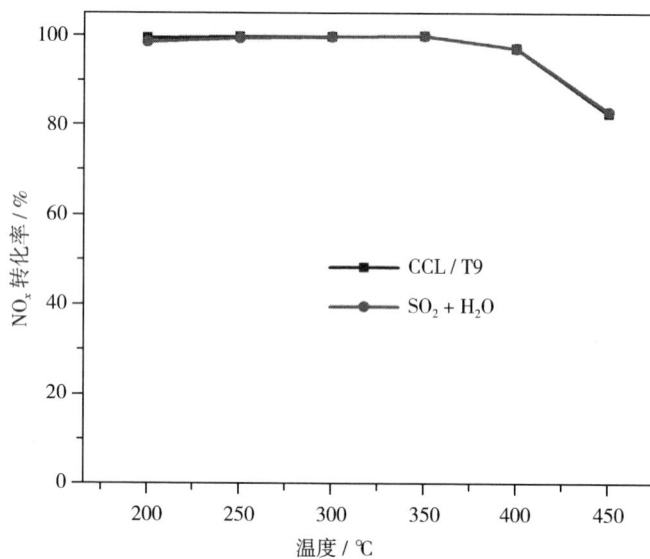

（d）

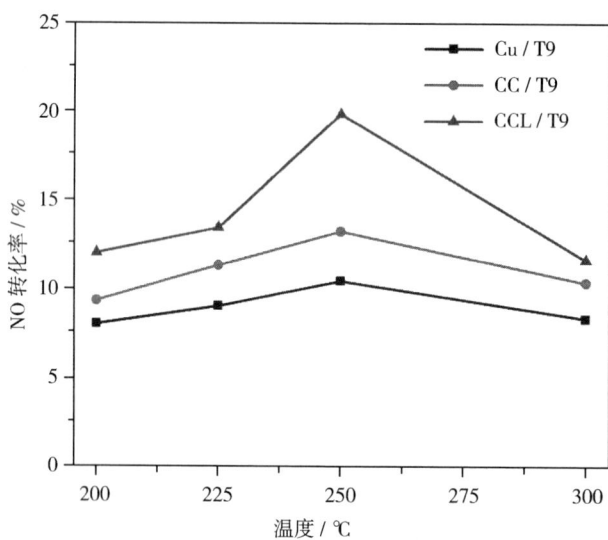

（e）

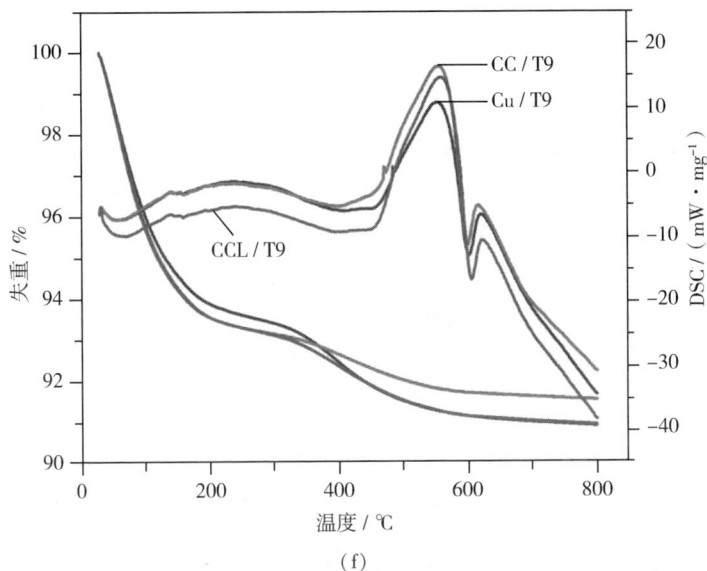

(f)

图 8.2　(a)不同催化剂的 NH_3-SCR 活性;(b)不同催化剂的 N_2 选择性;

(c)250 ℃ 时 SO_2 和 H_2O 对催化剂 NO_x 转化率的影响;

(d)在不同温度下 SO_2 和 H_2O 对 CCL/T9 NO_x 转化率的影响;

(e)C/T9、CC/T9 和 CCL/T9 的 NO 氧化测试;

(f)Cu/T9、CC/T9 和 CCL/T9 在 250 ℃ 抗硫和水反应后的 TG-DSC 曲线图

8.3.2　形貌及物化性质表征分析

图 8.3 为 Na/T9、H/T9、Cu/T9、CC/T9 和 CCL/T9 的 XRD 图谱。由图 8.3 可以看出,所有催化剂都呈现了 TNU-9 的特征峰,说明所有催化剂都具有 TUN 结构。与 Na/T9 相比,H/T9、Cu/T9、CC/T9 和 CCL/T9 的衍射峰没有明显变化,说明 TNU-9 的结构负载后没有被破坏。此外,XRD 图谱中没有观察到金属或金属氧化物的峰,表明活性中心粒子相对较小或金属氧化物含量过低且在载体中分布较为均匀。

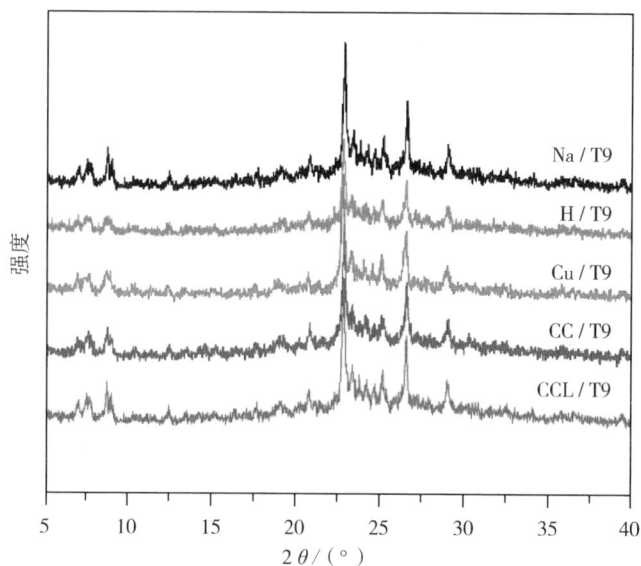

图 8.3　不同催化剂的 XRD 图谱

　　图 8.4 为 H/T9、Cu/T9、CC/T9 和 CCL/T9 的 SEM 图。由图 8.4 可以看出 H/T9 的为立方块状晶体结构,结晶度较高。Cu/T9、CC/T9 和 CCL/T9 催化剂的形貌与 TNU-9 分子筛的形貌一致,这与 XRD 结果一致。此外,由于金属氧化物的存在负载型催化剂表面存在一些较小的粒子。

（a）

（b）

（c）

（d）

图 8.4　（a）H/T9、（b）Cu/T9、（c）CC/T9 和（d）CCL/T9 的 SEM 图

图 8.5 为 Cu/T9、CC/T9 和 CCL/T9 的 SEM-Mapping 图像。CCL/T9 由 Ce、Cu、La、Si、Al、O 等元素组成,且 Ce、Cu、La、Si、Al、O 呈均匀分布。此外,Cu/T9 和 CC/T9 可以得到类似的结果。

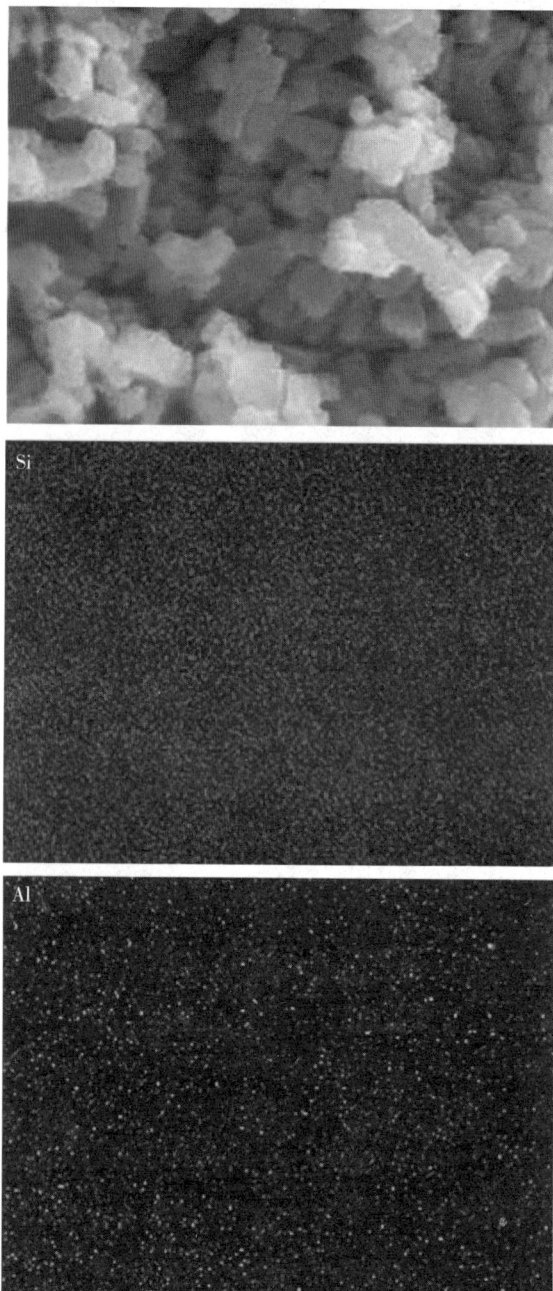

（a）

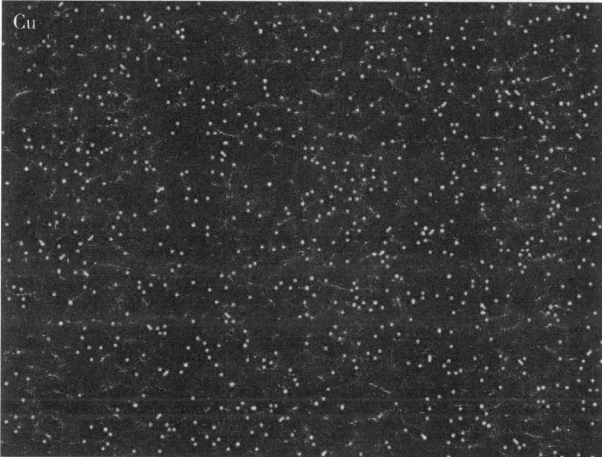

（b）

(c)

图 8.5　(a) C/T9、(b) CC/T9 和 (c) CCL/T9 的 SEM-Mapping 图像

图 8.6 为 H/T9、Cu/T9、CC/T9 和 CCL/T9 的 N_2 吸附–脱附等温线图。在相对较低的压强($p/p_0 < 0.02$)时,由于微孔内的毛细凝聚作用所有催化剂都表现出较大的吸附,表明微孔结构的存在。同时,CCL/T9 在相对较高的压强($p/p_0 > 0.9$)时,相比于其他催化剂具有更明显的滞后环,这是由于介孔的存在。活性组分 Cu、Ce 和 La 引入后的催化剂与 H/T9 相比,比表面积降低 CC/T9($306\ m^2 \cdot g^{-1}$)<CCL/T9($339\ m^2 \cdot g^{-1}$)<Cu/T9($373\ m^2 \cdot g^{-1}$)<H/T9($430\ m^2 \cdot g^{-1}$)。但这与催化性能不一致,表明比表面积并不是影响 SCR 活性的唯一因素。更重要的是多级孔(微孔/介孔)更有利于反应物的扩散,从而 CCL/T9 催化剂的 NH_3–SCR 活性更优异。

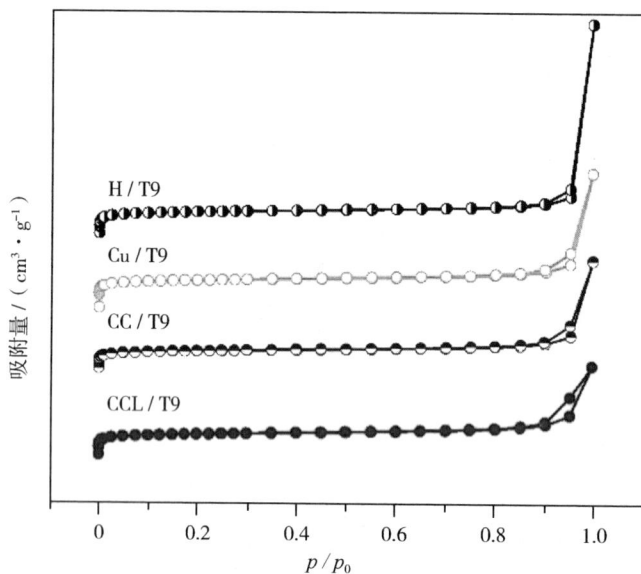

图 8.6　H/T9、Cu/T9、CC/T9 和 CCL/T9 的 N_2 吸附–脱附等温线

图 8.7 为催化剂的 H_2–TPR 曲线图。Cu/T9 在 585 ℃ 的特征峰分别归属于孤立的 Cu^{2+} 被还原为 Cu^+ 和 Cu^+ 还原为 Cu^0。CC/T9 在 363 ℃ 和 585 ℃ 附近的峰归属于 $Cu^{2+} \rightarrow Cu^+ \rightarrow Cu^0$ 和 $Ce^{4+} \rightarrow Ce^{3+}$ 的转变。CCL/T9 在 363 ℃ 和 503 ℃ 处的峰分别对应 $Cu^{2+} \rightarrow Cu^+ \rightarrow Cu^0$ 和 $Ce^{4+} \rightarrow Ce^{3+}$ 金属元素的价态变化。CCL/T9 与 Cu/T9 和 CC/T9 相比,在 503 ℃ 附近的峰位向更低的温度移动,表明 La 可以显著提高 CCL/T9 的氧化还原能力。此外,所

有催化剂的 H_2 消耗量顺序为 Cu/T9（$1.81×10^2$ μmol · g^{-1}）< CC/T9
（$1.9×10^2$ μmol · g^{-1}）< CCL/T9（$3.69×10^2$ μmol · g^{-1}）。这与催化性能
结果一致,表明氧化还原能力有利于 SCR 的活性,是 NH_3-SCR 的主要影
响因素之一。

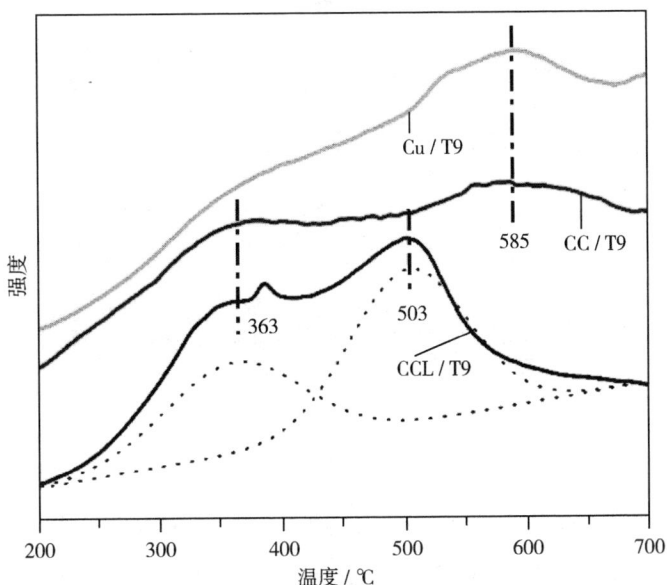

图 8.7　Cu/T9、CC/T9 和 CCL/T9 催化剂的 H_2-TPR 曲线

　　酸性位点能促进氨的吸附和活化,这对分子筛催化剂的 NH_3-SCR 反应
至关重要。通过 NH_3-TPD 表征分析 Cu/T9、CC/T9 和 CCL/T9 的表面酸性
质(图 8.8),250 ℃ 以下的峰是 NH_3 吸附在弱酸位点上的解吸峰或 NH_3 的
物理吸附,400 ℃ 以上的峰是 NH_3 吸附在强酸位点上的解吸峰。CCL/T9 催
化剂在高温(>400 ℃)出现了新峰,表明产生了更多的强酸位点。此外,NH_3
的消耗量顺序为 Cu/T9(50.1 μmol · g^{-1})<CC/T9(55.0 μmol · g^{-1})<CCL/
T9(62.5 μmol · g^{-1}),因此,酸性位点促进了催化活性,是 NH_3-SCR 活性的
主要影响因素之一。

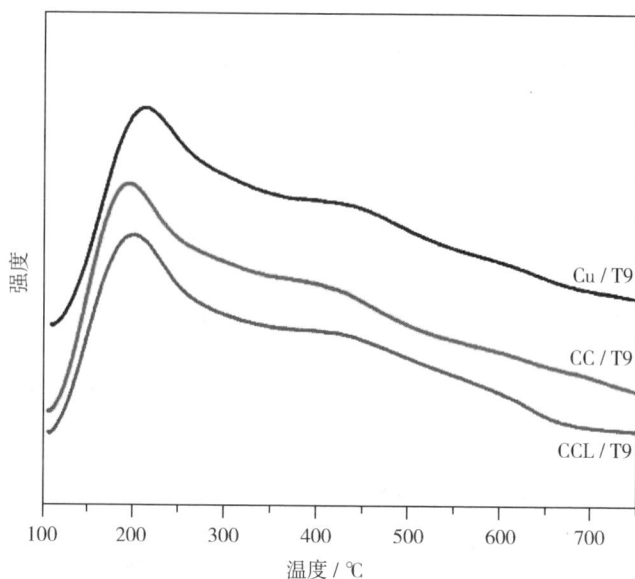

图 8.8　Cu/T9、CC/T9 和 CCL/T9 样品的 NH$_3$-TPD 曲线

　　为了了解活性组分的价态和表面原子浓度对 SCR 反应的影响,笔者采用 XPS 对催化剂进行了研究。图 8.9 显示了 Cu/T9、CC/T9 和 CCL/T9 上 Cu 2p、Ce 3d、O 1s、La 3d 和 S 2p 的 XPS 谱图。根据相应的峰面积计算出不同价态各元素组成的相对百分含量。如图 8.9(a)所示,CCL/T9 Cu 2p$_{1/2}$ 和 Cu 2p$_{3/2}$ XPS 谱图被分别拟合为两个峰,在结合能大约 934 eV 和 956.4 eV 处的特征峰为 Cu^{2+}。此外,从图中可以看到有一个非常小的卫星峰,进一步表明 CCL/T9 中存在 Cu^{2+},Cu$^+$ 的峰集中在 932.2 eV 和 952.1 eV 处。由于 Cu^{2+} 还原为 Cu$^+$,Cu/T9 和 CC/T9 的 Cu 2p$_{1/2}$ 和 Cu 2p$_{3/2}$ 的结合能高于 CCL/T9。CCL/T9、CC/T9 和 Cu/T9 的 Ce 3d XPS 谱图被拟合为 8 个峰 v、v′、v″、v‴、u、u′、u″和 u‴,如图 8.9(b)所示,其中 v′ 和 u′归属于 Ce^{3+},v、v″、v‴、u、u″和 u‴归属于 Ce^{4+},说明 Ce 离子主要以+3 和+4 价态的形式存在。O 1s 的 XPS 谱图如图 8.9(c)所示。CCL/T9 的特征峰在 531.8 eV 和 530.9 eV 处,分别对应于表面化学吸附氧(O$_\alpha$)和晶格氧(O$_\beta$)。由于 Cu、Ce 和 La 之间具有较强的相互作用,CCL/T9 中 O$_\alpha$ 和 O$_\beta$ 的特征峰向比 CC/T9 和 Cu/T9 更

低的结合能处移动。据报道,由于 Cu 和 Ce/La 之间具有较强的相互作用,
O_β 的峰会向低结合能处移动。如图 8.9(d)所示,CCL/T9 催化剂的 La $3d_{5/2}$
归属于 La^{3+},图 8.9(e)显示了 CCL/T9、CC/T9 和 Cu/T9 在 250 ℃ 的抗 SO_2
和 H_2O 性能测试后的 S 2p 的 XPS 谱图。三种催化剂在经抗硫和水性测试
后,样品中并未检测到明显的 S 物种。表明在抗水、抗硫性测试过程中,并
未有大量的硫酸盐物种(硫酸盐/亚硫酸盐)在样品上生成。此外,CC/T9 和
CCL/T9 在经抗性测试的催化剂中表现出优于 Cu/T9 的抗水、抗硫性,这是
由于助剂(Ce、La)优先与 SO_2 反应生成了较少的硫酸盐物种,从而减少了主
要活性中心(Cu 物种)的硫酸化,提高了催化剂的抗性性能。这与这些催化
剂优良的抗水、抗硫性一致。

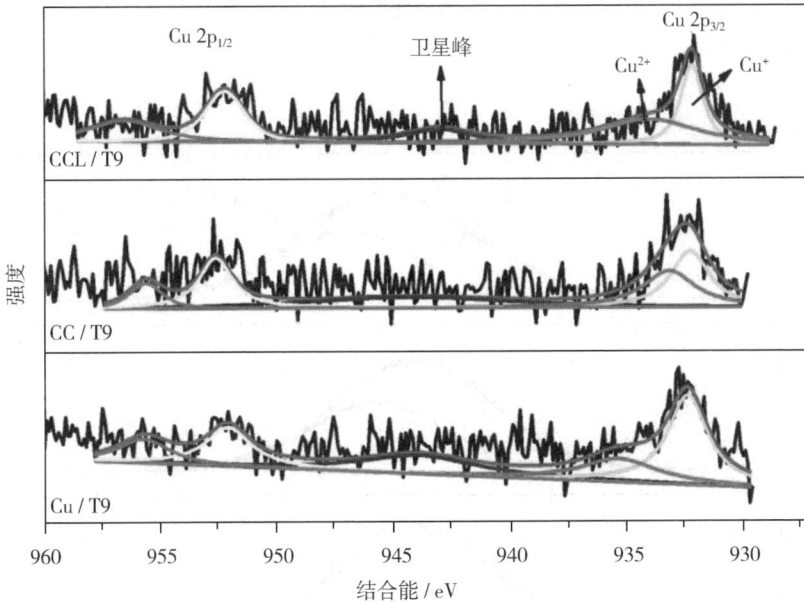

(a)

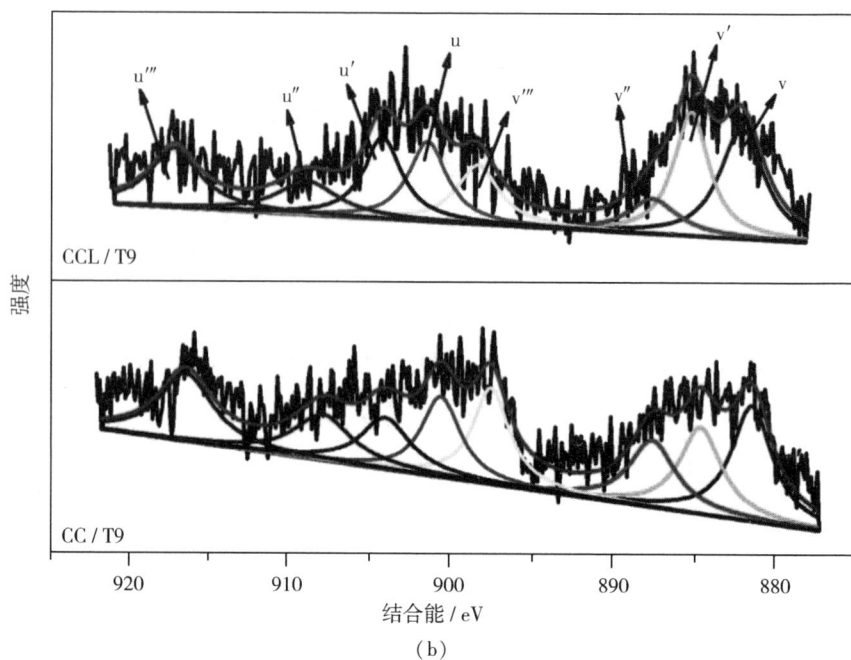

（b）

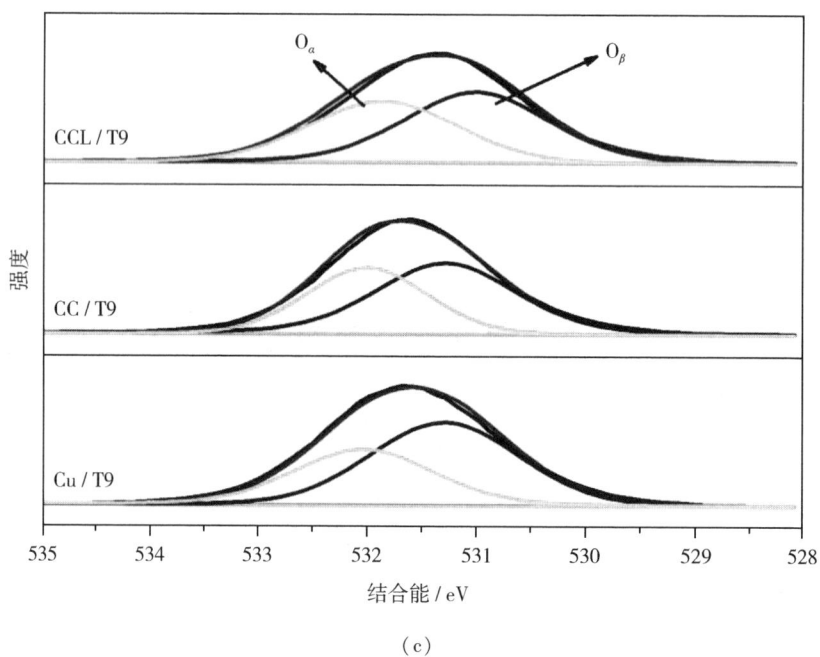

（c）

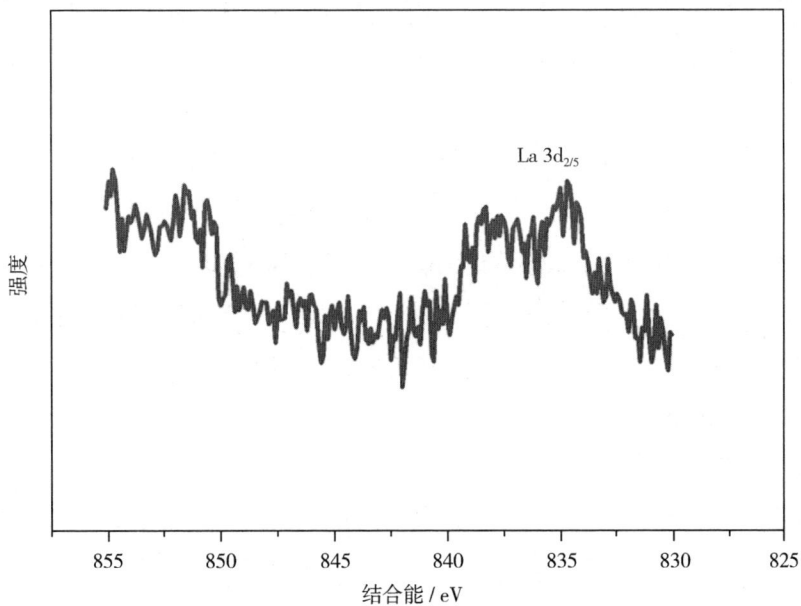

（d）

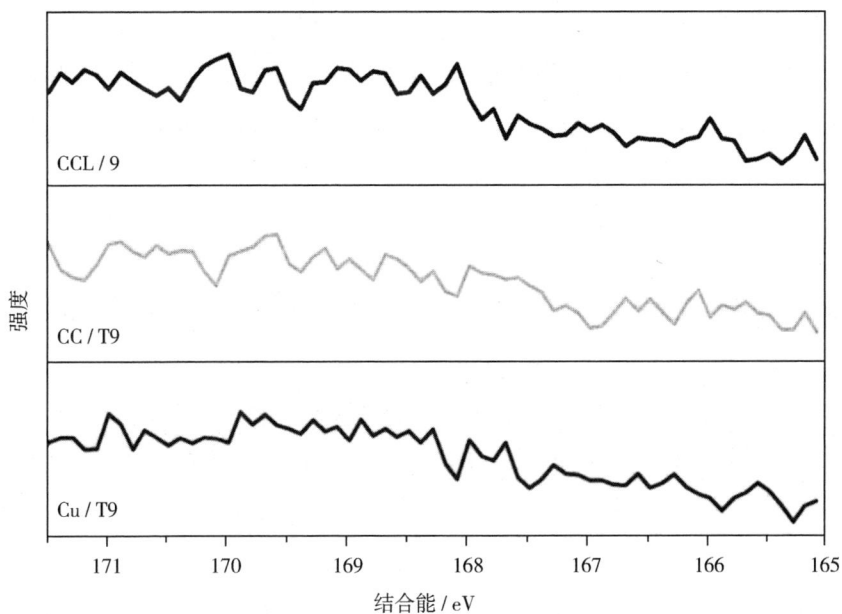

（e）

图 8.9　（a）Cu 2p、（b）Ce 3d、（c）O 1s、（d）La 3d 和（e）S 2p 的 XPS 谱图

从表面元素的组成(表 8.2)中可以看出,CCL/T9 催化剂在所有样品中 $Cu^{2+}/(Cu^{2+}+Cu^+)$ 和 $Ce^{3+}/(Ce^{3+}+Ce^{4+})$ 相对比例较高,分别为 52.3% 和 30.2%,这得益于 La 的引入增强了 Cu 和 Ce 之间的协同作用,有利于 $Ce^{3+}+Cu^{2+} \longleftrightarrow Ce^{4+}+Cu^+$ 氧化还原循环的进行。同时,$Ce^{4+} \longleftrightarrow Ce^{3+}$ 转换会导致电荷不平衡,产生氧空位,促进 SCR 反应中氧原子的吸附和反应物的活化。O_α 的迁移能力远高于 O_β,能更快参与 NH_3-SCR 反应过程,并且 O_α 能促进 NO 氧化为 NO_2,加速了"快速 SCR"反应的形成,进而提高催化剂的低温 SCR 性能,CCL/T9 中 $O_\alpha/(O_\alpha+O_\beta)$ 的相对百分比高于 CC/T9 和 Cu/T9,这与 NH_3-SCR 活性一致。

表 8.2　催化剂表面元素组成

催化剂	$Cu^{2+}/(Cu^{2+}+Cu^+)$	$Ce^{3+}/(Ce^{3+}+Ce^{4+})$	$O_\alpha/(O_\alpha+O_\beta)$
CCL/T9	52.3%	30.2%	52.1%
CC/T9	44.8%	23.1%	44.7%
Cu/T9	34.9%	—	38.5%

8.4　本章小结

本章采用连续离子交换法合成了 La 和 Ce 掺杂 Cu/TNU-9 催化剂,并对其 NH_3-SCR 催化性能进行了研究。CCL/T9 在宽温度窗口(200~450 ℃)表现出优异的 SCR 活性(NO_x 转化率>82.5%)、高 N_2 选择性(100%)和优异的抗水和硫性。SEM 结果表明所制备的 TNU-9 具有典型的立方块状晶体结构,活性组分的负载未对 TNU-9 载体结构造成破坏,且组分的分散性较好。H_2-TPR 和 NH_3-TPD 结果表明,La 的引入可以提高氧化还原性能和表面酸位点。XPS 结果证实了 La 增加了催化剂中 O_α 的相对含量,促进 NO 的氧化和"快速 SCR"反应的进行,从而提高 NH_3-SCR 的催化性能。此外,S 2p XPS 结果表明在 Cu/T9、C/T9、CCL/T9 样品表面并未检测到硫酸盐和亚硫酸盐,这是催化剂具有优异抗硫性的主要原因。

第9章　不同载体 MCM-49 和 MCM-22 对 NH₃-SCR 性能的影响

9.1　引言

分子筛催化剂由于其较高的比表面积和多维孔结构而被广泛研究。Cu、Mn、Fe 等金属离子负载在分子筛上后,具有脱硝效率高的特点。Cu基催化剂具有良好的低温活性,但其高温活性和水热稳定性较差。近年来大量研究表明,由于金属间的相互作用,以多种金属为活性组分的沸石催化剂比以单一金属为活性组分的沸石催化剂具有更好的脱硝性能。Han 等人发现 Ce-Cu-SAPO-18-2 催化剂具有很强的氧化还原能力,可以显著提高脱硝性能。此外,Wang 等人发现,在 Cu 基催化剂中添加 La可以显著提高 Cu 基沸石催化剂的水热稳定性,有效保护沸石结构。Fan等人发现在 Cu-SAPO-34 中引入少量的 La 可以显著提高水热稳定性,同时 La 的引入增强了 Cu-SAPO-34 的氧化还原性能并稳定了表面酸位,进一步促进反应物的吸附和活化。在笔者之前的工作中,发现 La 增加了有利的表面酸度和氧化还原性能,有利于氧空位的产生,从而提高了 SCR 的性能。

MCM-22 和 MCM-49 属于 MWW 沸石结构,这种沸石的晶体结构是由有两个独立的孔道系统相互连接的层组成的,层内有二维十元环正弦通道和层间有十二元环的超笼通过十元环相互连接。此外,它们的外表面有十二元环。与十元环相比,它们可以容纳更大的有机分子,因此在催化反应中发挥着非常重要的作用。负载金属的 MCM-22 和 MCM-49 具有丰富的酸性位点和优异的氧化还原性能,因此表现出优异的脱硝潜力。

本章笔者将 La 掺杂到 Ce-Cu 改性 MWW 型沸石(MCM-49 和 MCM-22)催化剂上,并研究了它们的催化性能,还研究了不同载体(MCM-49 和 MCM-22)对催化活性的影响。

9.2　实验部分

笔者采用离子交换法制备了 Ce、Cu 和 La 改性微孔 MWW 沸石催化剂(Ce-Cu-La/MCM-49 和 Ce-Cu-La/MCM-22)。首先,MWW 沸石(Na/MCM-49 和 Na/MCM-22)和 NH$_4$NO$_3$ 溶液的混合物在 90 ℃下搅拌。然后,将混合溶液过滤、洗涤、干燥并在 500 ℃下煅烧 4 h 以形成 H/MCM-49 和 H/MCM-22(H/M49 和 H/M22)。随后,向 H/M49 和 H/M22 中加入一定量的 Ce(NO$_3$)$_3$·6H$_2$O、Cu(NO$_3$)$_2$·6H$_2$O、La(NO$_3$)$_3$·6H$_2$O 和 100 mL 去离子水。将混合物在室温搅拌 24 h。过滤和干燥后,将催化剂在空气中 500 ℃煅烧 4 h。所得材料表示为 Ce-Cu-La/MCM-49(CCL/M49)和 Ce-Cu-La/MCM-22(CCL/M22)。

为了比较,制备了 Cu/MCM-49 和 Cu-Ce/MCM-49(Cu/M49 和 CC/M49)。合成步骤与上述类似。

9.3　结果与讨论

9.3.1　脱硝性能和抗硫性

不同催化剂的催化活性和 N$_2$ 选择性如图 9.1 所示。从图 9.1(a)可以看出,Cu/M49 和 CC/M49 具有相似的 NH$_3$-SCR 活性和较窄的温度窗口。当引入 La 后,在 250~400 ℃的温度范围内,特别是在 300 ℃时,NO$_x$ 的转化率得到了极大的提高。在 300～450 ℃时，CCL/M49 的 NO$_x$ 转化率大于 87.9%。而且 CCL/M49 催化剂在 200～450 ℃的宽温度范围内表现出比 CCL/M22 更好的 NO$_x$ 转化率。同时，CCL/49 的 NO$_x$ 转化率在 300 ℃时为 87.9%，在 350 ℃时可达 99.2%，但其 N$_2$ 选择性可能随着反应温度的升高而基本保持不变。此外，CCL/49 的 N$_2$ 选择性超过 94.4%，CCL/22 的 N$_2$ 选择性在 250～450 ℃时超过 90.0%，如图 9.1(b)所示。图 9.1(c)为不同催化剂在 300 ℃时的抗硫性。可以看出，引入 SO$_2$ 后，CCL/49 和 CCL/22 的 NO$_x$ 转化率从 86.8% 和 71.5% 下降到 86% 和 70%。当关闭 SO$_2$ 后，NO$_x$ 转化率升高，随着反应继续进行 NO$_x$ 转化率保持不变，这是由于高温下亚硫酸氢铵的分解。上述结果表明，CCL/49 具有良好的耐硫性。

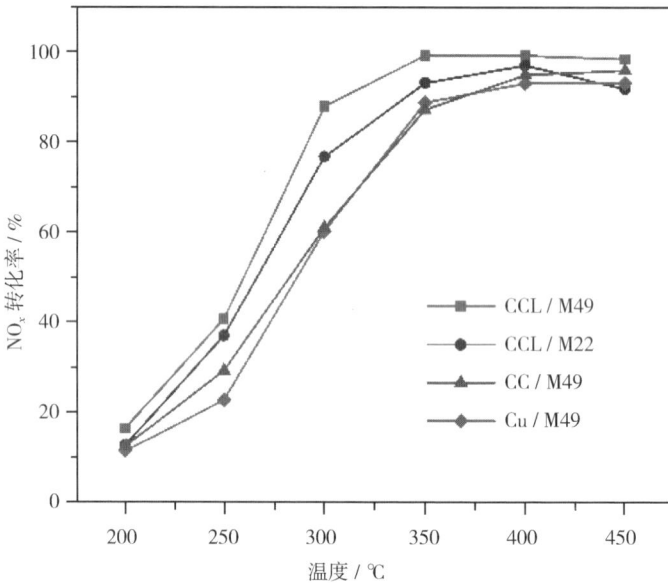

（a）

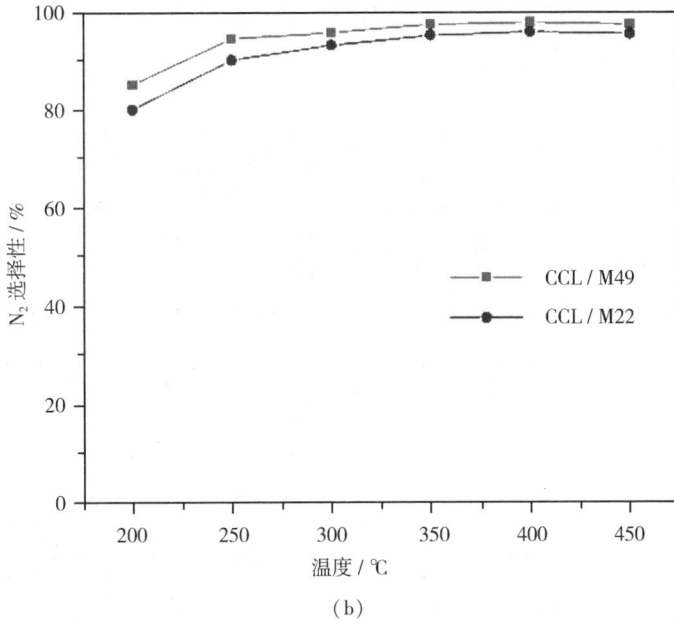

（b）

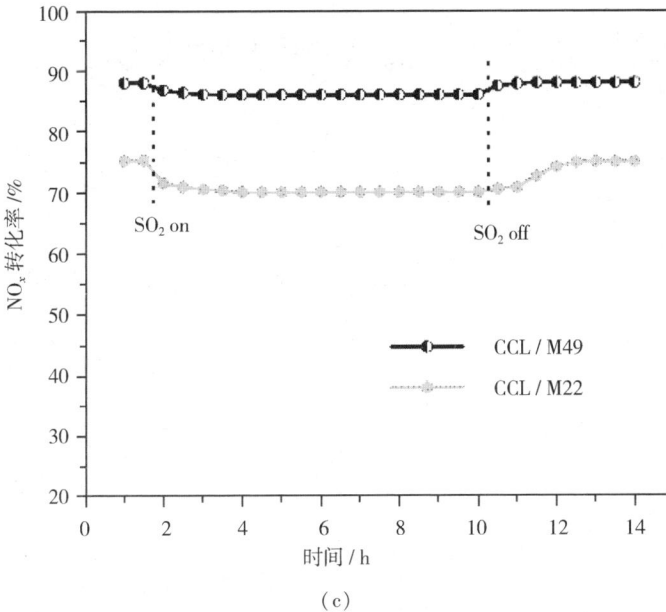

（c）

图 9.1　（a）Cu/M49、CC/M49、CCL/M22 和 CCL/M49 的 NH$_3$-SCR 活性；

（b）CCL/M22 和 CCL/M49 的 N$_2$ 选择性；（c）300 ℃时 SO$_2$ 对 NO$_x$ 转化率的影响

9.3.2 结构和形态特征分析

图 9.2 为未使用过的催化剂和使用过的催化剂的 XRD 图谱。从图 9.2 可以看出,所有样品都表现出典型的 MWW(MCM-22 和 MCM-49)衍射峰。Cu/M49、CC/M49、CCL/M22、CCL/M49 的衍射峰与 Na/MCM-49 和 Na/MCM 22 相比没有明显的变化,这说明在制备催化剂的过程中,载体的结构没有被破坏。此外,没有出现金属或金属氧化物的峰值,这表明活性成分(Ce、Cu 和 La)的颗粒相对较小且均匀地分散在沸石中。

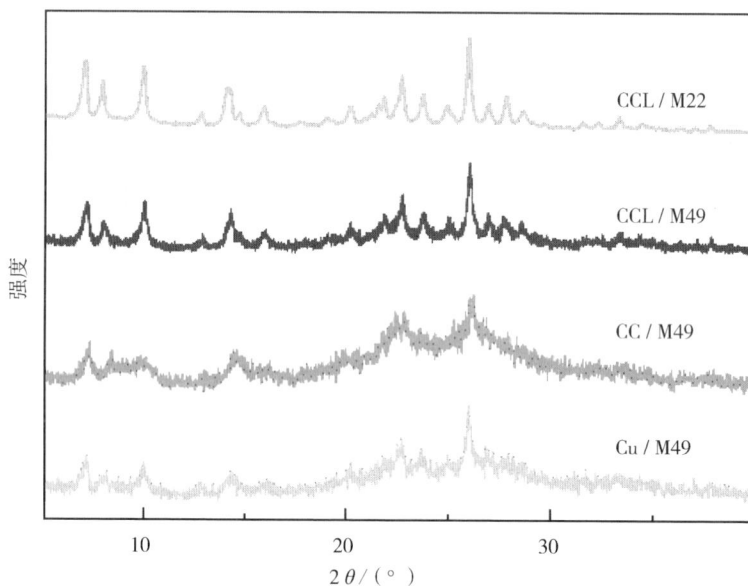

(a)

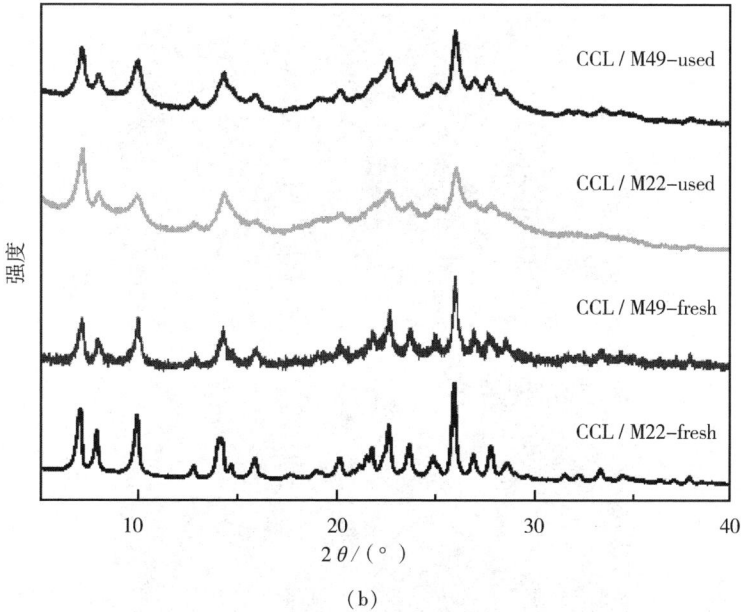

图 9.2 （a）未使用过的所有催化剂 XRD 图谱；
（b）未使用过和使用过的 CCL/M22 和 CCL/M49 的 XRD 图谱

所制备的样品的 SEM 图如图 9.3 所示。从图 9.3(a)和图 9-3(c)可以看出,Na/M49 和 Na/M22 样品呈薄片状,由致密的晶体板块组成,与 MWW 沸石板块形态一致,只是 Na/M49 的表面比较粗糙。CCL/M22 和 Na/M22 样品的颗粒大小和形态几乎相似,而 CCL/M49 的表面上有很多小颗粒,如图 9.3(b)所示。尽管如此,存在于载体(Na/MCM-49 和 Na/MCM-22)表面的小颗粒归结为金属氧化物。

（a）

（b）

（c）

(d)

图 9.3 （a）Na/M49、（b）CCL/M49、（c）Na/M22 和 （d）CCL/M22 的 SEM 图

图 9.4 为两种代表性催化剂 CCL/M49 和 CCL/M22 的 SEM 图。结果表明，催化剂 CCL/M49 和 CCL/M22 由 Ce、Cu、La、Si、Al、O 元素组成，在催化剂中分布均匀。La 的加入可以改善所制备催化剂 CCL/M49 对 Ce 和 Cu 的分散，这与催化活性的结果一致。

(a)

(b)

图 9.4　(a)CCL/M49 和(b)CCL/M22 的 SEM-Mapping 图

　　纯 MCM-22、MCM-49 和 CCL-M22、CCL-M49 催化剂的 N_2 吸附-脱附等温线如图 9.5 所示。从图中可以看出 H/M22 是典型的 I 型曲线,属于微孔材料。正如观察到的那样,负载后的催化剂也是典型的 I 型曲线,属于微孔材料。H/M49 在相对较低的压强(p/p_0< 0.02)时,由于微孔内的毛细凝聚作用所有催化剂都表现出较大的吸附,表明微孔结构的存在。同时,H/M49 在相对高压(p/p_0> 0.9)时相比于其他催化剂具有更明显的滞后环,这是由于介孔的存在。负载后的催化剂 CCL/M49 的 N_2 吸附-脱附等温线没有明显变化表明在浸渍 Cu、Ce 和 La 后,孔结构结构得以保留。

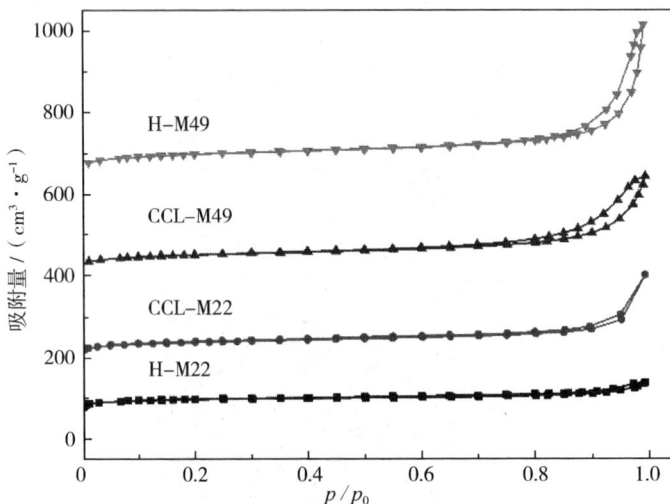

图 9.5　H/M22、H/M49、CCL/M22 和 CCL/M49 的 N_2 吸附-脱附等温线

9.3.3 氧化还原性能和表面酸度

酸性位点可以促进反应过程中氨的吸附和活化,有利于 SCR 的活性。表面酸度通过 NH₃-TPD 表征。图 9.6 为 Cu/M49、CC/M49、CCL/M49 和 CCL/M22 的 NH₃-TPD 结果。220 ℃ 之前的 NH₃ 脱附峰为弱酸性位点,400 ℃ 以上的峰为 NH₃ 在强酸性位点的吸附。Cu/M49 和 CC/M49 的酸度较弱。然而,当引入 La 时,CCL/M49 和 CCL/M22 在高温下出现了一些新的峰,表明形成了更多的强酸性位点。此外,CCL/M49 的酸量高于其他催化剂,这与 SCR 活性一致。可以得出结论,NH₃-SCR 催化性能优异与表面酸度的多少有关。

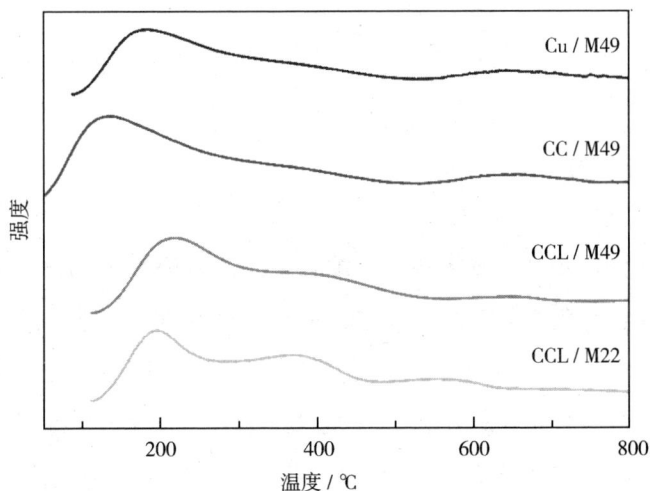

图 9.6 Cu/M49、CC/M49、CCL/M49 和 CCL/M22 的 NH₃-TPD 图

图 9.7 为 CCL/M49 和 CCL/M22 样品的 H₂-TPR 曲线。CCL/M22 在 414 ℃ 的峰归属于 $Cu^{2+}{\rightarrow}Cu^{+}{\rightarrow}Cu^{0}$ 和 $Ce^{4+}{\rightarrow}Ce^{3+}$。CCL/M49 的还原峰出现在 384 ℃,归属于 $Cu^{2+}{\rightarrow}Cu^{+}{\rightarrow}Cu^{0}$。此外,526 ℃ 的峰归属于 $Ce^{4+}{\rightarrow}Ce^{3+}$。CCL/M49 的还原峰向较低温度移动,表明 CCL/M49 的氧化还原性优于 CCL/M22。

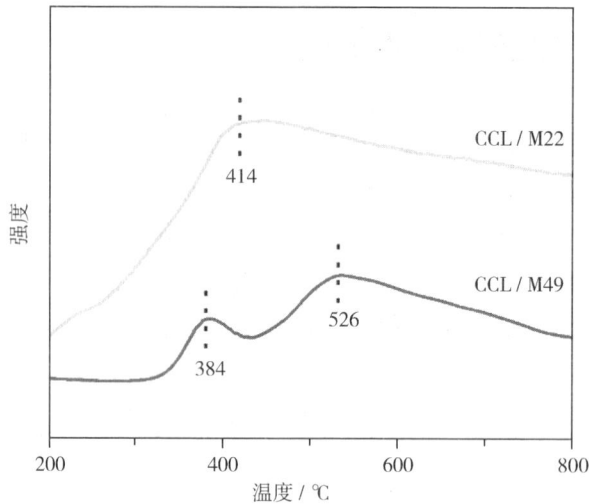

图 9.7　CCL/M49 和 CCL/M22 的 H_2-TPR 图

9.3.4　表面组成

催化剂的 Cu、Ce、La 和 O 的化学状态以及各价态元素的相对百分比对于 NH_3-SCR 性能至关重要。笔者采用 XPS 对两种代表性催化剂 CCL/M22 和 CCL/M49 的 Cu、Ce、La 和 O 的化学状态进行了研究。CCL/M22 和 CCL/M49 的 Cu 2p、Ce 3d、La 3d 和 O 1s 的 XPS 谱图如图 9.8 所示。根据分峰面积计算各元素价态百分比,相应结果百分比显示在表 9.1 中。如图 9.8(a)所示,CCL/M49 的 Cu $2p_{1/2}$ 和 Cu $2p_{3/2}$ 峰可以被分为两个峰。在 934.2 eV 和 954.3 eV 的两个峰归属于 Cu^{2+}。932.8 eV 和 952.9 eV 的峰归属于 Cu^+。与 CCL/M49 相比,CCL/M22 的 Cu $2p_{1/2}$ 和 Cu $2p_{3/2}$ 的结合能转移到更高的值,这是因为活性成分和载体之间存在着相互作用。在 Ce 3d 的 XPS 谱图中,通常有两个峰(u 和 v),分别属于自旋轨道分裂 $3d_{5/2}$ 和 $3d_{3/2}$。6 个峰(u‴、u″、u、v‴、v″和 v)归属于 Ce^{4+},而另外两个峰(u′和 v′)归属于 Ce^{3+}。同时,Ce^{3+} 和 Ce^{4+} 阳离子共存于 CCL/M49 和 CCL/M22 催化剂中。Yang 等人发现 Ce^{3+} 可以提供更多的氧空位,有助于增加表面化学吸附氧物种的产生。

此外,Wu 等人发现,通过在 Cu-SAPO-18 催化剂中直接加入少量的 Ce
(Ⅲ),可以改善催化剂的低温活性和水热稳定性。CCL/M49 和 CCL/M22 催
化剂的 La 3d$_{5/2}$ 归属于 La^{3+},如图 9.8(c)所示。图 9.8(d)为 CCL/M49 和
CCL/M22 两种代表性催化剂的 O 1s XPS 谱图。在 532.7 eV 和 531.9 eV 处
的峰值分别归属于 CCL/M22 的表面化学吸附氧(O$_\alpha$)和晶格氧(O$_\beta$)。与
CCL/M22 相比,CCL/M49 的 O$_\alpha$ 和 O$_\beta$ 峰被转移到较低的结合能,表明 Cu、
Ce 和 La 之间有很强的相互作用。据报道,由于 Cu 和 Ce/La 物种之间的强
相互作用,O$_\beta$ 峰向低结合能移动。

如表 9.1 所示,CCL/M49 的 Cu^{2+}/(Cu^{2+}+Cu$^+$) 和 O$_\alpha$/(O$_\alpha$+O$_\beta$) 的比率
分别为 37.0% 和 48.2%,都优于 CCL/M22。这可以归因于 CCL/Z49 的 La
受益于 Cu 和 Ce 的强大协同效应,导致 Ce^{3+}+Cu^{2+}⟷Ce^{4+}+Cu$^+$。此外,
Ce^{4+}⟷Ce^{3+} 可以导致电荷不平衡,产生氧空位,从而促进 SCR 中氧气的
吸附和反应物的活化。O$_\alpha$ 有利于将 NO 氧化成 NO₂,通过"快速 SCR"提
高活性。

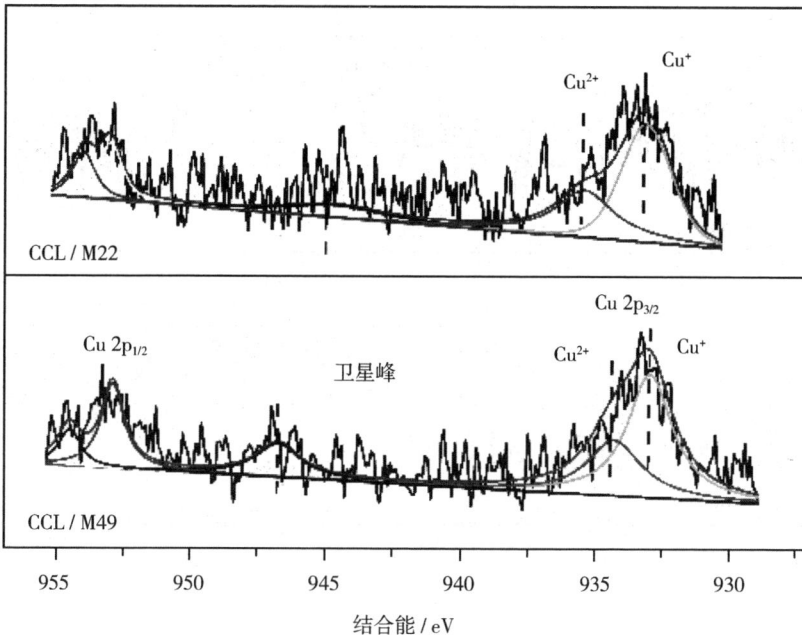

(a)

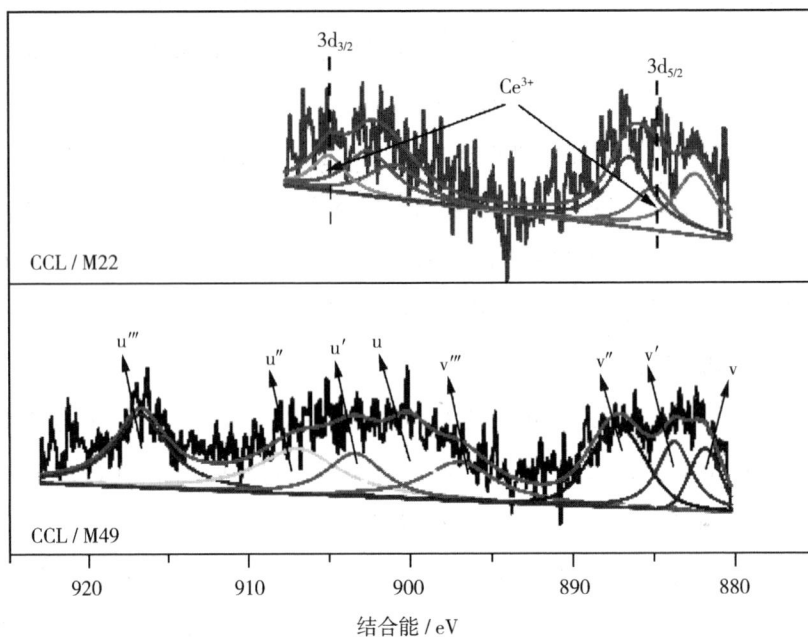

（b）

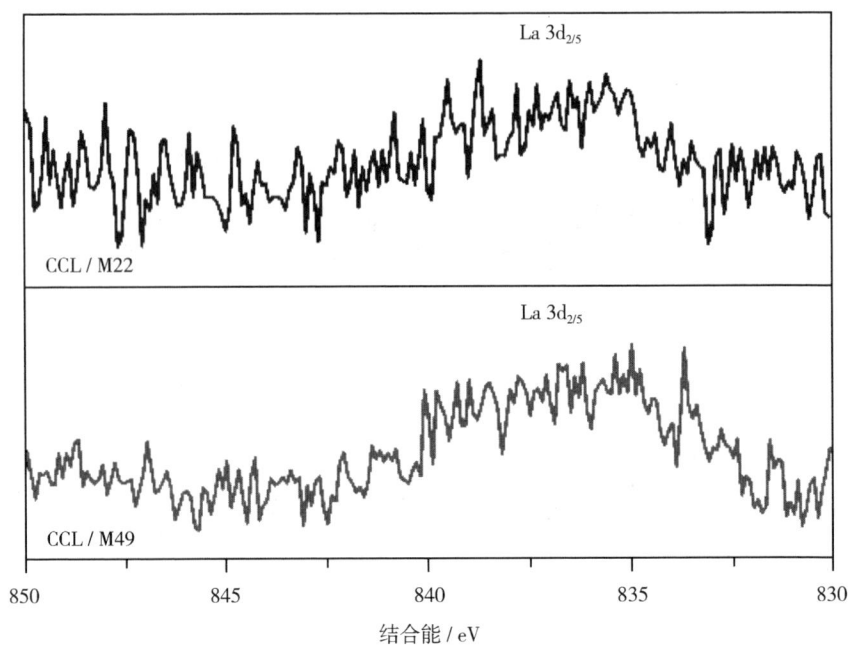

（c）

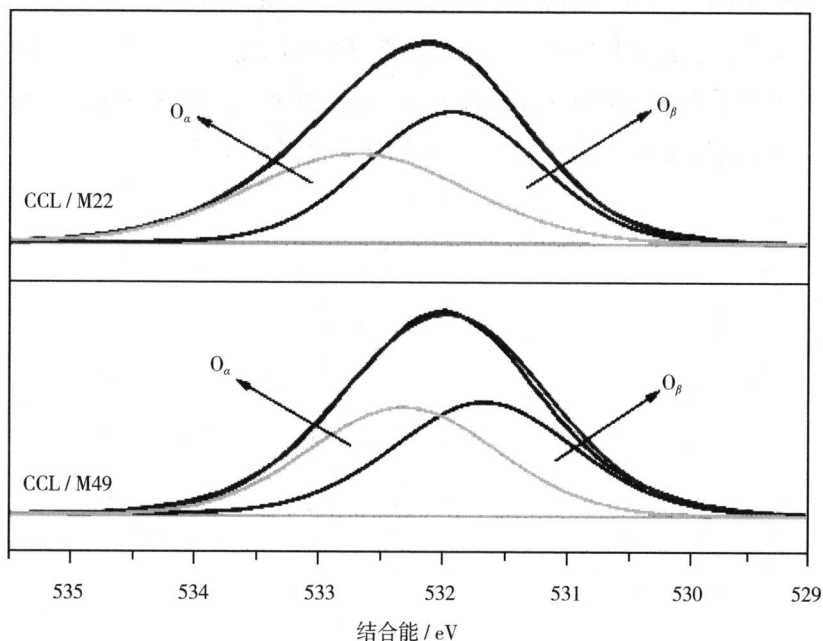

图 9.8　两种代表性催化剂 CCL/M22 和 CCL/M49 的 XPS 谱图

（a）Cu 2p；（b）Ce 3d；（c）La 3d；（d）O 1s

表 9.1　两种代表性催化剂的元素化合价相对百分比

催化剂	Cu^{2+}/（Cu^{2+}+Cu$^+$）	O$_\alpha$/（O$_\alpha$+O$_\beta$）
CCL/M49	37.0%	48.2%
CCL/M22	35.2%	46.7%

9.4　本章小结

本章制备了 CCL/M49 和 CCL/M22 催化剂并将其应用于 NH$_3$-SCR。结果表明,La 的加入可以显著提高 SCR 活性,CCL/M49 具有更好的 SCR 活性和抗硫性。这是因为 La 的加入可以提高氧化还原性能和酸度,CCL/M49 比 CCL/M22 具有更好的氧化还原性能和酸度。此外,它含有较多的 O_α,O_α 有利于 NO 氧化成 NO_2,加速"快速 SCR",从而提高 SCR 性能。

结　　论

本书以分子筛和石墨烯为载体,以过渡金属为活性中心制备脱硝催化剂。采用多种表征手段对其结构、物理化学性质、NH_3-SCR 性能、抗水或(和)硫性及反应机理进行了分析研究。主要结论如下:

(1)Cu@ N-Gr 和 Co@ N-Gr 催化剂在宽温表现出比纯的 Cu 和 Co 纳米颗粒修饰的普通碳材料更好的活性,这是因为石墨烯壳层能有效阻止 Cu 和 Co 纳米颗粒的聚集,从而在石墨烯上具有高度分散的活性中心。添加 Fe 可以显著提高催化剂的低温 NO_x 转化率,Fe 的引入提高了催化剂的氧化还原能力以及 Ce^{3+}、V^{5+} 的表面相对百分含量和化学吸附氧的能力。

(2)Ce 和纳米 MoO_3 的最佳负载量分别为 0.9% 和 6%,与研磨法和离子交换法相结合相比,浸渍法和离子交换法相结合合成的 Ce(0.9%)-syn-MoO_3(6%)/ZSM-5 催化剂表现出优异的催化活性,这是因为较大尺寸的 MoO_3 不能很好地与 Bronsted 酸相互作用。此外 Cu 和 Ce 的最佳负载量分别为 20% 和 10%。Ce 掺杂和活性组分的适量负载促进了 Cu^{2+}、Cu^+/Cu^0 元素价态间的相互转化,增强了氧化还原性能,有利于形成更多的酸性位点和表面化学吸附氧,促进"快速 SCR"反应的进行,从而提高了催化活性。

(3)CC-L2/Z5 和 CCL/T9 在宽温度窗口表现出良好的脱硝活性、优异的 N_2 选择性,同时还具有较好的抗水和硫性及较好的循环稳定性。La 的掺杂提高了催化剂活性组分的分散性,改善氧化还原性能和酸性,可以提高 O_α 的浓度,促进 NO 氧化为 NO_2,加速"快速 SCR"反应,提高了 NH_3-SCR 的催化活性。CC-L2/Z5 催化剂上以吸附的硝酸盐与吸附的 NH_3 发生反应,主要遵循 L-H 反应机理。

(4)CCL/M49 具有更好的 SCR 活性和抗硫性这是由于 La 的加入可以

提高氧化还原性能和酸度。此外,CCL/M49 比 CCL/M22 具有更好的氧化还原性能和酸度,它含有较多的 Ce^{3+} 和 O_α,可以增加催化剂表面氧空位的数量,加速 NO 氧化成 NO_2,提高催化性能。

(5)NH_3-SCR 性能结果表明以石墨烯、Al-FDU-12、ZSM-5 和 TNU-9 为载体制备的催化剂中 CCL/T9 具有最好的低温催化活性,这是由于 TNU-9 特殊的孔道结构和较多的表面酸量有利于组分间的电子转移及反应物的吸附/活化。此外,CCL/T9 具有更优异的抗硫性和抗水性。

参考文献

[1] HAN L P, CAI S X, GAO M, et al. Selective Catalytic Reduction of NO_x with NH_3 by Using Novel Catalysts: State of the Art and Future Prospects [J]. Chem Rev, 2019, 119(19): 10916-10976.

[2] HU X N, HUANG L, ZHANG J P, et al. Facile and template-free fabrication of mesoporous 3D nanosphere-like $Mn_xCo_3-xO_4$ as highly effective catalysts for low temperature SCR of NO_x with NH_3 [J]. J Mater Chem A, 2018, 6(7): 2952-2963.

[3] ZHANG L, SHI L Y, HUANG L, et al. Rational Design of High-Performance $DeNO_x$ Catalysts Based on $Mn_xCo_3 - xO_4$ Nanocages Derived from Metal-Organic Frameworks [J]. ACS Catal, 2014, 4(6): 1753-1763.

[4] CHEN H P, QI X, LIANG Y H, et al. Effect of Fe reduced-modification on TiO_2 supported Fe-Mn catalyst for NO removal by NH_3 at low temperature [J]. React Kinet Mech Cat, 2019, 126(1): 327-339.

[5] ZHANG L, LI L L, GE C Y, et al. Promoting N-2 Selectivity of $CeMnO_x$ Catalyst by Supporting TiO_2 in NH_3 - SCR Reaction [J]. Ind Eng Chem Res, 2019, 58(16): 6325-6332.

[6] WEI Y J, LIU J, SU W, et al. Controllable synthesis of Ce-doped alpha-MnO_2 for low-temperature selective catalytic reduction of NO [J]. Catal Sci

Technol, 2017, 7(7): 1565-1572.

[7] CHANG H Z, CHEN X Y, LI J H, et al. Improvement of Activity and SO_2 Tolerance of Sn-Modified MnO_x-CeO_2 Catalysts for NH3-SCR at Low Temperatures[J]. Environ Sci Technol, 2013, 47(10): 5294-5301.

[8] GAO F Y, TANG X L, YI H H, et al. Improvement of activity, selectivity and H_2O&SO_2-tolerance of micro-mesoporous $CrMn_2O_4$ spinel catalyst for low-temperature NH_3-SCR of NO_x [J]. Appl Surf Sci, 2019, 466: 411-424.

[9] CHEN L, SI Z, WU X, et al. DRIFT Study of CuO-CeO_2-TiO_2 Mixed Oxides for NO_x Reduction with NH_3 at Low Temperatures[J]. ACS Appl Mater Inter, 2014, 6(11): 8134-8145.

[10]TAN W, LIU A N, XIE S H, et al. Ce-Si Mixed Oxide: A High Sulfur Resistant Catalyst in the NH_3-SCR Reaction through the Mechanism-Enhanced Process[J]. Environ Sci Technol, 2021, 55(6): 4017-4026.

[11]ZHANG L, ZHANG D S, ZHANG J P, et al. Design of meso-TiO_2@ MnOx-CeO$_x$/CNTs with a core-shell structure as DeNO$_x$ catalysts: promotion of activity, stability and SO_2-tolerance[J]. Nanoscale, 2013, 5(20): 9821-9829.

[12]LI P, LI Z F, CUI J X, et al. N-doped graphene/$CoFe_2O_4$ catalysts for the selective catalytic reduction of NO_x by NH_3[J]. RSC Adv, 2019, 9(28): 15791-15797.

[13]VAN DER BIJ H E, WECKHUYSEN B M. Phosphorus promotion and poisoning in zeolite-based materials: synthesis, characterisation and catalysis [J]. Chem Soc Rev, 2015, 44(20): 7406-7428.

[14]XIN Y, LI Q, ZHANG Z L. Zeolitic Materials for DeNO$_x$ Selective Catalytic Reduction[J]. Chemcatchem, 2018, 10(1): 29-41.

［15］WANG T, LI L, GUAN N. Combination catalyst for the purification of au-
tomobile exhaust from lean-burn engine［J］. Fuel Process Technol, 2013,
108:41-46.

［16］SONG Z X, ZHANG Q L, NING P, et al. Effect of copper precursors on
the catalytic activity of Cu/ZSM-5 catalysts for selective catalytic reduction
of NO by NH3［J］. Res Chem Intermediat, 2016, 42(10): 7429-7445.

［17］DING J, HUANG X, YANG Q L, et al. Micro-structured Cu-ZSM-5 cat-
alyst on aluminum microfibers for selective catalytic reduction of NO by am-
monia［J］. Catal Today, 2022, 384:106-112.

［18］YUAN E H, WU G J, DAI W L, et al. One-pot construction of Fe/ZSM-
5 zeolites for the selective catalytic reduction of nitrogen oxides by ammonia
［J］. Catal Sci Technol, 2017, 7(14): 3036-3044.

［19］LONG R Q, YANG R T. Reaction mechanism of selective catalytic reduc-
tion of NO with NH_3 over Fe-ZSM-5 catalyst［J］. J Catal, 2002, 207(2):
224-231.

［20］LONG R Q, YANG R T. Superior Fe-ZSM-5 catalyst for selective catalytic
reduction of nitric oxide by ammonia［J］. J Am Chem Soc, 1999, 121
(23): 5595-5596.

［21］WANG X T, HU H P, ZHANG X Y, et al. Effect of iron loading on the
performance and structure of Fe/ZSM-5 catalyst for the selective catalytic
reduction of NO with NH_3［J］. Environ Sci Pollut R, 2019, 26(2):
1706-1715.

［22］CHEN H Y, SACHTLER W M H. Activity and durability of Fe/ZSM-5
catalysts for lean burn NOx reduction in the presence of water vapor［J］.
Catal Today, 1998, 42(1-2): 73-83.

［23］BRANDENBERGER S, KROECHER O, TISSLER A, et al. The determination of the activities of different iron species in Fe−ZSM−5 for SCR of NO by NH$_3$[J]. Appl Catal B−Environ, 2010, 95(3−4): 348−357.

[24]LI J, LI S. A DFT Study toward Understanding the High Activity of Fe−Exchanged Zeolites for the " Fast" Selective Catalytic Reduction of Nitrogen Oxides with Ammonia [J]. J Phys Chem C, 2008, 112 (43): 16938−16944.

[25]YANG X F, WU Z L, MOSES−DEBUSK M, et al. Heterometal Incorporation in Metal−Exchanged Zeolites Enables Low−Temperature Catalytic Activity of NO$_x$ Reduction [J]. J Phys Chem C, 2012, 116 (44): 23322−23331.

[26]SULTANA A, SASAKI M, SUZUKI K, et al. Tuning the NO$_x$ conversion of Cu−Fe/ZSM−5 catalyst in NH3−SCR[J]. Catal Commun, 2013, 41: 21−25.

[27]SAEIDI M, HAMIDZADEH M. Co−doping a metal (Cr, Mn, Fe, Co, Ni, Cu, and Zn) on Mn/ZSM−5 catalyst and its effect on the catalytic reduction of nitrogen oxides with ammonia[J]. Res Chem Intermediat, 2017, 43 (4): 2143−2157.

[28]XUE H Y, GUO X M, MENG T, et al. Cu−ZSM−5 Catalyst Impregnated with Mn−Co Oxide for the Selected Catalytic Reduction of NO: Physicochemical Property − Catalytic Activity Relationship and In Situ DRIFTS Study for the Reaction Mechanism[J]. ACS Catal, 2021, 11 (13): 7702−7718.

[29]JOUINI H, MARTINEZ−ORTIGOSA J, MEJRI I, et al. On the performance of Fe−Cu−ZSM−5 catalyst for the selective catalytic reduction of NO with NH$_3$: the influence of preparation method[J]. Res Chem Intermediat, 2019, 45(3): 1057−1072.

[30]XU J Q, TANG T, ZHANG Q, et al. Remarkable low temperature catalytic activity for SCR of NO with propylene under oxygen-rich conditions over $Mn_{0.2}La_{0.07}Ce_{0.05}O_x$/ZSM – 5 catalyst [J]. Vacuum, 2021, 188 (1):110174.

[31]XIAO H P, DOU C Z, LI J, et al. Experimental Study on SO_2-to-SO_3 Conversion Over Fe-Modified Mn/ZSM-5 Catalysts During the Catalytic Reduction of NO_x[J]. Catal Surv Asia, 2019, 23(4): 332-343.

[32]ZOU C L, WU X, MENG H, et al. The SO_2 Resistance Improvement of Mn-Fe/ZSM-5 for NH_3-SCR at Low Temperature by Optimizing Synthetic Method[J]. Chemistryselect, 2018, 3(46): 13042-13047.

[33]SALAZAR M, HOFFMANN S, TILLMANN L, et al. Hybrid catalysts for the selective catalytic reduction (SCR) of NO by NH_3: Precipitates and physical mixtures[J]. Appl Catal B-Environ, 2017, 218:793-802.

[34]MU W T, ZHU J, ZHANG S, et al. Novel proposition on mechanism aspects over Fe-Mn/ZSM-5 catalyst for NH_3-SCR of NO_x at low temperature: rate and direction of multifunctional electron-transfer-bridge and in situ DRIFTs analysis[J]. Catal Sci Technol, 2016, 6(20): 7532-7548.

[35]FICKEL D W, D'ADDIO E, LAUTERBACH J A, et al. The ammonia selective catalytic reduction activity of copper-exchanged small-pore zeolites [J]. Appl Catal B-Environ, 2011, 102(3-4):441-448.

[36] WANG Y Y, JI X F, MENG H, et al. Fabrication of high – silica Cu/ZSM-5 with confinement encapsulated Cu-based active species for NH_3-SCR[J]. Catal Commun, 2020, 138:105969.

[37]PENG C, YAN R, PENG H G, et al. One-pot synthesis of layered mesoporous ZSM-5 plus Cu ion-exchange: Enhanced NH_3-SCR performance on Cu-ZSM-5 with hierarchical pore structures[J]. J Hazard Mater, 2019,

385:121593.

[38]SHAO J, CHENG S Y, LI Z X, et al. Enhanced Catalytic Performance of Hierarchical MnO$_x$/ZSM-5 Catalyst for the Low-Temperature NH$_3$-SCR [J]. Catalysts, 2020, 10(3).

[39]LIU B Y, ZHENG K, LIAO Z T, et al. Fe-Encapsulated ZSM-5 Zeolite with Nanosheet-Assembled Structure for the Selective Catalytic Reduction of NO$_x$ with NH$_3$[J]. Ind Eng Chem Res, 2020, 59(18): 8592-8600.

[40]DU J P, WANG J Y, SHI X Y, et al. Promoting Effect of Mn on In Situ Synthesized Cu-SSZ-13 for NH3-SCR [J]. Catalysts, 2020, 10 (12):1375.

[41]FAHAMI A R, GUNTER T, DORONKIN D E, et al. The dynamic nature of Cu sites in Cu-SSZ-13 and the origin of the seagull NO$_x$ conversion profile during NH$_3$-SCR[J]. React Chem Eng, 2019, 4(6): 1000-1018.

[42]WANG D, GAO F, PEDEN C H F, et al. Selective Catalytic Reduction of NO$_x$ with NH$_3$ over a Cu-SSZ-13 Catalyst Prepared by a Solid-State Ion-Exchange Method[J]. Chemcatchem, 2014, 6(6): 1579-1583.

[43]CLEMENS A K S, SHISHKIN A, CARLSSON P A, et al. Reaction-driven Ion Exchange of Copper into Zeolite SSZ-13[J]. ACS Catal, 2015, 5 (10): 6209-6218.

[44]MA Y, CHENG S Q, WU X D, et al. Low-Temperature Solid-State Ion-Exchange Method for Preparing Cu-SSZ-13 Selective Catalytic Reduction Catalyst[J]. ACS Catal, 2019, 9(8): 6962-6973.

[45]LEE H, SONG I, JEON S W, et al. Inter-particle migration of Cu ions in physically mixed Cu-SSZ-13 and H-SSZ-13 treated by hydrothermal aging [J]. React Chem Eng, 2019, 4(6): 1059-1066.

[46]AL JABRI H, MIYAKE K, ONO K, et al. Dry gel conversion synthesis of

Cu/SSZ-13 as a catalyst with high performance for NH$_3$-SCR[J]. Micropor Mesopor Mat, 2019, 297:109780.

[47] WANG J G, LIU J Z, TANG X J, et al. The promotion effect of niobium on the low-temperature activity of Al-rich Cu-SSZ-13 for selective catalytic reduction of NO$_x$ with NH$_3$[J]. Chem Eng J, 2021, 418(1):129433.

[48] KWAK J H, ZHU H Y, LEE J H, et al. Two different cationic positions in Cu-SSZ-13[J]. Chem Commun, 2012, 48(39): 4758-4760.

[49] SONG J, WANG Y L, WALTER E D, et al. Toward Rational Design of Cu/SSZ-13 Selective Catalytic Reduction Catalysts: Implications from Atomic-Level Understanding of Hydrothermal Stability [J]. ACS Catal, 2017, 7(12): 8214-8227.

[50] ZHANG Y N, PENG Y, LI J H, et al. Probing Active-Site Relocation in Cu/SSZ-13 SCR Catalysts during Hydrothermal Aging by In Situ EPR Spectroscopy, Kinetics Studies, and DFT Calculations [J]. ACS Catal, 2020, 10(16): 9410-9419.

[51] RYU T, KIM H, HONG S B. Nature of active sites in Cu-LTA NH3-SCR catalysts: A comparative study with Cu-SSZ-13[J]. Appl Catal B-Environ, 2019, 245: 513-521.

[52] YOKOI T, MOCHIZUKI H, NAMBA S, et al. Control of the Al Distribution in the Framework of ZSM-5 Zeolite and Its Evaluation by Solid-State NMR Technique and Catalytic Properties[J]. J Phys Chem C, 2015, 119 (27): 15303-15315.

[53] ZHANG J, SHAN Y L, ZHANG L, et al. Importance of controllable Al sites in CHA framework by crystallization pathways for NH3-SCR reaction [J]. Appl Catal B-Environ, 2020, 277: 119193.

[54] MA Y, WU X D, CHENG S Q, et al. Relationships between copper speci-

ation and Bronsted acidity evolution over Cu-SSZ-13 during hydrothermal aging[J]. Appl Catal A-Gen, 2020, 602(1).

[55]CHEN Z X, TAN X G, WANG J, et al. Why does there have to be a residual Na ion as a co-cation on Cu/SSZ-13? [J]. Catal Sci Technol, 2020, 10(18): 6319-6329.

[56]CUI Y R, WANG Y L, WALTER E D, et al. Influences of Na+ co-cation on the structure and performance of Cu/SSZ-13 selective catalytic reduction catalysts[J]. Catal Today, 2020, 339:233-240.

[57]WANG Y J, XIE L J, LIU F D, et al. Effect of preparation methods on the performance of CuFe-SSZ-13 catalysts for selective catalytic reduction of NO$_x$ with NH3[J]. J Environ Sci, 2019, 81(195-204.

[58]CHEN Z Q, GUO L, QU H X, et al. Controllable positions of Cu^{2+} to enhance low-temperature SCR activity on novel Cu-Ce-La-SSZ-13 by a simple one-pot method[J]. Chem Commun, 2020, 56(15): 2360-2363.

[59]KARCZ R, DEDECEK J, SUPRONOWICZ B, et al. TNU-9 Zeolite: Aluminum Distribution and Extra-Framework Sites of Divalent Cations[J]. Chem-Eur J, 2017, 23(37): 8857-8870.

[60]MORENO-GONZALEZ M, PALOMARES A E, CHIESA M, et al. Evidence of a Cu^{2+}-Alkane Interaction in Cu-Zeolite Catalysts Crucial for the Selective Catalytic Reduction of NO with Hydrocarbons[J]. ACS Catal, 2017, 7(5): 3501-3509.

[61]HONG S B, MIN H K, SHIN C H, et al. Synthesis, crystal structure, characterization, and catalytic properties of TNU-9[J]. J Am Chem Soc, 2007, 129(35): 10870-10885.

[62]TARACH K A, JABLONSKA M, PYRA K, et al. Effect of zeolite topology on NH$_3$-SCR activity and stability of Cu-exchanged zeolites[J]. Appl

Catal B-Environ, 2021, 284:119752.

［63］JI S, LI Z F, SONG K, et al. Fabrication of a wide temperature Mn-Ce/ TNU-9 catalyst with superior NH3-SCR activity and strong SO_2 and H_2O tolerance［J］. New J Chem, 2021, 45(8): 3857-3865.

［64］CHEN J L, PENG G, LIANG T Y, et al. Catalytic Performances of Cu/ MCM-22 Zeolites with Different Cu Loadings in NH_3-SCR［J］. Nanomaterials, 2020, 10(11):2170.

［65］CHEN J L, PENG G, ZHENG W, et al. Excellent performance of one-pot synthesized Fe-containing MCM-22 zeolites for the selective catalytic reduction of NO_x with NH_3［J］. Catal Sci Technol, 2020, 10(19): 6583-6598.